新妈妈育儿

天天学（1~3岁）

陈秀娟 编著

中国纺织出版社

图书在版编目（CIP）数据

新妈妈育儿天天学. 1～3岁 / 陈秀娟编著. --北京：中国纺织出版社，2013.4

ISBN 978-7-5064-8406-0

Ⅰ. ①新… Ⅱ. ①陈… Ⅲ. ①婴幼儿－哺育－基本知识 Ⅳ. ①TS976.31

中国版本图书馆CIP数据核字(2012)第045777号

责任编辑：马丽平　　责任印制：刘　强

中国纺织出版社出版发行

地址：北京东直门南大街6号　　邮政编码：100027

邮购电话：010-64168110　　传真：010-64168231

http://www.c-textilep.com

E-mail:faxing@c-textilep.com

北京佳信达欣艺术印刷有限公司印刷　各地新华书店经销

2013年4月第1版第1次印刷

开本：710×1000　1/16　印张：22

字数：385千字　定价：32.80元

经过了整整一年的磨合与历练，妈妈在照料宝宝的吃喝拉撒方面，已经是轻车熟路了。按理说，进入宝宝生命中的第二年，妈妈应该会轻松许多，而实际上却并非如此。随着宝宝发育的推进，一些新问题会逐个摆在妈妈面前，包括情绪问题、沟通不畅、智力开发、个性塑造……在这些问题面前，妈妈依然是“新妈妈”，仍会感到手足无措，这与父母所受的教育、所从事的职业无关。宝宝面前，人人平等。

0~1岁宝宝护理的重点在基本的饮食、作息和疾病护理。到了1~3岁，这些护理项目依然很重要，妈妈还要在孩子的情绪控制、亲子沟通等方面多付出些精力。由于宝宝与父母之间的双向互动日益增多，妈妈育儿理念的实施过程要比之前复杂许多，最大的改变来自互动模式：由之前的妈妈主动施予宝宝被动接受，转变为妈妈有选择性地施予，宝宝接受与否则受情绪控制。

不管妈妈的理念多么前沿，计划多么详尽，到了宝宝面前，都要归结到两个字，那就是“落实”。

围绕着如何更好地“落实”这一任务，父母要与宝宝巧妙周旋，宝宝是在与父母及家人的周旋过程中获得了他所需要的锻炼机会；而父母也正是以这种方式让宝宝日渐健康、快乐、聪慧，同时也使家庭之舟稳稳向前。

在0~3岁，家庭都是宝宝主要的教育环境，家人也就成了宝宝主要的模仿对象。因此，家人的行为、处事方式及家庭环境对宝宝的影响至关重要。

育儿不是脱离于生活之外的单一存在，而是无数个生活片段的累积。从这个意义上来说，父母只要是做好了自己，照顾好了家庭，就等于是带好了孩子。这就是本书所要传达的主要理念。

本书是宝宝在1～3岁的养育百科全书，内容涵盖饮食、日常护理、疾病护理、家庭教养、行为习惯、心理发育、智力开发等方面。全书从宝宝满1周岁开始，1~2岁阶段以2个月为一个小单元，2~3岁以3个月为一个小单元，共划分出10个单元，提炼出近300个话题，每个话题都从妈妈的角度出发，侧重可操作性强的实用技巧，内容丰富，全面周到。

全书紧跟宝宝发育的脚步，宝宝在不同阶段所表现出来的行为习惯特点及应对措施，在相应的单元都有详细阐述。多位妈妈切身的育儿经历也被融入到相应的话题内，专家针对妈妈的疑惑及不足做了针对性很强的解答。

妈妈每天只需几分钟固定的阅读时间，长期坚持下去，就可以轻松面对育儿过程中的各种问题。

编者

于2013年2月

目录
CONTENTS

1岁1～2个月　断奶期，给予心理安慰 …… 7

1岁7～8个月　脱缰的小野马 ……………… 103

2岁4～6个月　故事，搭起想象之桥 …… 237

1~2岁

宝宝养育面面观

本阶段发育要点提示

心智发育

1岁至1岁半，宝宝能和大人有最基本的沟通，但有时会因沟通不畅而大发脾气。宝宝的心智在不断地模仿与重复中得到提升。1岁半至2岁，宝宝能用肢体语言和大人进行沟通了。情绪多变，也能看懂身边人的喜怒哀乐，但是还不会独立思考。

睡眠规律

宝宝的睡眠时间有所减少，经常会有睡眠不稳的情况，这是正常现象。宝宝接触的事物逐渐增多，运动量也增大了，饮食也会有不合适的情况，这都会影响到宝宝的睡眠。

1~2岁，宝宝每天的睡眠时间在12~13个小时，午睡一次。

饮食习惯

1岁至1岁半，宝宝习惯用手抓饭吃，身边总会有吸引宝宝注意力的事物，很难专心进食。家长要将干扰进食的因素消除掉。家长应开始让宝宝接触勺子，训练他自己进食。1岁半至2岁，经常自己进食的宝宝已能轻松把饭送入口中了，只是常常弄得到处都是，妈妈要有耐心。

家长要帮助宝宝建立规律的饮食习惯与健康的饮食结构。

排便训练

白天不用尿布了，大人要不断提醒宝宝使用宝宝马桶。大便时会主动提醒大人，小便则需要大人定时提醒。

穿衣、整理玩具

1岁至1岁半，宝宝懂得配合穿衣，大人给拿来什么衣服就配合穿什么。通常会乱丢玩具，不主动收拾玩具，但会模仿大人收拾。1岁半至2岁，给什么衣服就穿什么，认识左右鞋，开始要求自己穿衣，会因进展不顺利而大发脾气，大人要协助宝宝穿衣。

家长要放手让宝宝自己来，参与时要巧妙，以免宝宝闹脾气。家长还要利用宝宝爱模仿的特点，帮他养成自己收拾玩具的习惯。

相处技巧

1岁至1岁半，宝宝哭闹时不能不理不睬，要想办法转移他的注意力，将坏情绪化解掉。家长要给宝宝布置一个适合玩耍的环境，准备他喜欢的图画书和敲打型玩具。安排有规律的生活起居可以免去很多沟通难题。

1岁半至2岁，宝宝经常会大发脾气，家长要允许宝宝的这种表现，接受令宝宝发脾气的原因，试着转移他的注意力。根据宝宝的性格特点采取应对措施。家长不要急躁，尽量心平气和地同宝宝沟通。

心理行为和语言发育

妈妈只是自己的

宝宝表达自己意愿的能力已经很强了，而且情感也很复杂。在向大人提出的要求得不到满足时，情绪会变得反常，通常会以哭闹来胁迫妈妈就范。在他的概念里，妈妈是他独有的，如果看到妈妈在抱别的宝宝，就会产生嫉妒心，非要把妈妈抢过来不可。在这个时期，宝宝的各种情绪，如嫉妒、喜悦、反抗、生气、委屈都会在特定的情境下充分表达，而且开始学着向妈妈表达自己的心情。在日常生活中，会经常要妈妈抱抱，要亲亲妈妈，要紧紧贴在妈妈身上不下来，表现他“要妈妈”的意愿，努力争取妈妈的关怀。

妈妈要充分体会到宝宝在这一时期的特点，给予他充分的关心与爱护，这有助于宝宝形成乐观的个性。

管教，不要利用恐惧心理

对那些好动的宝宝，大人经常会利用他们的恐惧心理对其进行管教。这种方法偶尔用一下可以，经常使用的话，会导致宝宝心理脆弱。

还有就是“再这样妈妈就不管你了”“妈妈生气了，不要你了”之类的、以母爱为条件的管教方式也不可取。12～18个月大的宝宝对母亲的依赖性很强，宝宝最担心的就是妈妈离开自己。

如果动不动就听到妈妈说“妈妈不在了”的话，宝宝的不安情绪就会加重。当宝宝无法确信妈妈是否会离开自己时，他就不敢独立探索世界，更不愿意离开妈妈，甚至那些妈妈允许做的事情也不敢去做了。所以，不能为了纠正宝宝的一个小错误，而对宝宝造成更大的伤害。

自我意识在发展

在自我意识发展的同时，宝宝逐渐能够区分“我”与他人、世界存在不同。典型的表现就是会说“不”或者“不喜欢”。所以，当宝宝表达反对意见的时候，爸爸妈妈应该认识到宝宝长大了。

在自我意识形成的过程中，在父母眼里，宝宝不再是那个无条件配合妈妈的乖宝宝了，而是固执和逆反的结合体，双方的冲突也会因此而越来越多。实际上，宝宝在每一个发育阶段都会表现出生理和心理上的强烈反应，这种反应会让父母产生错觉，认为宝宝的性格改变了。

但是，这种反常表现会在外界环境的反馈和自身获得新感受的刺激下，促使宝宝掌握适度表现自我的方法。所以，不必因为宝宝的自我表现比较强烈，就认为宝宝实在是不可理喻。

关注宝宝健康问题

健康最重要

对于1~2岁的宝宝来说，健康是最重要的，健康是其他能力能够更好发育的基础。

生活中，我们经常能见到动不动就去医院看病的宝宝，这样的宝宝即便被照顾得无微不至，还是爱生病。经常生病的宝宝难免会错过各种增长见识的机会，生病期间的营养摄入也会受到限制，久而久之，身体难免会羸弱，这无疑会影响到宝宝的发育。

宝宝身体不好与喂养不当有关，包括饮食结构不合理、饮食习惯不佳等。因此，妈妈要替宝宝把好饮食这一关，健康的饮食是身体健康的基础。

1~2岁，妈妈要在饮食结构的选择与进食过程的控制上下功夫。

给宝宝均衡的饮食

饮食结构上，1岁至1岁半，辅食与奶制品的比例最好达到1∶1。辅食中首先要考虑碳水化合物的摄入量——包括婴儿营养米粉、稠粥或稠烂面条，在此基础上添加蔬菜、鸡蛋黄和（或）肉泥。由于蔬菜、水果中含能量极少，所以辅食以碳水化合物食物为主，至少应占每次喂养量的一半。食品选择得当，进食正常，就无须依赖营养品或补品。1岁半以后，宝宝饮食逐渐成人化，辅食逐渐转变为正餐，奶做辅助，至少要补充到宝宝满3岁。

如何解决进食难题

可爱的餐具。使用造型可爱的碗和勺：一是方便辅食摄入，二是为了迎合孩子的喜好。利用碗和勺喂养还能培养孩子的注意力。

进食前要恰当诱导。喂养前大人要先吃饭，以此来诱导孩子的食欲。尽量少给孩子接触大人口味较重的食物，以免孩子偏食。

书、玩具收起来，电视关掉。将进食的干扰项消除掉。进餐时玩玩具、看电视不仅分散注意力，而且对消化不利。

不要用语言引导宝宝吃饭。以免使孩子将兴趣转移到和家长的沟通上，导致吃饭不专心，使进食效果大打折扣。

要定时（进食时间、进食过程）。规律进食，专心进食，可以保护肠胃的消化功能。

顺其自然，不要强迫进食。以免使孩子产生抵触情绪，反而不爱吃饭了。

妈妈日常照料提示

生活照料

妈妈要护理好孩子的饮食起居，训练宝宝好的生活习惯，比如按时睡眠、按时吃饭、自己大小便等。其实，在训练1岁宝宝这些日常活动的时候是非常讲究技巧的。聪明的妈妈能够掌握最好的训练时机，培养孩子一生受益的好习惯。另外，往往人一生的安全感也取决于这一年龄阶段。

个性培养

培养宝宝的个性要按照宝宝的特点来，这个阶段的宝宝莽撞、盲目、冲动，一刻也坐不住，他们通常以自我为中心而不管他人，需要家长追着到处跑。

宝宝的发育有其共性，也有个体的差异性。要把握好共性的方面，同时对于孩子特别的地方，还要根据具体情况灵活应对。家长要详细分析宝宝的个性特点，然后区别教养。记住一点，照本宣科是不适宜的。

面对变化，随时作好准备

动作能力的发育顺其自然

宝宝从1岁的学步到2岁的能够蹦跳、奔跑，运动能力的发育在1年时间内有了很大的飞跃。家长们很容易犯攀比与急功近利的错误，希望能通过不懈的训练与坚持使宝宝的发育能提早一步。孩子的动作发育会受身体素质与发育进程的限制，外力的影响毕竟有限。所以，能力训练要尊重孩子的意愿，遵循自然发育的规律。大多数宝宝会按照一般发育规律自然成长。

宝宝在1~2岁之间，活动的范围扩展了，他自己也会挑战运动难度。相对于主动训练，妈妈更应该把心思放在给宝宝创造一个安全的、对发育有益的活动空间，在保证安全的前提下，让宝宝自由发挥，不要限制他的自由。

智能训练宜从日常生活切入

宝宝还小，妈妈却对他抱有很高的期望，甚至把技能和思维训练提上日程。与宝宝在1岁前相比，1~2岁的宝宝与父母的互动明显增加，但这并不意味着就该全面进行智能训练了。3岁之前，宝宝的健康始终要摆在首位。

基本的智能训练也可以有，宜建立在日常生活的各种场景中，要将训练融入到生活的方方面面。比如喂宝宝吃饭时，可以让宝宝体验各种食物的味道，让他将口感与某些形容词联系起来；穿衣时让他认识各种颜色……

在1~2岁，宝宝的语言、认知、情绪的发育都会有很大变化，妈妈要把宝宝的生活安排得丰富多彩，把握好与孩子相处的每一刻，让他在充满爱的氛围里生活，使各项智能健康发展。

1岁1～2个月

断奶期，给予心理安慰

生活&饮食&护理

生日快乐，天天快乐

从今天起，宝宝度过了快速发育的婴儿期，正式步入幼儿期。大多数宝宝已经能够站稳了，而且能听懂一部分日常对话，他产生了要独立活动的愿望。在这个关键的时候，给宝宝过一个完美的1周岁生日，就显得非常有意义了。

生日怎么过

请谁来参加。在宝宝生日到来的这一天，一定要给宝宝热热闹闹地过一个生日。要请亲戚朋友来，如果宝宝有经常在一起玩的伙伴，也要请来。

准备什么。妈妈记得提前几天去蛋糕房订购大蛋糕，在生日当天送到家里或选定的饭店。在蛋糕上要写宝宝的名字，最好镶嵌一个宝宝的属相。定制蛋糕的尺寸要依据参加宝宝生日的人数来定，宁可大一些也不要小了。蛋糕房会将过生日需要的蜡烛、刀具、寿星帽、碟子等准备好一起送来。

在哪里过。在家里或者离家比较近的饭店过生日都可以。在家里过更有气氛，但招待任务会很繁重，妈妈最好找一个帮手。比较起来，在饭店给宝宝过生日要省事得多。

帮宝宝吹蜡烛

宝宝是第一次过生日，还不明白是怎么回事，不愿意配合妈妈带寿星帽。好不容易带上了，他又会扯下来，要耐心点再给他戴上。

面对一些新面孔，宝宝可能会不适应，要注意调节他的情绪，尽量避免哭闹。

饭毕吃蛋糕，众人齐唱生日快乐歌，要帮助宝宝吹灭蜡烛。

宝宝并不明白生日对于自己的意义，生日会从始至终他都充满好奇，这一天发生了好多事啊。

妈妈不能因此含糊，要做好生日的一切准备。最好从早上就开始把宝宝这天的活动记录下来。这是有意义的一天，妈妈应精心策划每一句话、每一个动作，在以后的日子里，随时可以拿出来与宝宝一起分享。

饮食安排要合理

宝宝刚满1周岁，饮食结构不能直接过渡到成人阶段，要经常给宝宝开小灶，才能保证他摄取到充足的营养。目前，乳类依然是主要食物，如果条件允许，母乳喂养最好持续到2周岁。

宝宝的进食时间应和大人同步，辅食加工要精细。

配方奶，每日两次

现阶段，只给宝宝喝普通牛奶还不适宜，因为牛奶中含有过多的钠、钾等矿物质，会加重宝宝的肾负荷。此外，牛奶中的蛋白以乳酪蛋白为主，不利于宝宝消化吸收。除了母乳，奶类食物首选幼儿配方奶粉，优质的配方奶粉以母乳为标准，去除动物乳中的部分酪蛋白、大部分饱和脂肪酸，降低了钙等矿物质的含量，以减轻宝宝的肾脏负担。

妈妈注意要选择与宝宝年龄阶段相匹配的配方奶粉。

在满2周岁之前，宝宝每天仍然需要喝至少2次奶，每次150～240毫升。

一日三餐，营养全面

肉泥、蛋黄、肝泥、豆腐等含有丰富的蛋白质，是宝宝身体发育必需的食物，而米粥、软饭、面片、豆包、小饺子、馒头、面包等主食是宝宝补充热量的来源；蔬菜可以补充维生素、矿物质和纤维素，促进新陈代谢。每周还要保证一定量的鱼、虾和动物肝脏类食物。

食物烹制要点

为了使食物更易吸收，辅食尽量制作得细软些。烹调用油量适宜，可使食物更美味，增进宝宝的食欲，同时还可促进脂溶性维生素A、维生素D和胡萝卜素等的吸收。适合宝宝食用的植物油以大豆油、花生油为主，植物油含不饱和脂肪酸多、熔点低、易消化，又是必需脂肪酸的主要来源，对宝宝的正常生长发育有利。

宝宝吃辅食已有半年多，我制作的大多数辅食他都能接受。我想让他吃好，为此需要付出很多时间与精力钻研各种辅食制作方法，疲惫得很，很希望宝宝能直接吃大人的饭菜。我把全家人的饮食习惯做了调整，以适合宝宝的胃口，但坚持了没多久，大人们就有意见了。

全家人跟着宝宝一起吃婴儿餐是不可取的，可以按照家人一贯的饮食结构来，额外增加适合宝宝吃的部分蔬菜或主食，制作时特殊处理一下即可。

从睡眠看健康

宝宝的睡眠状况呈阶段性的变化，时好时坏。一般来说，宝宝的睡眠受父母睡眠习惯的影响很大。睡眠习惯不好的父母不会带出睡眠规律的宝宝。此外，宝宝的健康状况也是影响睡眠质量的一大因素。

睡眠新规律

1岁以后，宝宝的睡眠规律逐渐成人化了，也就是晚间与父母一起入睡，早晨与父母一起醒来，中午还需要有2个小时左右的午睡，全天的睡眠时间在14个小时左右。妈妈无须拘泥于这个睡眠时间表，也会有睡眠规律比较特殊的宝宝。只要宝宝身体健康，精神状态好就没有问题，没有影响到日常生活的睡眠习惯无须刻意调整。

好睡眠什么样

对于表达能力有限的宝宝，睡眠状况如何需要家长细心观察。如果宝宝睡眠时安静恬适、呼吸均匀而没有声响，小脸上偶尔出现有趣的表情，那就说明宝宝的睡眠好；而当宝宝出现睡眠不安稳、出汗多、磨牙、踢被子、张口呼吸、有鼾声、呓语、肢体抽动等情况，就说明宝宝的睡眠不好。睡眠不好的宝宝白天会比睡眠好的宝宝难带。

一般来说，拥有好睡眠的宝宝都有健康的身体。

睡眠不好的原因

胃口不佳、身体虚弱的宝宝多数有入睡困难、睡眠质量不好的问题，也就是中医所讲的“胃不和则卧不安”。肠胃消化吸收功能不好，对人体造成的直接影响就是气血不足，而气血不足又会造成身体虚弱。妈妈可以通过观察宝宝的舌苔、大便等来判断宝宝是否消化不良。

有一段时间，宝宝在晚间会无缘无故地爬起来哭闹，半夜经常“打挺”，使自己的身体呈90°或180°大转向，整个夜晚我需扳正好几次；宝宝还经常踢被子。

这是宝宝身体有不适的迹象，妈妈要重视并进行适当的调理。如果怀疑是健康问题，必须请儿科医生检查诊断。

喝酸奶要注意方法

宝宝的胃肠不时会出现问题，当他表现出明显厌食的症状时，妈妈就要想办法解决了。妈妈可能会选择给宝宝喝酸奶，她们认为这样既能有效补充营养，还能调整宝宝的肠道菌群，关键的一点是宝宝爱喝。酸奶是有这样的作用，但是在饮用过程中要注意方法。

喝酸奶有益

酸奶营养素密度高，和人乳很接近，容易消化，比较适合消化系统尚不成熟的宝宝饮用。

酸奶中含半乳糖，半乳糖是构成脑、神经系统中脑苷脂类的成分，食用有利于大脑的成长发育。

酸奶中的乳酸菌酸度适宜，可以有效抑制有害菌的产生，提高免疫力，可预防腹泻或缩短慢性腹泻持续的时间，减少急性腹泻的发病率。

处于断奶期，酸奶作为一种半固态的食品，是很好的过渡食物。

不要加热酸奶

酸奶一经加热，所含的大量活性乳酸菌便会被杀死，不仅丧失了它的营养价值和保健功能，也使酸奶的物理性状发生改变，形成沉淀，特有的口味也消失了。因此，饮用酸奶不能加热，夏季饮用宜现买现喝，冬季可在室温条件下放置至常温后再饮用。

怎么喝好

饭后2小时喝酸奶为宜，可选在上午或下午饮用，每天食用量不超过100毫升；酸奶性凉，不宜大量进食，胃寒体质的宝宝可以等到天热时再饮用。

长期喝酸奶会影响到宝宝体内消化酶的分泌。所以，妈妈要把握好宝宝喝酸奶的量与频率。

宝宝不仅爱喝黏稠的酸奶，更爱喝乳酸饮料，喝乳酸饮料对孩子有好处吗?

现阶段不要给宝宝喝乳酸饮料，购买时要注意查看配料表和产品成分表。酸奶的配料表中，蛋白质含量不应低于2.9%或2.3%。乳酸饮料的配料表中，一般都会出现“水”和“山梨酸”，且蛋白质含量低于酸奶。超市中所购的酸奶保质期一般在1个月左右，妈妈可以订购每日送到家门口的新鲜酸奶。

学步期，用心选择鞋

现在，宝宝的学步经历已有几个月了，宝宝活动量大而且能折腾，或许已经把鞋磨破了。如果正处在季节更替阶段，妈妈还要考虑为宝宝选购换季鞋。现在，妈妈要从耐用的角度为宝宝选择鞋了。

不同季节鞋的选购要点

相比较而言，高档鞋更容易清洁，当季购买一双就够了，不宜多买，因为下一季肯定小了，可以在相对重要的场合穿。家做鞋或者市场上购买的帆布鞋相对容易脏，而且使用频率高，需要定期清洗换着穿，所以至少需要准备两双。在整个学步期，从舒适度的角度考虑，其他宝宝穿过的旧鞋也是不错的选择。

冬季。妈妈需多关注的是鞋内部的材质，全棉的最好，稍微宽松一些，以轻松在后跟处深入一根手指为度，这样的鞋既合脚又有很好的保暖性。脚与里子紧紧贴在一起的鞋保暖性反而要差些，因为棉絮、纤维绒毛的紧密挤压会将有保温作用的空气排挤出去。

夏季。棉质或软塑料的凉鞋是最佳选择。家做的纯棉布鞋有着良好的吸水性与透气性，对宝宝的脚有很好的保护作用；凉鞋也会因脚上大部分皮肤裸露在外而比较舒适，但这也使脚更易受伤，妈妈要格外留意。凉鞋的样式要选包头的（前尖封闭），在宝宝不慎踢到石块时，可免脚趾受伤。

春秋季。北方气候有其特殊性，春、秋季短暂，夏、冬季相对长，所以春秋季节的鞋无须多准备。

处在学步期的宝宝，选鞋时要更多地关注舒适度，之后再从美观的角度考虑。冬天要给宝宝买双棉拖鞋，夏天要配凉拖鞋，冬、夏季拖鞋最好在脚跟处有一根松紧带。这根松紧带的作用很大，能将拖鞋固定在宝宝的脚上，避免走路时宝宝摔倒。

我给宝宝买鞋时，考虑到他的脚长得比较快，会买大一两号，以后还可以穿，如果买小了穿一两月便只能闲置了。

这种做法虽然省钱省事，但并不科学。不能让宝宝穿太大的鞋，大鞋会使宝宝足底的韧带由于脚接触地面时不稳定而过度伸展，破坏足弓形成。足弓会使足底着地时既能负重又能稳定，跳跃时还有弹性，并保护血管和神经不会在走路时受压，如果足弓受到破坏，就会成为扁平足。所以应给宝宝买大小合适的鞋。

居家安全防护

宝宝的活动空间有了很大扩展，同时安全隐患也增加了。妈妈的视线需紧随着宝宝，限制宝宝的活动是不可取的，可以尽力给宝宝创造一个相对安全的环境。居家生活的安全隐患有尖尖的桌角、锐利的门框、开放的电源、敞开的马桶及未封闭的阳台等。

目前，许多专业的商家在潜心研制这样的产品，去专业的母婴用品店转一转，就能找到自己需要的商品了。

防撞桌角

防撞桌角可以安装到一般家庭中的桌角、床角、书柜尖角、楼梯角等位置。防撞桌角有球形的、直角的，妈妈可以根据自家的情况进行选择。没必要给所有尖角都装上防撞桌角，先统计一下宝宝活动的区域内正对着活动空间的桌角、床角、书柜尖角、楼梯角的数量总数，再去购买。

防撞条

防撞条是可以粘贴的橡胶带。把有黏性的一面贴到墙和家具的棱角上，宝宝如果不小心撞上去，因为有软软的橡胶带防护，可以减少受伤的概率。同样只需给宝宝站着或爬着时头部高度位置家具横棱上粘贴防撞条即可。有的横棱可能位于桌面下边，这个位置容易被忽略，妈妈应注意。

安全电插防护套

这个阶段宝宝喜欢用手指抠各种小孔小洞，位置较低的电源插孔就是宝宝探索的好地方。这款装置可以起到防护作用。

安全电插防护套适用于二相和三相插座，选用绝缘材料制造而成，将防护套安装在电源插座上，可防止宝宝因用手接触电源插座而带来触电的危险。外观设计独特，宝宝不容易将其拔出，打开时要用到钥匙。

针对电源插座的安全问题，最简单的方法是用宽胶带把电源孔封闭起来，要多贴几层，以防被宝宝用东西捅破了。

经常上火要注意调理

中医认为宝宝为纯阳之体，阳有余而阴不足，容易出现阴虚火旺、虚火上升的状况，也就是俗语所讲的“上火”了。宝宝一旦上火，就是“虚火”“实火”一起上，并且互相影响、互为因果。

宝宝易上火

生理特征决定宝宝易上火。中医认为宝宝是“纯阳之体”，体质偏热，容易出现阳盛火旺即“上火”现象。而且宝宝肠胃处于发育阶段，消化等功能尚未健全，过剩营养物质难以消化，造成食积化热而“上火”。

饮食及环境引起的上火。饮食因素：过多的肉类、过浓的牛奶、过甜的饮料、零食都相当于给身体进补，这部分高蛋白质食品的摄入就是“火”的来源。另外，薯片、饼干等油煎炸零食的摄入也是引起上火的因素之一 。

环境引起上火。如天气炎热潮湿，水质偏热，易引起上火。

上火的症状和危害

大便干。上火后由于大便干使排便疼痛，宝宝常常会拖延排便时间，造成大便更加干燥，形成恶性循环。大便长期在肠道内滞留，会产生毒素，继而降低免疫力。长期排便不畅，会引起以后心理上对排便的抗拒，长期排便习惯不良会导致将来习惯性便秘。

小便黄。宝宝的小便颜色变黄、量少，这一症状表明宝宝上火了。这也是体内水分缺少在尿液中的体现，需要采取调节措施。由于体内积火，出汗、排尿、皮肤及呼吸时水分蒸发，造成较多水分流失，这些也是造成粪便干硬的原因。

口舌生疮。宝宝不肯吃饭、烦躁不安甚至不愿喝水，这会使营养供应不足，影响到身体的发育。另外，口舌生疮很容易引起口角炎。

睡不香。睡时烦躁、不安、哭闹、易惊醒，身子不停翻动，有时还会出现咬牙等情况，这是上火使体内脏腑功能失调而引起的睡眠障碍。睡不香容易导致作息不规律，宝宝会出现爱生气、烦躁、急躁冲动、情绪波动等状况，最终可能导致宝宝发育不良。

眼屎增多。容易引起病菌入侵，引发麦粒肿。麦粒肿俗称针眼，是睫毛毛囊附近的皮脂腺或睑板腺的急性化脓性炎症。

有口气。口气常代表宝宝肠胃功能紊乱，身体的“胃火”一般与喂养不当出现积食有关。

室内游乐场，欢乐天堂

宝宝要求多彩的生活，爸爸妈妈要满足宝宝这个愿望。夏天可选的场地与游乐设施会有很多，在户外的每一刻都是快乐时光。冬天却要少很多，可以选择去室内游乐场玩。这样的游乐场一般设在大型商场内，爸爸妈妈还可以在商场进餐、购物。

基本游乐设施

每个室内游乐场的设施都不一样，但是大同小异，多数会有彩色海洋球、模拟厨房、滑梯、秋千、跳跳床、旋转小动物、大型软积木、飞气球、旋转椰子树、爬行隧道等。

这些设施在色彩与造型上各具特色，卡通小动物形象随处可见，很符合宝宝的心理。

室内游乐场内多数玩耍设施用了彩色软塑料包装，内含软软的填充物，即使宝宝在玩耍过程中摔倒碰到了头，也不会有危险。

做好什么准备

妈妈要为宝宝带上纸尿裤、充足的水、水果、面包或饼干等，宝宝在游乐场内上窜下跳很耗费体力，还会出很多汗，不时需要停下来补充水分或进食。妈妈在家里就要把水果处理好，可以切成小块用保鲜盒装好，还要带上牙签。

大人需要穿着袜子入场。最好与经常交往的小伙伴结伴。有人陪着玩，宝宝才能玩得更投入。

在游乐场内，宝宝不宜穿太多，以免影响到灵活性。还有一个原因是穿多了容易出汗，到了户外后容易患感冒。

才开始进入游乐场时，宝宝感觉到害怕，他拉着我的手，怯生生地在游乐设施前观望。看他想去玩又不敢的模样，我很着急。

这很正常，多数宝宝要经历这个适应期。一般来说，玩几次以后宝宝就能适应室内游乐场的环境了。如果宝宝适应得很好了，妈妈可以考虑办一张年卡，以减少单次玩耍的成本，在3岁之前，室内游乐场都是宝宝很重要的玩乐场所。

带宝宝骑自行车出行

之前，妈妈带着宝宝出行都会选择使用婴儿车，路途比较远时，妈妈会很累。现在，宝宝已经够强壮了，可以试着乘坐妈妈的自行车了。为此，妈妈要好好做一番调查，看选择什么样的自行车合适，自行车后的宝宝座椅也要好好挑选。

必要装备

自行车。妈妈最好选择26式自行车（包括电动车），要能从前面迈腿上下的样式；折叠式的小型自行车也是不错的选择。现代生活中，交通拥堵现象非常严重，在日常出行中，自行车的作用很大。未来宝宝上幼儿园或小学时，都能用到自行车。

宝宝座椅。适合自行车使用的宝宝座椅有几种，妈妈要选择安全性好的。宝宝座椅的靠背要深一些，以防宝宝坐不稳栽下来。宝宝座椅大多安装在后座（也有挂在前面的座椅），要请专业人士安装。宝宝大一些以后，还要在后车轮两旁加上防护网（防止宝宝的小脚伸进车轮里绞伤）。

安全带。3岁之前，宝宝乘坐自行车都要给他系上安全带。

头盔。佩戴头盔可以使发生危险的概率大大下降。目前，骑电动自行车的人越来越多，由于电动自行车的车速较快，更应该佩戴头盔。妈妈要选择适合自己宝宝的头盔型号。

预防危险

绝对不要把宝宝单独放在自行车后座上，宝宝稍微动一动就有可能栽下来。妈妈骑车过程中应以稳、慢为原则。在车行道上骑车，要严格遵守交通规则，不要闯红灯。

我想让宝宝斜坐在自行车架的横梁上，或者让宝宝两只脚跨坐在自行车的后座上，这样做可以吗?

宝宝侧身坐在自行车架横梁上，下身稍微扭转，对还在快速发育中的脊柱不利；跨坐在后座上也不妥，自行车行驶时的震动通过脊椎骨传给大脑，会对大脑产生不良影响。此外，以上两种做法都有很大安全隐患，妈妈不要尝试这样做。

营养食谱：胡萝卜丝汤、双米银耳粥

这个阶段，要重视培养宝宝良好的饮食习惯，饮食要多样化。如果宝宝有对某一类食物的偏食现象，要努力加以纠正。在选购和烹调食物时，要注意选择有益于健康的食物和烹调方法，多吃有益于心脏的食物，少吃高脂肪食物，以防宝宝肥胖，同时也能降低宝宝成年后心血管疾病发生的危险性。

精选两例辅食

胡萝卜丝汤。精选胡萝卜1根，骨头汤100克；胡萝卜洗净后，切段，再用擦板刮成细丝，或者切成细丝；锅内放油，烧热后，下入姜末、胡萝卜丝翻炒至半熟时，加骨头汤烧开，转小火焖1分钟后加盐。胡萝卜中含有大量的胡萝卜素，在肠道吸收后转变为维生素A，是一种对宝宝很有营养的蔬菜。

双米银耳粥。精选大米、小米各20克，水发银耳20克。大米和小米淘洗干净，水发银耳择洗干净，撕成小朵；锅内放入水，把大米、小米放入煮开后，放入银耳，转中火慢煮15分钟，至银耳煮得软烂时关火即可。大米是人体B族维生素的主要来源，大米粥具有补脾、和胃、清肺的功效。而小米中的维生素B_1含量为大米的数倍；小米中的无机盐含量也很丰富。银耳含有丰富的蛋白质、维生素和葡萄糖。由这三种材料煮成的粥，营养非常丰富，口感软糯，是宝宝必备的营养粥品。

当前喂养指导

给宝宝喂食水果时要注意洗净，去皮。水果含糖多，会影响到宝宝喝奶与吃饭，所以喂水果的最好时机是在喂完奶或吃完饭之后。

要选择适合宝宝的鱼类食物。可以选用刺少、肉嫩、易去除腥味的新鲜鱼，如三文鱼、黄花鱼、带鱼、青鱼等。宜将鱼类食物制成鱼丸、鱼泥。不要用油炸、油煎等烹调方法。

家庭教养

要引导，不要制止

宝宝经常胡闹，妈妈作旁观者显然不合适，而太多的干预也会影响宝宝自我判断的能力及主观能动性。妈妈应该引导宝宝按照安全且对发育有益的方向去“胡闹”。

不要轻易下禁令

父母的喜好、期望或限制在与宝宝朝夕相处的过程中会逐渐进入宝宝的心里，宝宝的内心会在这个过程中得到塑造，干扰多了会影响到正常的塑造过程。所以，想要宝宝自然发育，爸爸妈妈应以中立的态度平和地观察宝宝的发展和需要，必要时给予帮助。即便是在给予帮助时，也要慎重选择语气与词汇，不要轻易下禁令。

想要宝宝按照自己的期望发展，也不要急功近利，只要认真观察，从语言和行动上加以引导，就能影响到宝宝的发展，宝宝会无意识地向着令爸爸妈妈满意的方向努力，这就是“期望效应”。

首先学会观察

当宝宝正在努力做一件事时，只要不是危险的，妈妈首先要静观其变，而不是上来就斥责他。事事都能沉着冷静很不容易，尤其是在宝宝有可能会在接下来的行为中将自己推向危险的境地时。

这一点，有老人的家庭更应注意。老人常把干预宝宝的活动视为己任，在宝宝做不该做的事时自己却没有管，他们会认为这是自己失职。爸爸妈妈可以将自己的想法和老人坦诚沟通，打消老人的这种顾虑。只要是对宝宝好的事情，老人一定能够接受。

宝宝光着脚，用勺子在厨房盛水到阳台浇花，弄湿了地板，他走来走去很容易摔倒，怎么劝都不听，怎么办呢？

端一盆水到阳台，让他蹲在阳台上给花浇水，先渡过眼前的难关；以后买个喷壶，给宝宝安排浇花的任务，抓住这个机会培养宝宝的责任心。

弱化家庭纷争的影响

家庭中没有纷争是不可能的，尤其是添了宝宝以后，针对宝宝养育出现的纷争更是多不胜数。爸爸妈妈不可能控制纷争的发生，却能控制其对宝宝产生的影响。纷争过后，切勿冷战，夫妻之间要很快和好如初，并给宝宝充分的爱。

如果纷争不可避免

马上隔离。夫妻双方一旦发生不愉快，其中一方最好尽快离开，这样有助于双方进行冷静的思考，避免让争吵扩大。

放低音量。如果两人的意见发生分歧，那么在争辩过程中应尽量降低音量。这样做一方面可以避免争吵不断升级，使纷争尽早结束；另一方面也能让宝宝的情绪不会受太大的影响。

争吵后，暂时不面对宝宝

夫妻争吵结束后，情绪往往不能马上平复，这时候直接面对宝宝，会不知不觉地拿宝宝撒气，最好在争吵结束后30分钟内不要直接和宝宝接触。如果夫妻吵架的情景不小心被宝宝看到了，应该立刻停止争吵，安抚宝宝。最好把他抱到怀里，并且告诉他：“爸爸妈妈没有吵架，只是在大声说话而已。”

情绪坏榜样

不能在宝宝面前吵架的另一个原因，是会让宝宝产生误解，认为吵架是大人解决问题的一种方式。宝宝会很自然地去学习、模仿父母的行为方式。

宝宝在父母不断争吵的环境中长大成人后，以后朋友、兄弟甚至夫妻之间出现了问题，他们都会用争吵的方式解决。

夫妻之间产生纷争的原因多是家庭中的琐事。宝宝出生以后，由于家庭琐事增加，这种分歧会更加严重。

这种现象每个家庭都会遇到，婚姻生活中夫妻双方的磨合是一个长久的过程，要懂得站在对方的角度看待问题。只有双方多些体谅和理解，这种纷争才会越来越少。

收起你的脾气

带宝宝的辛苦只有经历过的人才能理解。虽然妈妈一再告诫自己不要嫌麻烦，要忍耐。可是同样的问题每天一而再、再而三地发生，妈妈有时还是会爆发。发脾气是最要不得的一种行为，妈妈要告诫自己，一定要和宝宝好好说话。

要学会控制情绪

宝宝有自己独特的个性，妈妈要尊重宝宝的这种个性。想要宝宝事事都按自己的意愿来是不可能的，妈妈要学会容忍现实中的不完美。试着花些心思去了解宝宝真实的意愿，按照宝宝的意愿去做事能够获得宝宝的配合。

妈妈不如愿就发脾气是不可能成为优秀的母亲的，也不可能和宝宝形成良好的依恋关系。

想一想，让头脑中的风暴过去

1. 调整呼吸，一边数数，一边做深呼吸。在这个过程中，调整心情和思绪。

2. 把自己的感受告诉宝宝，注意语气要平静，切忌大喊大叫。

3. 客观地了解宝宝不配合或闹脾气的原因，很多时候是因为妈妈没有真正理解宝宝的意思导致的，妈妈应负主要责任。

4. 无论宝宝用什么方式和你对着干，都要明确一点：他不是故意的。成人发脾气时都会激动，孩子的控制能力更弱。

5. 冷静下来慢慢观察，可以外出散步。

6. 想一想，是否自己的要求太高了?

总结经验，让冲突逐渐减少

要做一个善于总结的妈妈，自己的育儿原则要逐渐调整得现实、有持续性及人性化，不在同一个问题上反复纠缠不清。妈妈要明白，没有百依百顺的宝宝，也没有完全能满足宝宝的父母，接受这种不完美有助于妈妈平复心中的失落，把重心放在加强与宝宝的良好沟通上，而不是深陷于失望的泥潭中自怨自艾。

我家一岁多的宝宝有时过于调皮，我会忍不住训斥他，说过之后又会后悔自己对孩子没耐心。

宝宝还没有分辨真假的能力，往往会把妈妈说过的话记在心里，经常训斥孩子会增加宝宝的心理负担，是不可取的行为。如果妈妈感觉经常会生气，建议先审视自己的身体健康情况。中医认为，肝火旺盛会导致脾气暴躁，可以适当调理。

过度保护不可取

妈妈对宝宝发育过程中的每一步都会记忆犹新，因为发生在宝宝身上的每一个进步都凝结着妈妈的心血。宝宝吃第一口饭时妈妈担心宝宝吞咽困难；宝宝第一次抱着玩具玩时妈妈害怕玩具掉下来砸到宝宝；迈出第一步时妈妈甚至比宝宝更紧张……基于这样的心理，对宝宝不自觉的保护几乎是妈妈的一种本能。

过度保护是伤害

受到过度保护的宝宝会比较怯懦、容易认生、缺乏表达自我的能力。

缺乏独立机会的宝宝会逐渐发展为缺少独立成长的内在动力和勇气，弱化了在现实社会生存与发展的能力，甚至不能成为一个完整的、自立于社会的人，这是家庭教育的最大失败。

培养宝宝的独立性

宝宝的独立性是在实践中逐步培养起来的。宝宝1岁以后，妈妈就应该注意培养其独立生活的能力了，妈妈可能没有充足的育儿经验，对这个问题的重要性认识不够。又或许妈妈认为让宝宝自己做反而会惹出许多麻烦，生怕宝宝出意外，就处处包办，很少让宝宝练习动手，从而导致宝宝缺乏自立性。

妈妈在家庭中培养宝宝独立做事时，最关键的是要战胜自我。不能一看到宝宝碰到困难就代劳，而应该鼓励宝宝去克服困难。不要因为宝宝哭闹，就立即心软而妥协，完全顺着宝宝。为了宝宝的未来，妈妈应努力培养宝宝克服困难的勇气和精神。

妈妈该怎么做

把宝宝从家庭的小圈子里解放出来，经常带宝宝到公园或其他公共场所，让他们接触、认识、熟悉更广阔的世界。带宝宝去走亲访友或去外地旅行，开阔他们的视野；并让宝宝和小伙伴们在一起游戏，和大家一起参加文娱表演活动。

有目的地教给宝宝一些可以独立完成的任务，限定时间完成。在完成任务时遇到困难，妈妈可以给他鼓励、指导和帮助。当宝宝完成任务时应进行表扬，帮助他树立信心。经常给宝宝讲诉歌颂、赞美勇敢品德的故事和童话，对宝宝进行勇敢者光荣和只有勇敢才会成功的教育。

行为习惯

强烈要求自己做

宝宝不断地积累着自己的生活经验，一部分是从大人身上模仿来的，还有一部分是自己经过实践检验后琢磨出来的，宝宝会在妈妈没有防备的时候把这些技能展示出来。看到妈妈赞许的目光和欣喜的神色，宝宝也会心花怒放。

当然也不乏使坏的时候，宝宝当下的目标大多是不怎么高尚的。他可能会偷吃妈妈禁止吃的糖豆豆，也可能想把其他小朋友的玩具抢过来。

自我意识抬头

宝宝在练习走路的同时，逐渐产生自我意识，开始明白妈妈和自己属于不同的个体，可以不用按照妈妈的意思去做事。宝宝开始表达自己的意见，很多事情要求自己去做，不喜欢大人的帮助。自己的要求无法实现就会发脾气；洗漱时会甩开妈妈的手；勺子还抓不牢，却抢着要自己吃饭；怕他打翻饭碗帮着扶一下，宝宝也会显得很不耐烦，固执地要自己做。

经过自己的努力完成了，宝宝会有很强的成就感，并会不断挑战难度系数更高的事情，直到自己无法做到了，才会想到要向大人求助。

妈妈要了解宝宝在这一时期的这一特点，在给予宝宝充分自主空间的基础上，适时提供必要的援助，忌大包大揽。

培养自律又独立的宝宝

现在，父母的抚养态度应该发生根本性的改变，之前的重点是保护宝宝，今后则要集中精力培养宝宝的自律性和独立性了。这个阶段宝宝的自律性很差，妈妈往往会干涉很多。妈妈的干涉应该有原则，不阻止宝宝自发性的行为，而是默默地帮助他们完成挑战，成功后给予赞扬。

宝宝失误了不批评，宝宝固执也不要训斥，命令式的态度不可取。

学到了生活技能

宝宝就是在自我探索的过程中掌握了一些基本的生活技能。宝宝可以使用棍子或扫帚够取自己没办法够取到的东西。如将沙发下的球取出来，将电视机上的遥控器用棍子拨下来。

仍会吃手

1周岁前的宝宝“吃手”是一种正常行为，这种行为会随着发育逐渐消失。如果在1周岁以后还吃手，那就是孤独或不愉快时所采取的一种自我安慰方式，已经演变为不良习惯了。

反思养育方法

现在，宝宝如果仍然爱吃手，就是宝宝内心焦虑不安的一种反映。妈妈最好反思一下，是不是自己平时对宝宝的要求太高了。随着逐渐长大，宝宝的需求也会逐渐增加，为与之相适应，妈妈要给宝宝提供接触更多事物的机会。如果环境继续保持一贯的简单与单调，宝宝的行为也会有退化的表现。

这种情况可能会延续到宝宝比较大的时候。一个小女孩习惯把手放到嘴里咬，这可能是问题当时没有很好解决而留下的后遗症。当一个人心理感到焦虑、不安的时候，会退化到以最原始的方式使自己获得安全感。

提供探索机会

1周岁之前，宝宝的手指不灵活，他不能很好控制自己的手，用嘴探索事物是当时最有效的方式。发育逐渐推进到手部的能力越来越强，也就是由手来探索世界的阶段。如果在这个阶段给他提供锻炼的机会不足，影响到手的探索，反而会强化以前的行为。

此时，妈妈要尽可能多地与宝宝多玩一些动手的游戏，宝宝情绪好，两手有事干，慢慢就不吃手了。

1周岁后，宝宝通常不会把手指放到嘴里咬。但在陌生的环境中或生人面前时，吃手现象比较严重。此外，着急焦虑时也会有这样的表现。宝宝的爸爸是个急脾气，总觉得宝宝都那么大了还吃手，看着来气，一见到宝宝吃手就吼他。

宝宝吃手可能是在寻求安慰，首先要检查家长与宝宝交流的机会是否够多，宝宝的生活是不是很丰富。父母陪伴宝宝一方面能满足宝宝情感上的需要，另一方面也可以采取转移注意力的办法解决宝宝吃手的问题。

吃饭变得很难

此阶段的宝宝经常会拒绝妈妈精心准备的饭菜，这种行为很正常。宝宝正在树立自己的独立意识，他正在试图做自己的主呢。

不思进食有因

多数宝宝要到1岁1～3个月时才能独自行走，部分宝宝会在1周岁之前就开始独自行走。从现在开始，快速生长期已经结束，生长减慢会使宝宝对食物的需求量也相应减少。

宝宝正处于自我意识的萌芽时期，想自己动手吃饭，摆弄东西，到处试验自己的能力和体力。基于这样的原因，宝宝会产生特殊的饮食行为，显示出一些新的独立性，从而造成宝宝不好好吃饭。

满足自己吃的愿望

要尽量满足宝宝的愿望，让他自己吃，妈妈适当提供帮助就好。

给宝宝准备耐摔的碗与勺子，穿好罩衣，坐在儿童专用餐椅上。在宝宝进食的过程中，妈妈要守在他身边，随时擦拭宝宝弄到脸上的食物，还要在合适的时候帮他吃，妈妈要把握好度，尽量让宝宝自己吃。

强迫吃饭不可取

不必担心宝宝会饿着，如果他饿了，就会自己要求吃东西。如果总是强迫宝宝吃饭，只会破坏他的胃口，加重厌食。所以，妈妈不用为了让宝宝多吃一口而想方设法甚至大动干戈逼着宝宝吃。心理学家指出，强迫宝宝吃饭会影响其性格发展，容易使宝宝变得太过固执。

宝宝吃饭时总是三心二意，我想尽了各种办法想让他好好吃饭。每见他顺利吃进一大口，我就会忍不住去夸赞他。

妈妈不要因为宝宝吃得多表扬他，也不要因为他吃得少而表现出失望，否则就会把吃饭这项本来很愉快的事情变成宝宝眼里的压力。宝宝可能只是不喜欢目前的吃法，而不是这种食物，可以换一种制作方法试试。例如蔬菜，如果炒和凉拌他都不吃，那就做成馅儿包在饺子或包子里试试吧。

也会逗人

宝宝逐渐展露出他逗弄人的本领了。他会在妈妈身上一通猛拍后又匆忙逃窜，藏身于姥姥身后再不愿出来。看着一家人被他的恶作剧逗得哈哈大笑，是宝宝最开心的时候。对于这些宝宝独创的游戏，禁止与生气都是不可取的，不妨与他将游戏进行下去。

开心度过亲子时光

宝宝懂得逗弄家人以后，每日的家庭聚会将会变得非常有趣。宝宝自己会总结出什么样的行为能让家人哈哈大笑，什么行为可能会激怒家人。他会强化把家人逗得前仰后合的小伎俩，而不再去尝试激怒家人的行为。

日常逗人开心的行为有很多种，可能是冲着妈妈使劲一眯眼、一龇牙；还可能是学着奶奶用眼神表现鄙视你。妈妈可以抓住这个机会去开发一些家庭娱乐的好项目。

妈妈要善于捕捉与宝宝逗乐的好时机，要知道，这样的好时机也有偶然性。大多情况下是“有心栽花花不开，无心插柳柳成荫”，往往是一些无心之举成就了欢乐时光。

逗乐好项目

爷爷怎么走。老人走路时弯着腰、双手交叉放在背后的姿态，也是宝宝愿意模仿的。如果大人经常问宝宝：“爷爷怎么走呢？”宝宝就会通过自己的观察掌握爷爷走路的要点。虽然自己走路还不利索，但是学起爷爷走路的姿势一点也不含糊。

叫姥姥。妈妈对着宝宝的姥姥，双手放到嘴边圈成喇叭状，佯作声嘶力竭地喊“姥姥”。宝宝会学着叫。不过喊出来的可能是“瑶瑶”或“旺旺”（不同的宝宝会有不同的发音）。这叫法会引起大家的大笑，以后只要妈妈把手放到嘴边，宝宝就会喊出“旺旺”。

生活中可供与宝宝一起逗乐的内容还有很多，需要用心挖掘。

早期教育

学步，爸爸要挑大梁

妈妈的目光紧紧跟随着走路的宝宝，宝宝不是踉踉跄跄地向前冲，就是拉着妈妈的手到自己想去的地方，不轻易松手。这样的状态是宝宝进入独立自由行走的必经阶段，也是宝宝探索世界的开端。妈妈要让宝宝自然地发育到那个阶段，而不是拔苗助长。

逐渐行走自如

这个阶段，训练宝宝独立行走仍然是妈妈最重要的任务。使宝宝从蹒跚地走几步，逐渐到较长距离稳定地行走。妈妈可以让宝宝拉着拖车类玩具走路或与同伴比赛走路；还可以采用让宝宝扔球、捡球、跑来跑去找玩具等游戏的方法，训练宝宝综合运动的能力。

爸爸要起大作用

爸爸可以带着宝宝在户外空旷的场地玩传球游戏。让宝宝抱着球递给爸爸，快到达时爸爸后退几步，让宝宝继续往前走。爸爸后退的距离视宝宝行走的状态而定：宝宝走得稳，爸爸可以多退几步；宝宝走不稳或身体摇晃，爸爸要及时迎上前去。

宝宝学步时，和爸爸一起练习能更快掌握行走技能，因为爸爸相对于妈妈而言，方式要粗犷一些。妈妈常常会不放心让宝宝练步，练习过程中对宝宝的防护也不及爸爸到位。所以，爸爸要担起训练宝宝走路的责任。

摔倒了，坦然接受

练步时，尽量避免让宝宝摔跤，经常摔跤会影响到宝宝练步的积极性。一旦宝宝不可避免地摔倒了，爸爸要将宝宝轻轻抱起并安慰几句。妈妈在这种情况下免不了会惊慌失措地喊叫，本来宝宝不疼，也会被妈妈的喊叫声吓哭，这对学步更不利。要注意正面鼓励宝宝，教他勇于克服困难。

宝宝行走时，双腿向两侧摆动，站定以后双腿之间呈“0”型。我真担心他长大以后的腿型就是这样的。

现阶段，多数宝宝在行走时双腿之间会分得很开，这种宽阔的步幅有助于保持身体的平衡。妈妈可以关注一下宝宝的脚，宝宝的脚是扁平的，脚趾往往向着迈步的方向略微倾斜，这是发育的正常现象。

不过时的藏猫猫

什么样的游戏宝宝最喜欢、最能让宝宝乐得咯咯笑？有经验的妈妈都知道，是藏猫猫。宝宝对藏猫猫这种游戏永远都有兴趣，那种发现目标后的喜悦，每个宝宝都愿意体验。

藏猫猫新玩法

找妈妈。准备好一个宝宝喜欢的小玩具，将宝宝抱到沙发旁边的地毯上，旁边放上这个小玩具，让宝宝自己玩。然后妈妈悄悄离开，躲到一件家具的后面，轻轻叫宝宝的名字，逗引宝宝自己扶着沙发站起来，并且慢慢走过来寻找妈妈。这个游戏的前提是宝宝知道妈妈就在身边，否则，妈妈的突然消失会把宝宝吓到的。

床单下的妈妈。妈妈用床单把自己蒙起来，然后对宝宝说："妈妈去哪儿了？"等宝宝过来时，把一只手从床单下伸出来，鼓励宝宝找妈妈。妈妈和宝宝还可以互换角色：用一张床单蒙住宝宝，在他的头全露出来之前，轻轻地抓住他的一只胳膊或一条腿。

做游戏的发起人

在宝宝发育过程中的每一个阶段，藏猫猫游戏都会有不同的形式。形式虽然多变，但是有着固定的核心，那就是"藏"。

经常玩藏猫猫的游戏，宝宝逐渐会发挥自己的主动性，成为游戏规则的创造者。他会躲在房门后面，并蹲下去一动不动，如果被大人找到，还会想办法挣脱再藏。在不断躲藏的过程中，宝宝的身体得到充分运动，应变的能力以及社会性也会逐渐增强。

宝宝逐渐对我们一直以来进行的藏猫猫游戏感到厌倦了，宝宝需要新的内容。

藏猫猫游戏的创造者是妈妈，用心的妈妈往往能开发出很多种玩法，好玩法有几种就够用了。妈妈要在游戏中逐渐启发宝宝设计自己喜欢的藏猫猫游戏。

学会自己下床

宝宝悄悄地学会掉转身体从床上滑下来。这直接免去了妈妈抱上抱下的麻烦，同时也增加了爬上爬下所带来的风险。能够自由上下以后，宝宝就可以到达以往到不了的地方，他会把这项技能发挥到极致。妈妈要留神，对宝宝来说，爬高带来的风险时时存在。

在不知不觉中学会自己下床

宝宝往往是在不知不觉中掌握了独自下床的技能。早在学爬的六七个月时，宝宝已明白床的边缘是危险的地方，爬到床边时会掉转方向爬到床铺的中央。现在，宝宝会在床边停下来，迅速掉头，小屁屁朝外，抓着床单往下溜，脚够着地时松手，站定。这一套动作很连贯，全部是无师自通。最初试着滑下床时可能会因脚没有及时够到地面而摔倒，不过几次以后就能够轻松地滑下来，稳稳地站好了。

宝宝最早在十个月左右就能学会自己下床了。宝宝学会自己下床后，同理也可以轻松地从沙发或者凳子上自己下来。关键是要教会他们在沙发边掉转身，使腿滑向地面。需要注意的是，在学下床初期，妈妈应该在宝宝后面保护一下，免得宝宝一不小心仰躺到地上损伤头部。

教宝宝下床

如果宝宝不会下床，妈妈要有意识地教他。方法如下：先把宝宝面朝下顺着放到床边。然后让他自己挪动屁股，使腿从床沿边垂下去，一点一点地往下退。首次这样做时，宝宝会感觉害怕，因为之前他要是想下来总会张开双臂让大人把他抱下来，从没尝试过这种姿势。虽然床和地面的距离并不大，但对于宝宝来说，需要克服的是心理障碍。这样的练习经过两三次，宝宝就会战胜恐惧心理，熟练掌握下床技能。

宝宝早已掌握了下床的技能，但是却不敢在身边没人的时候下。

从需要身边有人协助下床到独自下床，宝宝的心理上经历了一番巨变。只要他认为自己能够下床了，并且不会摔倒，就会自己从床上爬下来，这是一个自然的过程，妈妈不必急于求成。

能搭出简单的积木造型了

1岁之前，多玩积木可以促进宝宝手部精细动作的发育，现在可以让积木发挥其真正的益智作用了。妈妈不要期望宝宝能搭出什么高楼大厦来，即使是最简单的造型，也是宝宝认识上的一个飞跃，妈妈都应该为之惊喜。鉴于目前宝宝的耐力及手指灵活性的欠缺，搭积木难度不宜太大。

从两块积木搭起

让宝宝搭积木，可以从搭两块形状最简单的积木（正方体、长方体）开始，然后逐渐增加。刚开始搭积木时，宝宝很快就能从两块积木过渡到3～4块。一般来说，宝宝到1岁半时，就可以搭出简单的形状，如火车、汽车、桥等。

做好示范

垒高高。妈妈要做好示范，可以先把积木一块一块地垒起来，一段时间内，宝宝会一直垒高高。妈妈要故意让积木因为垒得不正而倒塌，让宝宝观察能让积木不倒的诀窍。妈妈可以边搭积木边告诉宝宝："垒积木不正时很容易倒了，要放正了，边角对正才能搭得稳、垒得高。"

经常这样玩，宝宝会逐渐喜欢上积木哗啦倒塌的声响，并会产生破坏的快感。有时还会故意制造这样的场景玩耍。

垒火车。妈妈还可以示范将积木搭成长条状，并把这种造型命名为"墙墙"或"火车"。在火车头处多加一块做烟囱，摆火车比搭高楼容易。妈妈要告诉宝宝、"这是火车，这个是火车的烟囱。"在积木倒了以后，要鼓励宝宝重新再来。

适当的语言提示

在和宝宝搭积木的过程中，妈妈说的一些话有助于宝宝理解那些相对抽象的数学概念。"哇，你堆得好高啊！"这句话可以帮助宝宝形成关于高度的概念"这些积木好长哦！"宝宝可以通过观察认识长度的概念。

宝宝爱玩积木，但经常乱丢，怎样纠正他的习惯是让我头疼的事。

要注意给宝宝养成收拾玩具的习惯，每次摆积木后应要求宝宝把积木放回盒内。码放不整齐时，盒盖可能盖不上，妈妈要帮忙摆整齐，再盖上盒盖，以后可以让宝宝自己来完成。发现积木有丢失现象，当时就去找。训练一段时间后，宝宝就会养成有序放物品的习惯了。

最爱涂鸦

当妈妈看到宝宝喜欢涂涂画画时，就想当然地认为自己的宝宝有绘画天赋。其实，爱涂鸦是这个阶段所有宝宝的共性，对色彩与线条的喜爱是宝宝与生俱来的天性。宝宝还不会画形状，他只是在用心感受线条与色彩。

随意最好

宝宝的画画进程。涂鸦不但可以训练宝宝手指的灵活性，还可以提高其控制手部肌肉的能力。一般来说，刚满1周岁的宝宝能够满把抓着笔在纸上戳出点或线；两三个月后可以用笔在纸上随意乱涂；1岁半左右就能画出线条来。在2周岁前，很少有宝宝能有控制、有意图地涂画。

培养兴趣的阶段。妈妈无须从现在开始就刻意去培养一位绘画小天才。实际上，宝宝能否展露绘画的天赋，更多依赖于妈妈无心插柳的随意培养。目前，学习用笔的主要目的是培养宝宝用笔涂画的兴趣，以便能掌握正确的握笔姿势。这一点有助于宝宝更早开始有控制地涂涂画画。

特殊的涂涂画画

涂涂画画不一定在纸上，还有一些涂画方式能给宝宝带来更多惊喜：用手指蘸上水在呵了热气的玻璃窗或茶几上画；用小棍在沙土地上画线条；用石笔在地面上画；用毛笔蘸了水彩在水面上画，看水彩线条在水中逐渐与水融为一体。

生活中随时都能找到类似的涂鸦方式，妈妈带着宝宝进行这样的游戏不仅仅是在培养宝宝画画的兴趣，也能培养宝宝发现美、感受生活的能力。

我看到宝宝拿着画笔瞎涂的样子时，也拿笔在墙上的涂鸦区画了一个苹果。宝宝看到后很感兴趣，学着画。几天之后，宝宝就画出了略有弧度的线条。

妈妈尽量不要干预宝宝涂鸦，以免限制他的想象力。

培养爱看书的宝宝

宝宝与书接触已有一段时间了，经常与妈妈一起阅读，宝宝会逐渐表现出有秩序的阅读状态，他会静静地坐下来翻书看。不常看书的宝宝拿着书还是会撕、啃，把书弄得乱七八糟。妈妈不要由此轻易判断宝宝是不是喜欢阅读。培养爱阅读的宝宝，什么时候开始都不晚。

布置阅读环境

想要宝宝喜欢阅读，首先要在家里营造浓厚的阅读氛围。这就要求爸爸和妈妈都成为爱阅读的人。提供一个舒适的适合阅读的角落，会让宝宝有归属感。

温馨舒适。在地板上铺上色彩鲜艳的软垫，可吸引宝宝靠近阅读区。整个空间尽量选择柔和的颜色，可使宝宝情绪稳定。

根据年龄发展。宝宝在不同年龄段对于阅读的关注点是不同的，环境的布置要随着年龄的增加做相应的调整。比如在1周岁以后，要增加与学步相关的配置，比如地垫或小型楼梯等；随着宝宝的进一步成长，还需加入桌椅等。

书柜。书柜首先要符合宝宝的身高，以开放式的柜子为主。妈妈要注意将书本封面朝外以方便拿取，这一点能帮宝宝建立收拾、归还的秩序感。

光线充足。最好以自然光为主，有对外的窗户为佳。需补充光源时，应选择柔和温暖的灯光。

辅助工具的摆放。例如布偶、棒偶、笔筒、书签等，也可丰富阅读的过程。

安排一个小任务

阅读时，为免宝宝失去耐心，可以给他安排一个小“任务”，让他负责翻书。只要妈妈读完一页，宝宝就负责翻到下一页，宝宝和妈妈能配合得非常默契。边翻书边听妈妈阅读，宝宝的注意力也能越来越集中。

妈妈要把宝宝的阅读时间固定下来，这是帮助宝宝养成良好阅读习惯的一个很重要的因素。

宝宝一见我手里拿着书，就会走到我身边，挨着我坐下来，把上半身依偎到我怀里，很期待地等着故事开讲。如果我三心二意地在读故事的同时还做着别的事，宝宝就会以手掌拍打书页来表示抗议。

与宝宝一起阅读要全心投入，一旦阅读行为形成了习惯，那么，书页翻动时哗哗的响声、纸张的清香、页面图画的色彩及图案的变化、内文叙述的精彩内容，这一切都将成为吸引宝宝的有趣元素，成为宝宝生活中不可或缺的部分。

能够自己坐盆排便了

部分宝宝已能自己坐在便盆上排便了。尽管如此，宝宝不时还是会尿湿裤子。就宝宝的排便问题而言，生活习惯的影响非常重要，宝宝能否很好地自主排便，关键在照料人的刻意培养。

夜间不尿或少尿

如果宝宝在白天玩得高兴，睡前又忘记小便，夜间就会尿床，对此，父母不应训斥宝宝。可以通过培养宝宝良好的生活习惯来控制夜尿：比如临睡前尽量不喝水；临睡前要小便一次。

妈妈要想办法掌握好宝宝夜间的小便规律，最好定时把宝宝唤醒，让他坐盆排尿或配合妈妈把尿；同时注意逐渐延长小便间隔，减少小便次数。

自己坐盆，定时大小便

现在是训练宝宝自己坐盆排便的好时机。如果1周岁之前已进行了此项训练，经过一段时间且方法得当，如今宝宝应该可以独立坐盆排便了。

坐盆时间掌握在5分钟左右为宜，坐下后立即起来或坐盆时间太久都不合适，坐在盆上吃或者玩更不可取。以上几点是能让宝宝坐盆后迅速排便的关键所在。这样训练一段时间后，宝宝就能形成定时大小便的好习惯了。

规律的排便习惯可以有效避免便秘。

宝宝总在夜间尿床，我曾特意在每晚的固定时间把他叫醒把尿，宝宝不懂配合，边哭闹边打挺。坚持了10天以后，最终因效果不佳而放弃。

妈妈可以准备一个闹钟，设定好时间，在每晚的固定时间唤醒妈妈给宝宝把尿。一开始训练会比较困难，宝宝睡意正浓，往往不愿意配合，这是正常的。关键是要坚持下去，争取让宝宝排尿。坚持几周时间，宝宝就能适应了。

即将进入语言爆发期

宝宝们的说话能力会有差异，有的宝宝1岁半时才会说1个单音字，有的宝宝却已能背诵儿歌了。宝宝说话的早晚与智力无关，积极的语言环境和父母的努力训练能使宝宝更好地掌握语言。

语言刺激要充分

宝宝已能听懂基本的日常语言，妈妈要在日常沟通中尽量创造让宝宝说话的机会；要多和宝宝聊天，有计划地增加新词汇；还可以通过阅读或做游戏来拓展宝宝的视野。

在每一个互动环节妈妈都要引导宝宝说话。

用心理解宝宝的语言

宝宝很早就能用手指指着想要的东西请妈妈帮忙拿过来。如果妈妈及时响应，就是和宝宝进行了良性沟通。此时，妈妈最好用语言回应，比如可以说“宝宝是要这个苹果吗？”“来，给你。”“苹果放到你手里？”这样的良性互动有助于开发宝宝的语言能力。

反之，如果妈妈忙于自己手头的事情，不理会宝宝的需求，久而久之，宝宝就会疏于表达自己的意愿了。此外，这种做法还可能使宝宝的情绪受到影响。

现在，宝宝能说出由1个词汇所组成的句子，而这种句子可能代表各种含义。

如果妈妈能替宝宝说出他们想说的话，那么宝宝很快就能掌握相关的词汇，逐渐学会由两个甚至更多的词汇所组成的句子。

语言学习急不得

每个宝宝都有属于他自己的语言发育规律，如果妈妈感觉宝宝的语言发育慢于同龄宝宝也不要着急，更不要把这挂在嘴边经常在宝宝面前提起。妈妈的担忧是宝宝的负担，反而会影响到宝宝正常的语言发育。

妈妈要坦然接受这个差距，把重点放在寻找原因及帮助宝宝提升语言能力上。

宝宝还是习惯使用手势和我们互动，我尽力引导他说话，效果不理想。

妈妈可以在宝宝用手势表达意愿时拒绝回应他，迫使他使用语言。这里所说的拒绝不是置之不理，而是用“说出来，不要打手势”等话语来引导宝宝说话。语言发育和智力发育有着密切的关系，必须给宝宝适当的语言刺激以促进其语言能力的快速发展。

数字是什么

宝宝对数字还没有概念。之前，妈妈会在给宝宝饼干或带着宝宝学步时提到数字，也只是简单的“一块”“两块”或“一步”“两步”。当时，宝宝的注意力在妈妈手里的饼干或迈步本身，并不在1与2的含义上。

目前，该重视强化数字的概念了。

巧妈的数数玩具

一些供宝宝练习数数的玩具能直接引导宝宝熟悉数字。实际上，生活中很多弃用物品就可以改造成数数玩具。比如将饮料瓶盖、彩色石块、纸团儿等收集起来放在盒子里，闲下来时妈妈可以带着宝宝一起数个数。

妈妈要独具慧眼，多观察，勤尝试，争取让宝宝迷上这样的活动。

套环玩具

在市场购买的套环玩具不仅可以训练宝宝对数字的认知，还兼有练习手眼协调能力的作用。宝宝刚开始接触这种玩具时，往往不容易套入。妈妈可以示范，先将套环套在妈妈的手指上，再套到柱子上。在宝宝模仿妈妈的动作时，妈妈要在合适的时候帮助宝宝套入，成功后及时赞扬。每成功套入一个，都要伸出相应数量的手指，并提示宝宝关注妈妈说出的相应数字。

扳手指学数数

虽然是古老的学数数方法，但它符合幼儿智力发展的规律。“手”和“数”有着天然的密切关系，人的双手各有五个手指，加起来共有十指，这和以十为单位的十进位法相同；而且数一个手指，弯曲一个指头，“数”和“手”的感觉又联系在了一起。

“数”是个抽象的概念，概念一进入思维的领域，就改变了之前感觉思维的模式，思维这时会发生小小的质的变化。教宝宝扳手指数个数正好可以加深宝宝对“数”的概念的理解。

颜色是什么

在宝宝眼中，色彩是外部世界的元素之一，目前还没有被宝宝明确地理解。颜色是个抽象的概念，这一点与数字类似。宝宝要明白颜色的概念及色彩的名称还需要一段时间，家人的引导能使这个过程大大缩短。

从认知单种色彩切入

认识红色。把几种红色的物品放到宝宝面前，分别指给宝宝看。可以说："红色的积木，红色的笔，红色的小碗，它们都是红色的。"然后让宝宝指出红色的。宝宝会按以往对物品认知的模式（一物一名）来指，他会指妈妈提到的第一件红色的物品（积木）。在宝宝眼里，看到的第一件东西才是红色的，其余的他不确定。

避免色彩干扰。妈妈可以再找几种其他颜色的物品放在一起，指给宝宝说："这些都不是红色的。"此时妈妈要注意不要提及其他色彩，比如说这是绿色的，那是黄色的，在刚开始认识一种颜色时，给宝宝灌输其他颜色只会令宝宝更加混乱，因为对颜色概念不理解的宝宝很难接受和理解其他颜色。

日常生活皆课堂

宝宝对颜色的学习没有捷径可走，只能靠在日常生活中频繁的接触与实践。

在宝宝看着红色的东西时，就问他："这是什么颜色？"如宝宝穿上红色毛衣、红色皮鞋，或看见小学生戴着红领巾时都问他："这是什么颜色？"

教宝宝认识颜色千万不要急躁，要多次示范。在宝宝记住了大量红色的东西之后，再逐渐让他理解红色指的是色彩，而不是物名。

教宝宝认红色的练习进行了10天了，宝宝还是没有掌握，想到他迟早会认识颜色，索性就不教了。

掌握宝宝认知的特点，恰当地利用技巧，有助于让宝宝快速认识颜色。刚开始教宝宝认识颜色时，最好使用对比法。例如，看见几个彩色的气球，可以告诉他："这个是红色，这个不是红色的。"通过"是"和"不是"来强调一个知识点。

疾病与异常情况处理

食物过敏，预防为主

致敏食物是指宝宝吃了这种食物会发生过敏反应，表现为湿疹、荨麻疹、血管神经性水肿，有些宝宝甚至会出现腹痛、腹泻或哮喘等症状。多数妈妈对宝宝身体出现的反常症状不会往食物过敏的方向想。只有当这种反常症状反复发作时，才会考虑到食物过敏。要有很长时间的摸索，才能确定过敏食物。

过敏的真相

过敏就是人体的免疫系统对外来物质发生过度敏感，是一种变态反应性疾病。发生过敏有两个因素：一是宝宝本身就是过敏体质（免疫系统超常的功能，即过分敏感），二是接触了过敏原。目前来说，过敏原多得数不胜数，生活中的很多物质都可能会引发宝宝过敏。

确定宝宝的过敏食物

症状反复出现，留心观察。如果宝宝吃某种食物就会出现过敏症状，在停止食用这种食物后症状即消除，再次食用后又会出现同样的症状，基本可以断定宝宝对这种食物过敏。

检查过敏原。如果不能准确判断过敏食物，可以请教医生，或者在医院做皮肤过敏试验、食物负荷试验，或通过取血检查过敏原来协助诊断。

常见的致敏食物。宝宝们的致敏食物有着个体的差异。最常引起过敏的食物是异性蛋白食物，如螃蟹、大虾、鱼类、动物内脏、鸡蛋（尤其是蛋清）等。有些宝宝对某些蔬菜也过敏，比如扁豆、毛豆、黄豆及菌类（如蘑菇、木耳等）。有些香味菜如香菜、韭菜、芹菜等也会引起过敏。

避开易引起过敏的食物

如果宝宝对某种食物过敏，最好的办法就是尽量避免吃这种食物。但也并非终身禁食，经过1～2年，宝宝长大一些，消化能力增强，免疫功能更趋于完善，有可能逐渐脱敏。对易致敏的食物，父母可以让宝宝先少量地吃一些试试，如果没有反应，可以逐渐加量，但不可操之过急，以免引起病症复发。

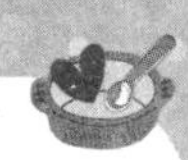

生病了，应对喂药难题

宝宝生病很常见，妈妈最头疼喂药了。儿科医生对幼儿疾病的治疗方案是这样的：能口服用药的不采取肌内注射用药；能够肌内注射给药的不采取静脉输液给药。因此口服喂药是治疗疾病的第一选择。

宝宝还小，很难接受某些口服药的苦味。当宝宝不配合服药时，就要使用技巧诱导宝宝服药。

技巧先行

分散注意力。在给宝宝喂药时，可以让家人在旁边唱歌或做动作，吸引宝宝的注意力。一旦宝宝的注意力转移到其他地方，妈妈就可以择机将药喂进宝宝口中。

避开味蕾。喂药时将药液倾倒在宝宝舌头的后部。因为舌头上的味蕾主要分布在舌尖，如果宝宝没感觉药苦，也就不会狠命地抗拒了。

改善口味。可在小勺内放些糖或蜂蜜，然后放入药物，倒入口中后用水迅速送服。中药汤剂的量较多，可用小火浓缩至30~50毫升，并可适当加些调味剂。需注意的是，有些药物（如苦味健胃药）不能加糖，宝宝消化不良时也不宜加糖。

讲道理。对宝宝晓之以理，告诉他吃药以后病就好了，就可以出去玩了。如果不吃药，还需要住医院。宝宝不一定能理解这番说辞，但经常向宝宝提及，逐渐他就能理解了。

首选甜味药

目前儿童药物以液体或者颗粒制剂为主，此外还有滴剂、混悬剂、咀嚼片、泡腾片剂以方便宝宝口服。为了减少药物的苦味，多采用糖浆或者加入甜味剂和香味剂的制剂，或者包糖衣以改善口感，达到安全、顺利口服药物的目的。

妈妈应向医生了解药的性状与口感，尽量选择好喂的药。

为了使喂药的过程更加顺利，我有时不得已会将药与果汁或奶混合起来喂。

这样做可能会引起药物与食物间的不良反应，也可能会降低药效，敏感的宝宝会因感觉到味道的差异而拒食。可以选择一些半衰期（半衰期一般指药物在血浆中最高浓度降低一半所需的时间）比较长的药物，每天吃一次或者两次，减少喂药的次数。喂药时间最好在两餐之间，可使药物充分吸收。如果喂中药，药汁应尽量少，并放凉后再喂，可以减少苦味。

1岁2个月发育监测

生长

你的宝宝	男宝宝参考值	女宝宝参考值
14月末时体重	8.1～12.6千克	7.4～12.1千克
14月末时身高	73.1～83.0厘米	71.0～81.7厘米
14月末时头围	(46.9±1.2）厘米	(45.8±1.2）厘米

注：书中宝宝的体重、身高指标来自于世界卫生组织2006年推荐的《七岁以下儿童体重和身高评价标准》；头围指标来自于区慕洁主编的《中国儿童智力方程》。全书同此。

发育监测

监测项目	发育状况
大动作发育	宝宝的平衡能力增强，比原来站得稳了，走路也进步了，弯腰捡东西，然后站起来不摔倒。摔倒能自己爬起来 试探着往更高、更危险的地方爬，因此这个阶段的宝宝容易出意外，妈妈要看护好
精细动作发育	吃饭时喜欢自己动手。能比较熟练而准确地用手指捏起物品，拇指与食指、中指能很好地配合，不再是大把抓。能用单手完成的动作，不会再用双手完成了。这个阶段要特别注意收起小物件，以免发生吞咽异物的危险
感知觉发育	既希望独立又具有极强的依赖性，这种依赖性比在婴儿期更甚。宝宝想按照自己的意愿行事，但又希望爸爸妈妈在身边，这种状态会一直持续到4岁左右 能指认成人说的物品，能按照指令做一些简单的动作；视觉的整合能力加强，能够区别各种形状；能够通过皮肤区分物体的冷、热、软、硬；认识生活中常见的几种动、植物
语言与交流	能用动作和发出音节回答成人的问话。会说的词语增多了，不必借助手势就能够理解大人用语言发出的简单指令。已明显表现出个性特征。自我意识进一步增强。常爱说“不”，越不让他做的事他就越感兴趣，热衷于挑战父母的权威

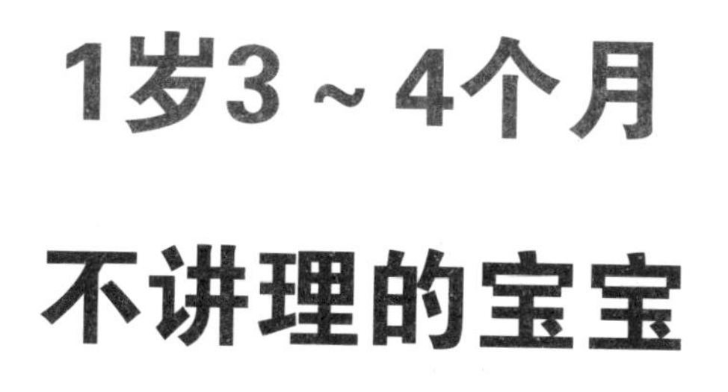

1岁3～4个月

不讲理的宝宝

生活&饮食&护理

宝宝不爱吃饭，家长应反思

宝宝开始在吃饭问题上让妈妈伤脑筋了：这不吃、那不吃、不爱吃菜、不爱吃肉甚至拒绝进食，把吃饭当成一件非常痛苦而可怕的事情。见同龄的宝宝没有这样的问题，妈妈着急了。妈妈开始反思在喂养过程中是否有不当之处。

影响宝宝进食的因素

就餐环境杂乱。家庭成员在吃饭时看电视、高谈阔论都会影响到宝宝进食。宝宝好奇心强，很容易将注意力从吃饭转移到电视上或谈话人的身上。

生活优越。生活条件优越使宝宝想吃什么就能吃到什么，太容易得到了，反而失去了对食物的兴趣。另一方面，家长从保护宝宝安全的角度出发，限制宝宝的活动。运动量少，能量消耗的也少，缺乏饥饿感造成食欲减退。

不当进补。一些营养品中可能含有激素、厚腻滋补药、苦寒药物，使宝宝的胃肠受到伤害，增加肝、肾的负担，影响了食欲。

喂养行为不当。在宝宝进食时哄骗、威逼、训斥，使宝宝情绪不佳，对吃饭产生了强烈的对抗情绪，因此厌恶吃饭。此外，当着宝宝与他人议论宝宝不爱吃饭，强化了宝宝不爱吃饭的意识。

自己偏食。家长自身就偏食、挑食，在制作餐点时绕开了自己不爱吃的食物，宝宝无疑会效仿。

饭菜单调。妈妈图省事不单独给宝宝制作饭菜，让宝宝吃成人的饭菜；妈妈做的饭菜单调、粗糙、乏味，口感或味道都不好，宝宝当然不喜欢吃。

宝宝是在11个半月的时候断的奶，自从断奶以后就不爱吃饭了，光想喝奶粉。见他不吃饭，我着急上火，是什么原因呢？有什么好办法让他吃饭呢？

对于1岁多的宝宝，三顿饭是主要的，每天要保证400～600毫升配方奶，吃奶后可以加上水果。不要用减少奶量来逼着宝宝吃主餐，否则宝宝进食的营养密度不够。

蛋白质的添加要合理

人体需要蛋白质来构成和增长组织及修复细胞，因此需求量很大。缺乏蛋白质可使宝宝免疫功能下降，容易生病。蛋白质还能调节血液的渗透压，是人体热量的来源之一。

蛋白质的来源

动物性蛋白。由动物性食物提供的蛋白质就是动物性蛋白。动物性蛋白质生理价值高，例如，人乳中的蛋白质最适合人体的需要，因此是宝宝最好的食品；肉类蛋白质可以补充各类蛋白质的缺乏；鸡蛋具有优良的蛋白质，好消化，吸收率达95%以上，是非常好的蛋白质来源之一。

植物性蛋白。由植物提供的蛋白质称为植物性蛋白。在植物性蛋白质中，谷类、豆类在供给蛋白质方面有重要意义。比如，黄豆中含有必需氨基酸较丰富，其中赖氨酸较多，可以用来补充谷类蛋白质所缺乏的必需氨基酸。利用蛋白质的这种互补作用进行食物搭配，可以大大提高谷类蛋白质的营养价值。因此，膳食中添加豆制品是必要的。

一日食谱建议

早餐	配方奶250毫升、鱼肉粥、饼干
午餐	烂面条、炒青菜、虾适量
午后加餐	水果、面包片，如果宝宝的饭量太小就加奶一次
晚餐	肉菜馅饺子（或包子），粳米粥、水果适量
晚点加餐	配方奶适量

注：1～1.5岁的宝宝，只要每天提供25～50克肉类、50克蛋类、25克大豆制品和一些乳制品，基本就能满足蛋白质的需要。

多补无益

宝宝的胃肠道很柔嫩，消化器官没有完全成熟，消化能力是有限的。如果蛋白质的摄入过量的话，容易有副作用，如蛋白质中的氨基酸代谢时，会增加含氮废物的形成，加重宝宝肾脏的排泄负担。

如果宝宝经常放屁而且屁很臭，极有可能是蛋白质摄入过多或蛋白质消化不良。可以先从帮助宝宝消化蛋白质着手，给宝宝吃一些益生菌制剂或消化酶；并计算每天给宝宝吃的蛋白质总量，如果超出宝宝身体所需，就要减少一些分量。

饮品：鲜榨蔬果汁DIY

妈妈想让宝宝多喝水，而宝宝未必按妈妈的意愿来，追着喂也喝不了几口。此时，妈妈可以给宝宝制作蔬果汁，鲜榨蔬果汁宝宝都爱喝。为图省事，直接从超市购买果汁饮料给宝宝喝是不可取的。

下面给妈妈们推荐几款适合宝宝的蔬果汁饮品。

番茄苹果汁

材料。番茄2个、苹果2个、糖适量（或取番茄、青椒各1个，芹菜100克，糖适量）。

功效。制作时，不要把番茄的皮剥去，因为其中维生素C和矿物质的含量很高，对人体健康和皮肤保养作用很大。

鲜橘苹果汁

材料。鲜橘1个、苹果1个、胡萝卜半根、糖适量，适量凉白开水。

功效。对滋润宝宝皮肤、头发，眼睛保健都有显著效果。

胡萝卜苹果汁

材料。胡萝卜1个、苹果1个。

做法。将胡萝卜、苹果切成小丁一起放入食品粉碎机中先以低速旋转60秒，随后加糖、水。

功效。胡萝卜汁能促进宝宝肝、肾的活力与发育。

苹果汁

材料。苹果半个、白砂糖少许。

做法。将苹果、白砂糖及约90毫升冷开水，放入食品粉碎机中搅打成汁即可。

黄瓜汁

材料。黄瓜半根、胡萝卜半根，柚子（或橘类）150克、苹果半个，糖适量。

做法。在食品粉碎机中搅和后加水即成。

功效。可调理宝宝的胃肠系统，促进新陈代谢。

菠萝汁

材料。菠萝适量，精盐少许，水和糖适量。

做法。在食品粉碎机中搅打均匀即可。

功效。菠萝汁含有多种芳香物，还有大量有机酸及菠萝蛋白酶，这些物质都有助于促进消化。

葡萄汁

材料。葡萄、苹果、糖及白开水适量。

做法。在食品粉碎机中搅打均匀即可。

功效。苹果汁和葡萄汁这两种果汁含有大量的天然糖、维生素、微量元素和有机酸，能促进宝宝机体的新陈代谢，对血管和神经系统发育有益，还能预防感冒。

实用的伞柄推车

随着宝宝活动范围的不断扩大，经常会有长距离的外出活动。之前一直使用的婴儿车现在显得笨重不方便，该为宝宝配备一辆伞柄推车了。轻便小巧的伞柄推车收起来后所占面积小，也可方便妈妈、宝宝乘坐地铁、公交车出行。

伞柄婴儿车好在哪里

一般来说，宝宝满1周岁以后就应该考虑为他选购伞柄推车了，在宝宝满3周岁之前，伞柄推车一直是妈妈带宝宝出行的好工具。现阶段可将伞柄推车与婴儿车替换着使用，远距离游玩，为方便宝宝在路上睡觉，要使用婴儿推车。近距离购物或在小区里玩耍时，伞柄推车要比婴儿车方便很多。

宝宝满2周岁以后，婴儿车基本就用不上了。到那时，宝宝活动能力越来越强，更愿意自己走，走累的时候，再用伞柄车代步，爸爸妈妈就可以解放出来，使外出时光变成真正的休闲时光。

如何选购伞柄推车

构造。伞柄推车构造简单，没有太复杂的零件，父母在选购时主要看看伞柄推车内的安全带是否牢固，行进途中转向是否灵活。

颜色。选择鲜艳明快并适合外出的颜色，太刺眼的色彩不好。

重量。伞柄推车一般较轻，购买时妈妈最好现场拎一下，感受一下自己是不是可以独自抱起宝宝并拎起伞柄推车。因为在爸爸没有陪同出行时，上下交通工具时需要连车带宝宝一起抱上去。

延伸功能。看是否有遮阳罩、盛放物品的筐及放置水杯等小件物品的小型布袋。

不要单独留宝宝在车上

有些淘气的宝宝在伞柄推车里能站起来，如果大人监护不力，不防备宝宝自己爬到车体上，车子很可能会向后翻倒，磕伤宝宝。所以最好不要单独留宝宝自己在车上。如果妈妈需要暂时离开一会儿，最好把宝宝抱出来一起去。

玩具刺激太多有害

为了开发宝宝的智力，妈妈们会经常给宝宝购买各类玩具。在此要提醒妈妈，宝宝脑部神经的发育尚未健全，刺激过度或信息过杂容易使大脑形成的各种兴奋灶之间互相影响、干扰和制约，反而会阻碍神经系统的发育。

玩具要适合宝宝

妈妈购买玩具之前，要了解宝宝最近的兴趣点是什么，他的需求是什么。妈妈只要亲身参与到宝宝的游戏中就能得到答案；切忌以自己的期望与兴趣来代替宝宝做选择。

宝宝对玩具的喜好也有阶段性，有可能刚买回来不喜欢，搁置一段时间以后再拿出来就喜欢了。就宝宝的爱好来说，妈妈不要轻易下结论。

频繁添加玩具不好

宝宝对一种玩具的感知和探索是专注的、持续的、有所创新的，如果玩具添加过于频繁，会对宝宝的探索形成干扰，兴趣不断转移时无法得到深刻体验。

当你发现宝宝对一个玩具的兴趣很强烈时，就不要急于添加同类新玩具，而是让宝宝充分把这个玩具玩好。等宝宝的兴趣开始减弱时，依然不要急于添加其他新玩具，看是否可以开发这个玩具的新功能或玩法。

将玩具玩透

现在就要求宝宝将玩具玩到一定程度是不切实际的。宝宝的心智发育还不成熟，感知经验积累也不丰富，需要在妈妈的陪同下玩。买回玩具丢给宝宝自己玩是不可取的。妈妈要多观察，在宝宝需要帮助时及时给予援手。

妈妈要耐心地陪着宝宝一起寻求玩具的奥秘，包办代替或嘲笑指责都会给宝宝带来压力，并会降低宝宝对玩具的兴趣。

每种玩具在设计之初，都有其特定的开发宝宝智能的作用。妈妈要帮助宝宝把每一个他感兴趣的玩具玩透，使宝宝能真正获益。

宝宝穿衣原则：春捂秋冻

季节更替时，幼儿穿衣要遵循老话说的“春捂秋冻”原则。也就是说春季气温刚转暖，不要过早脱掉棉衣；秋季气温稍凉爽，不要过早过多地增加衣服。遵循这样的穿衣原则，可保宝宝在季节更替之际免受疾病的侵扰，顺利步入下一季。

春捂秋冻的原理

冬季穿了几个月的棉衣，身体产热散热的调节与冬季的环境温度处于相对平衡的状态。由冬季转入初春，乍暖还寒，气温变化又大，俗话说“春天孩儿脸，一天变三变”，过早脱掉棉衣，一旦气温下降，就难以适应，会使身体抵抗力下降。致病菌乘虚袭击机体，容易引发各种呼吸系统疾病及冬春季传染病。

同样道理，秋季气温尚不稳定，暑热尚未退尽，过多过早地增加衣服，一旦气温回升，出汗着风，很容易伤风感冒。而且，适宜的凉爽刺激，有助于锻炼耐寒能力，在逐渐降低温度的环境中，经过一定时间的锻炼，能促进身体的新陈代谢，增加产热，提高机体对低温的适应力。

春捂要上薄下厚

上薄下厚是宝宝春捂最佳的穿衣原则。下身的裤子、袜子、鞋子，一定要穿得厚点、暖和点，而上身略减则无大妨碍。因为脚暖了，身子自然也就暖了。

宝宝春捂捂多少、捂多久也要看宝宝自身的体质。体质好的宝宝可以穿少些；体质弱的宝宝多穿些。

平日带着宝宝在户外玩耍，也特别留意小区里其他宝宝在天气变化时的穿衣原则。发现一位老太太总是给自家宝宝穿一件贴身坎肩，坎肩只在后背絮棉。这个宝宝在其他宝宝都感冒咳嗽时，往往能平安度过，很少受到季节病的影响。

这种前面薄后面厚的坎肩值得借鉴，后面厚可以保护宝宝的肺不受寒，前面薄可以缓解宝宝容易心火旺的状况。

私家车有安全隐患

父母带着宝宝乘坐私家车外出是很常见的事。私家车在行进途中，宝宝的安全问题常常处在被忽略的状态。爸爸妈妈会认为，只要开车时小心一点，速度慢一些，应该没什么危险。实际上，意外随时可能发生。

要坐儿童安全座椅

带宝宝乘坐私家车外出时，应给宝宝配备汽车安全座椅，还要注意正确使用。选购儿童专用座椅要从以下几方面考虑。

根据宝宝年龄选购。根据宝宝年龄、身高、体重选择合适的产品。与宝宝年龄、身材不符的座椅起不到相应的保护作用。

与车型是否搭配。选择与车型相配的座椅。选购时应开车前往，并将儿童座椅实际安装在汽车座位上看是否合适。

先试坐。最好让宝宝先试一试。座椅的型号（包括安全带、安全锁及座椅的角度等）应适合宝宝。

突发安全事故时

1. 安装在副驾驶位置的安全气囊在关键时刻能挽救乘坐人的生命，但对宝宝而言却可能是“杀手”。安全气囊在撞击瞬间弹开的张力会击伤宝宝稚嫩的颈椎。因此，忌让宝宝坐副驾驶的位置。

2. 抱着宝宝坐车也非常危险。如果大人没有系安全带，发生事故时，大人的身躯像千斤重担压在宝宝身上；即使系了安全带，在每小时48千米时速下碰撞，足以在一个7千克重的宝宝身上产生140千克前冲力，大人根本无力照顾宝宝。

3. 宝宝如果使用成人安全带，车祸瞬间会造成致命的腰部挤伤或颈部及脸颊的压伤。

行车过程注意事项

1. 夏季冷风不宜开得太大，最好比体温稍高一些，这样可防止宝宝感冒。要记得带一块小毯子在温度低时给宝宝盖上，以防宝宝长时间待在空调环境中因受凉生病。

2. 选择车上哄宝宝用的零食和玩具时要加倍小心，颗粒状的糖果、果冻可能会导致宝宝在颠簸时被食物噎住。

3. 不要让宝宝把身体探出车外，错车超车时身体任何部位探出车外都很危险。

4. 车后窗的物品在紧急刹车时可能会掉下来伤到宝宝，最好事先清理。

5. 如果必须停车，要停在专用的停车路段。

适度远游

适度远游度假是生活的调剂。对于宝宝来说，旅行是一件大事。整个旅行过程中可能会一直愉快，也可能被宝宝折腾得一塌糊涂，妈妈要做好充分的准备。

远游相关提示

行前提示。关注天气预报，及时掌握行程目的地及途中的天气状况。

目的简单化。家庭旅游的目的是放松，让宝宝有机会在游玩中体会与平日完全不同的环境，得到成长的经验或启示。想把旅游的过程作为学习的途径是不可取的。

目的地适宜。带宝宝出游要选择适合宝宝、能让宝宝感兴趣的目的地，动物园、植物园、海滨或自然风景区会是不错的选择。宝宝一贯的作息安排及饮食尽量少改动，这就要求最好能在一个景点住上两天，给宝宝一个缓冲适应的过程。

合理安排行程。将较短的行程时间安排在宝宝一贯的休息时段里，最好是一觉到站。以免宝宝在途中醒来因空间狭小而哭闹。

必要装备。随身至少携带三套衣物，以便能随时更换；足够两天使用的纸尿裤，以免无处购买的窘迫；准备遮阳帽、防晒油、太阳镜；宝宝喜欢的玩具；轻便的婴儿车；宝宝经常使用的卧具（毯子、枕头等）；可密封的塑料袋（装食品或垃圾用）；宝宝洗护用品；退热药、温度计、抗生素、创可贴、红花油、消毒酒精等。

享受旅游过程，不忘安全

在游玩过程中，妈妈要随时关注宝宝的情绪及身体状况，在宝宝习惯进食的时间及时给宝宝准备餐点，习惯睡眠的时间及时停下来让他休息。如果有相熟的小伙伴一起出行，宝宝能玩得更尽兴。如果是选择与许多朋友一同出游，妈妈不要因为相互之间顾着聊天而忽略了宝宝的需求。

在人群拥挤的地方，妈妈更要加倍小心，不要离宝宝太远，以免走失或摔伤。妈妈要记着在宝宝衣服口袋里放一张写有宝宝姓名、父母姓名及联系电话、酒店地址等信息的卡片，以防孩子走失。

玩转扭扭车

妈妈需要买一辆可以载着宝宝走的车类玩具，现阶段推荐扭扭车。只要握着方向盘左右扭动，扭扭车就会小幅度摆动着向前走。如果宝宝还没有掌握玩耍技巧，可以坐在上面，由妈妈用一根绳子拉着走。在宝宝不愿意自己走路时，扭扭车可以减轻妈妈的负担。

接受需要一个过程

妈妈或许是看到其他宝宝们都有扭扭车所以就给宝宝购买了一个，可等买回来以后，却发现宝宝并不喜欢，这很正常。有些宝宝是慢热型的，对新玩具或新事物的接受需要一个过程，但是等热情逐渐培养起来以后，往往会很持久。

外出时可以选择这样几种玩法。

1. 在扭扭车方向盘上栓一根细绳，让宝宝坐在扭扭车上，妈妈拉着细绳在前面走。

2. 妈妈坐在后面，宝宝坐在前面，妈妈用脚蹬地向后用力，同时用腿划着扭扭车向前走；妈妈还可以收起脚，直接扭动方向盘，操控着扭扭车向前走。

3. 把宝宝和他的好伙伴一起放到扭扭车上，妈妈拉着一起走。

4. 把扭扭车停在小宝宝多的地方，大家一起按音乐键听音乐。

这样玩一段时间，宝宝逐渐就会喜欢上扭扭车，并且能玩出花样了。

扭扭车选购要点

要选择一款适应年龄段跨度大的扭扭车，因为宝宝可能要玩到3岁多。扭扭车种类繁多，大多数扭扭车都设计有音乐开关，有些宝宝甚至就是为了要听音乐才去玩扭扭车，这一点在选购时要特别留意；要选购后座能够容纳一个大人和一个孩子的款式，这样家长就可以载着宝宝一起玩了。

外出好帮手

宝宝还不能独立行走很长时间，外出时总要妈妈抱抱，这种情况就可以用扭扭车载着宝宝。虽然伞柄推车也可以，但是扭扭车更有趣，更适合在小区里玩。扭扭车可以暂时做宝宝的代步工具，尽量不要在大街上拉着扭扭车载着宝宝走，以免发生危险。

营养食谱：菠菜猪血汤、五彩香菇

宝宝正处于独立行走的开端，对外界的任何事物都充满了好奇，一刻也闲不住。在这样的情况下，能让他坐下来乖乖吃饭是件不容易的事。妈妈要多学习厨艺，争取把宝宝的注意力吸引过来。

精选辅食两例

菠菜猪血汤。选取菠菜1棵、猪血50克、姜1片；将菠菜洗净，用热水焯一下，切段，下油锅略炒；猪血洗净，切块后，放入菠菜锅内，翻炒两下后，加水加姜大火煮开，再转小火焖煮一会儿，加盐调味即可。猪血、菠菜都是补血的食材，其中菠菜具有下气、润肠、助消化等功能。宝宝多喝此汤，可补血、明目、润燥，还能补铁。

五彩香菇。选取水发香菇、木耳各100克，青椒、红椒、熟冬笋各50克，绿豆芽10克。将青椒、红椒、熟冬笋、绿豆芽、水发木耳洗净后切成细丝，放入油锅煸炒后，加水、盐和水淀粉，勾芡成卤汁；将香菇洗净切小块，放入油锅内炒熟，盛出后浇入卤汁即可。香菇属于低热量食物，含钾、磷、铁丰富，同时含有麦角甾醇，可转化为维生素D，有益于视力和大脑发育，同时促进婴幼儿体内钙的吸收，强化骨骼、牙齿。

当前喂养指导

每天至少吃一次绿叶菜。每星期争取吃1次肝类食物。豆腐、豆腐干等大豆制品至少每天25克，在肉类食品不足时更要多吃。

粗粮比细粮好，吃面食时应选择标准粉的制品。

饮食应多样化，切勿偏食。多样化饮食既能增进食欲，又可达到不同食物营养素之间互相补充的目的。

经常变换烹调方法，如饭菜分食、饭菜混烧成菜饭、荤菜素汤或素菜荤汤等，以增进宝宝的食欲。此外，还要注意季节变换，热天宜吃清凉饮食，冬天多吃些热量高的饮食。

家庭教养

合理安排学习秩序

妈妈细心观察总结，不难发现宝宝有这样的特点：第一次在某地做过什么他感兴趣的事情，以后再到那个地方，他会期待或者要求上次的经过重演。

妈妈可以利用宝宝的这个特点合理安排宝宝的学习秩序。画画的地点、玩球的地点及看书的时间等都从一开始就安排好，并一直坚持下去。接受这些安排后，宝宝就会主动去学习了。

在玩中学

从第一次接触一种玩具或学习用品开始，首次使用的经历很重要，日后对此玩具或用品的使用多是对首次使用过程的重复。掌握了宝宝的这个特点，有助于合理引导宝宝向着妈妈期望的方向发展。妈妈需要在适当的时机添加玩具或学习用品（对添加频率与种类要有计划）。妈妈可以借此引导宝宝进行不同的活动。比如：拿着小铲子去挖沙子，拿着画册讲故事，拿着彩笔涂涂画画。

按周安排活动

如果住在公园附近，妈妈能够带宝宝参加的活动就更加丰富多彩了。比如：一个地方，早晨8点左右会有老人练太极拳；另一个地方，在下午5点左右会有人钓鱼；此外，还有喂鸽子的、跳舞的……宝宝很容易就能融入此类环境。妈妈可以根据宝宝的需要，以周为单位做一个简便易行的参与计划。

一日学习参考

内容	上午	下午
户外活动	晒太阳	玩沙子
室内活动	随便走走，玩玩具	涂涂画画
启蒙教育	看故事书	看动画片，听儿歌

注：列出的项目可以根据具体情况做适当调整，想让这个阶段的宝宝能按着表中的安排进行活动，妈妈首先就要很有计划性。所列项目并不是一成不变的，要随着宝宝的成长随时增加新项目，剔除旧项目。一旦确定了，短期内就不要频繁变动，以免宝宝形成混乱的活动秩序。

从现在开始，充实宝宝书架

爱书的宝宝不会变坏，爱上阅读的宝宝人见人爱。虽然目前宝宝的阅读仅是开端，但是伴随其一生的阅读习惯就已经初露端倪，这完全掌握在妈妈手里，陪伴宝宝形成良好的阅读习惯是妈妈的责任。

充实宝宝书架

不要以为一次就能够买足宝宝需要的所有的书，充实宝宝书架是一个长期的过程，要靠平时的日积月累。下表列出目前阶段宝宝该有的图书。

推荐级别	书名或图书类型	备注
★★★★★	硬板纸书	线条版的手绘本最好了，这种书通常不怕撕，特别适合现阶段的宝宝。内容可以是生活中的场景片段，也可以是人物、动物
★★★☆☆	动物图卡	常见动物图片，配以朗朗上口的童谣
★★★★☆	童话故事书	以卡通版的经典故事为主。要选图片精致、文字优美的版本
★★★★★	法布尔的《昆虫记》（改编版）	不同年龄段都有相应适合的版本供宝宝阅读。妈妈需要根据宝宝的发育状况挑选

图书随时跟进

宝宝在慢慢长大，书架里的书也要及时跟进，以满足宝宝的需求。妈妈只需到书店或图书馆里逛一逛，就能找到适合宝宝阅读的图文书。

一些外版引进的故事书，图片绘制精美、故事情节有趣，妈妈要细心筛选。一些手绘本图片中所传达的童趣与温馨感觉是文字描述不能企及的，而这种感觉却能被宝宝读懂。经常阅读这样的书，能使宝宝的品味得到提升。这样的书宜长期收藏。

妈妈还要把收藏价值较低的书从书架上移除。

爱的教育很关键

“爱”是一个温暖的字眼，它能触动人心底最柔软的部分，使生活天天向上、欣欣向荣。好妈妈想要宝宝未来的生活充满阳光，就要从现在开始，在宝宝的生活中注入“爱”的影响。

充分表达爱

多位精神科医生和心理学专家的研究表明，那些小时候得不到悉心关爱的宝宝，会在长大后的生活中，与亲人间缺乏一种亲密的亲情关系。这是所有的爸爸妈妈不希望看到的。在宝宝生活的环境里，父母要把亲人之间的爱充分表现出来，可以是夫妻情爱，对长辈的孝顺与敬爱，兄弟姐妹间的关怀及对宝宝的疼爱。不仅如此，尊老爱幼的传统美德也要传达给宝宝。虽然宝宝还不能恰当地表达出来，但是他会看在眼里，记在心里，并尝试去效仿。

表达爱的方法

爱的动作。经常跟宝宝做肢体上的温柔接触，如轻拍他的肩膀，走路时牵着他的手或揽着他的肩，替他整理衣领、头发，跟宝宝离别时热情地拥抱与深情地挥手，给他做按摩，搂着他讲故事，一起看书看电视。

爱的语言。经常将“有你真好”“有你这孩子真幸福”“一看到你我就很开心”“不论发生什么事我都会一样爱你”这样的话挂嘴边上。

爱的眼神。每天至少要用微笑的眼神跟宝宝接触1分钟，并且具体对他说出他的至少一个良好表现。

爱的陪伴。每天要有“爱的陪伴时间”，专心去聆听宝宝当天的心情，并表达关怀之意。

宝宝白天由姥姥带着，保姆只帮忙哄午觉、洗澡、把尿之类，我下班后都陪他，可我只两天不在家，宝宝就疏远我了，而对保姆却表现得很亲密。这会不会影响到我们之间的亲子关系呢？

良好亲子关系不是依靠相处时间的长短，而是依靠相处时候的互动质量，是情感的正向发展。别用比较来判断情感的“厚度”，宝宝不黏你可能是因为你对他的亲昵行动太少，你的关爱没让他“有感”。

童年有玩伴，才不孤单

虽然宝宝还不懂得与他人的相处之道，但是玩伴必须有。宝宝的玩伴在发育过程中所起的作用非常大。这里提到的玩伴是泛指，不仅仅局限于其他小宝宝，爸爸妈妈、老人、保姆、玩具等可以陪伴宝宝的都是宝宝的玩伴。

必须有小伙伴

城市化使得人们的生活被束缚在小区里，这样的生活格局导致传统的串门子现象渐趋减少，同一楼门几户人家之间也仅是点头之交。

父母双方的主要交往对象也仅限于同事、同学、老乡；在大城市里，这样的交往对象往往离得很远，难得见一次。

在这样的大环境下，想要给宝宝寻找可以在一起玩的伙伴，妈妈需要做一些努力。经常带着宝宝在户外玩，经常能够见到的小伙伴就是最佳选择。

宝宝需有同龄玩伴才更能体会玩的乐趣。妈妈要创造机会与宝宝小伙伴的父母建立较为稳固的联系，使交往深入到生活的层面，使宝宝与小伙伴们能有更多时间在一起，交往得更为深入。要知道，玩伴是宝宝完整的童年中必不可少的元素之一。

保姆育儿，需要监护

妈妈能够全职带宝宝当然最好，然而，现实中很多家庭却不得不面临选择保姆的问题，因为妈妈必须去上班。让保姆承担起建立宝宝未来社交圈的任务，这个要求有点高。妈妈可以在上班之前带着保姆一起深入到宝宝的社交圈，让保姆适应宝宝每日的生活与活动。

保姆的工作重心更多放在对宝宝生活的照料上，有多余的时间才会带着宝宝玩儿。家里请了保姆，最好也有老人在旁协助，这样才是最佳的组合。

在育儿的过程中，我结识了几位比较谈得来的妈妈，很自然地，她们的宝宝就成了宝宝的伙伴。

宝宝伙伴的选择，潜意识起了很大作用。可以选择和自己性格互补的伙伴，比如柔顺的宝宝很可能喜欢跟在强势的宝宝后面跑，有时候还受欺负，可是妈妈的干涉却不太起作用，他就喜欢这个强势的宝宝。实际上，重要的不是如何选择伙伴，而是教会宝宝如何与人相处，如何互动，如何去主动交朋友。

行为习惯

哭，是达到目的的手段

宝宝爱哭是正常的。摔倒了、饿了、挨批评了就会哭，玩具找不到了也会哭，敏感的看着妈妈的脸色不对也会哭。如果宝宝一哭大人就神经紧张，妈妈很快就会被累倒了。宝宝哭时，妈妈应该先耐心安慰他，等宝宝不哭的时候再去了解原因。

不要袖手旁观

这个阶段，如果宝宝每天哭个不停，父母很容易产生听之任之的想法，可是，宝宝大哭不停、父母却袖手旁观的做法是错误的。

即使在1周岁以后，哭仍然是宝宝传递信息的基本手段。特别在这个阶段，宝宝对妈妈的关心或漠视的态度非常敏感，如果宝宝哭了却没人理睬，宝宝的不安情绪就会加重。

分情况应对

非分要求。如果宝宝的要求有危险或者侵害到他人，即使又哭又闹，也要明确表示“不行”。如果宝宝哭个不停，可以在他的视线范围内稍微离开他一些，保持一定距离默默观察。当宝宝明白哭不能解决问题时，自然会改变做法。

不能如愿时。宝宝想爬到比自己高的地方，如果上不去就哭。对于这时的宝宝来说，充分表达自己的意愿、享受自由也是一种重要的成长体验。因此，在宝宝因为希望达成某种目的而哭闹的时候，家长不宜批评制止，而要积极帮助他实现愿望。

渴望交流。如果宝宝没有任何理由跑到妈妈身边哭，是在表达希望依赖妈妈的心情，是渴望和妈妈进行情感交流的表现。妈妈要多一分耐心，通过和蔼的对话、眼神的交流、温馨的拥抱来稳定宝宝的情绪。

帮助准确表达

这个阶段，宝宝的情绪表现能力还不成熟。因此，批评不能解决问题，耐心地去了解宝宝想说什么、想做什么，当宝宝不能完全通过语言来表达时，父母要教宝宝通过肢体语言或者表情来表达自己的意愿。

没完没了扔东西

每个宝宝都要经历爱扔东西的阶段。宝宝把这种行为当作游戏，屡试不爽；妈妈把这当成是搞破坏，屡禁不止。如果被宝宝拿起来扔掉的是不易损坏的物品，妈妈与其惩罚宝宝，不如接受宝宝的这种行为，和他玩在一起，享受扔东西的乐趣。

强行干预不可取

1岁左右的宝宝经常会有这样的举动：总是试图抓住你手中的物品，得到之后非常珍惜地“研究”一会儿，然后把它扔到地上，同时嘴里发出“嗯，嗯……”的叫声，盼妈妈给他捡起来；捡起来了，他挥舞着小手要拿过来，拿到手却并不珍惜，再次扔到地板上……就这样，扔下去捡起来，再扔下去再捡起来，乐此不疲。

这种看似荒谬、重复的做法，实际上正是符合幼儿身心发展规律的游戏，被称为自发游戏，妈妈对于自发游戏的干预会在一定程度上影响宝宝的身心发展。

抛掷游戏也是学习

现在，宝宝的思维有了很大进步，能有意识地通过抛掷玩具来观察玩具落地的情景，并且对这个过程很感兴趣；宝宝能够通过抛掷不同质地的玩具，如绒毛玩具、皮球、积木块，来积累区别物体的经验。妈妈可以据此设计一些很好的抛掷游戏：比如带着宝宝在小区里的小水池边抛掷小石块，让宝宝观察石头的路径及落水时会出现的情况；向上抛掷树叶，观察树叶在空中飘飞的景致；抛掷弹力小球，让他感受到不同的力度能使小球弹起来的高度不同。

可锻炼能力

宝宝会通过重复同一行为来加深对外界事物的了解，连续扔东西就是这个过程的表现之一。这种重复活动锻炼了抓握、找寻、手眼协调、沟通等能力。因此，这种游戏蕴藏着教育契机，应该受到妈妈的重视与配合，并引导宝宝观察以下现象。

1. 扔在地板上的物品会发出声响。
2. 小球掉在地板上会弹起来。
3. 宝宝把什么东西扔到地板上了。
4. 妈妈找一找，妈妈捡起来。

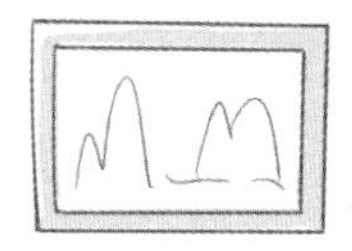

抢别人的玩具

妈妈希望宝宝能懂得分享：自己的玩具愿意让别的孩子玩，别人的玩具不去抢。目前宝宝还做不到，他们会把自己的物品看得很紧，不允许其他宝宝碰一下，对别人的玩具又会表现出极大的兴趣。这都是正常表现。

都爱抢玩具

不管自己有多少玩具，宝宝只对别的宝宝的玩具感兴趣，有趣的是宝宝喜爱的这个玩具有可能远不及自己的玩具好。宝宝就要那个玩具，原因只有一个，那个玩具不是自己的。而一旦妈妈给他买了一个同样的玩具之后，宝宝对这个玩具的兴趣就消失了。

相反，对于被抢玩具的宝宝来说，玩具只有在要被抢的时候才真正显示出此玩具对自己的重要性。即便他不喜欢这个玩具，他也会拼命护着不被抢了去。

也有的宝宝只是喜爱别人的玩具，就跟妈妈要。有时也会上去摸摸那个玩具，外表看起来就像要抢。

解决有道

一般来说，这种情况下，需要另一个玩具来缓和冲突。宝宝喜欢别人的玩具，想要别的宝宝的玩具，就过去抢。此时妈妈要阻止宝宝的这种行为。在哄劝的过程中，要一再强调，那个玩具是人家的，想要玩首先要征得对方的同意。妈妈可以让宝宝观察自己的处理方法。拿一个很好玩的玩具递到对方眼前，说："宝贝儿，给你这个小鸭子玩，把这个玩具给弟弟玩一会儿好不好？"同时要让玩具发出声响，或者上发条使其在地上走动。如果那个宝宝喜欢这个玩具，那么很容易完成交换。

经常在宝宝面前这样处理冲突，宝宝自然而然就能学会使用巧妙的方法达到自己的目的，而不是强抢蛮干，使冲突加剧。如果妈妈的"外交"手段不起作用，没有达到换取玩具的目的，可以通过一起玩游戏等方法将双方的焦点从玩具转移到参与游戏上来。

如果以上方法都不管用，可以尝试用一个很有趣的玩具（最好是新鲜的）把宝宝的注意力吸引过来。还是不行，那就只能抱离现场了。

宝宝在和其他小朋友抢玩具的过程中挨了打，我想着让他自己解决，没有过多干预。宝宝对挨打没有明显的回应。

这么小的宝宝最好训练他采取消极方式，对方强抢，别和他纠缠，跑回妈妈身边就是了。1岁多宝宝争抢玩具的结局通常是打赢打输都占不到便宜，他们还没有能力"自己解决"，过度纠缠反而会增加负面情绪。

偏爱摇摇车

现在很多小区里的超市门口都装有摇摇车，在大型商场的游乐区及一些游乐园里也可见到这样的装置。摇摇车能载着宝宝边摇摆边奏出好听的儿歌，只需投入一元硬币，宝宝就可以坐在上面摇几分钟。目前，这种设施对宝宝很有吸引力。

玩摇摇车的好处

有益身心。摇摇车音乐的节奏能帮助宝宝有节律地运动。在运动的过程中呼吸随之加深加快，吸氧增多，二氧化碳排出加速，促进了血液循环，这有助于提高心、肺、脑功能，同时平衡觉和本体觉也随之得到发展。

可锻炼平衡感。宝宝在玩摇摇车的过程中，需要加强对全身大、小肌肉的控制，这也是一项技巧训练，宝宝的平衡力、速度、力量、耐力、柔韧性、协调等能力会获得提高。

每次只玩一曲

有的宝宝迷恋摇摇车，上去了就不愿意下来，这种情况多由于照料人的纵容所导致。如果无限制地满足宝宝再来一曲的要求，久而久之就会形成这样的坏习惯。从开始玩时，妈妈最好定下每次只玩一个硬币的规定，宝宝习惯了这样，在一曲终了时就会自动下来，把摇摇车让给其他小朋友。如果感觉宝宝对摇摇车太过痴迷了，可以适当转移他的视线。比如带他去动物园，陪他玩些亲子游戏或参加一些宝宝乐活动，还可以带着他玩沙子。

玩摇摇车注意事项

不坐破损摇摇车。玩摇摇车之前，妈妈一定要检查一下摇摇车的整体是否有破损，如有破损，就不要让宝宝玩了。触电与机械性伤害是玩摇摇车的两大安全隐患，妈妈要特别注意投币口、钥匙孔、外露的螺钉等位置，这些均是可能被宝宝碰触到的地方。

不选择声光电一体机。有的摇摇车装有简易屏幕，灯光闪个不停，音乐声音大，这样的摇摇车会损害到宝宝的听力和视力。

早期教育

爸爸能让宝宝更聪明

英国一项研究报告指出，与爸爸相处时间较多的儿童日后较聪明，而且较有机会攀上高于爸爸的社会阶层。相反，如果父亲不太理会子女，即使常常在家，子女在智力和事业前途方面都不会比单亲家庭子女优秀。

爸爸该怎么做？不妨看看下面的几点提示。

给予爱。安全的依恋关系是宝宝未来人际关系发展的基础。只有当宝宝小时候体验到了关于爱的一切积极的情感，内心才会觉得自己是安全的，才能够平等地与他人交往。所以，尽量让宝宝在与爸爸的亲密接触里体会爱的亲密。

照顾好自己。在爸爸自身感到疲惫、急躁、沮丧或受挫时，就更加难以满足宝宝的要求。因此，爸爸首先要照顾好自己。

帮宝宝建立秩序。宝宝在重复中学习，这也是他获得安全感的重要前提，所以，秩序的建立至关重要。这就使得每天固定睡觉、吃饭和洗澡的时间非常重要。此外，还要固定宝宝的活动时间，比如讲故事或唱、听儿歌。

不要打骂宝宝。宝宝不按父母的要求行事是正常的，他还没能力在沮丧和愤怒的时候控制自己的情绪。永远不要打或使劲摇晃宝宝，这种互动关系只能教给宝宝用同样暴力的方式去反抗。遭遇宝宝胡闹，感觉控制不住自己时，要想办法缓和情绪。感觉自己的反应过分时，要跟宝宝说对不起。

鼓励宝宝安全探索。爸爸有时是宝宝的整个世界，爸爸的态度甚至能决定宝宝认识世界的态度，父子之间的互动基本上决定了宝宝学习的方式。因此，当宝宝努力去探索或做游戏时，最好保持接受的态度。在他受挫后，爸爸要及时给予鼓励，这是宝宝在未来能够正确面对困难的基础。

多进行语言沟通。爸爸和宝宝所有的谈话将为宝宝未来的学习打下坚实的基础。当宝宝听到越来越多的词，大脑中处理语言的区域就会得到发展。尽量跟宝宝说话、阅读或唱歌。

走得很稳了

即便是走路晚的宝宝，现在也已经能够独自走路了。宝宝享受着这难得的自由行走权利时，陪在身边的妈妈却不轻松。妈妈需时时关注宝宝前后左右的路况，及时把宝宝引导到该他行进的路径上来。宝宝现在走路的特点是横冲直撞，还不懂观察路况。

边走边看

现在是宝宝最愿意自己走的时候，只要有机会，他都会要求下来走走。宝宝在走来走去时，对遇到的任何新鲜的东西都感到好奇，都想仔细“观察”，一探究竟。在保证安全的前提下，妈妈不要制止宝宝的这种探索行为。

也可以让宝宝拉着拖拉机玩具或小推车走，经常练习走路的宝宝渐渐就能走得很稳当了，而且会越走越快。

在宝宝练习走路时，妈妈可以念儿歌：乖宝宝，学走路，一二一二迈大步，不怕黑，不怕摔，真是妈妈的好宝宝。

随时的照料

不管宝宝进行什么运动，要注意运动后及时给宝宝进行清洁工作，尤其是宝宝的小手，一定要洗干净。另外，在户外活动时，尽量不要让宝宝穿着开裆裤直接坐到地面上，可以看情况给宝宝穿上死裆裤或者带个小垫子让宝宝坐。

宝宝在家里行走时，妈妈要注意移开可能绊倒宝宝的物品。尤其是将放在地上的危险物品拿开，放在宝宝够不着的地方，如热水瓶、清洁剂、灭鼠药、电器的插头和插板等。还要预防宝宝摔倒或将不该吃的东西放进嘴里。

宝宝摔倒后，头上起了一个大包，精神状态较好，也没有其他异常，但半天以后吐了两次，精神状态开始不好了。

通常小宝宝摔跤不至于引起严重后果，但是如果宝宝出现频繁喷射性呕吐，通常问题会较严重，建议去儿童专科医院进行全面检查，以免贻误病情。

带去动物园玩

说到带宝宝去动物园玩，妈妈们考虑最多的是宝宝的状态是否适合去，看到动物会不会感兴趣。现在，宝宝已认识了一部分动物，如果宝宝能在动物园中巩固他对动物的认知，那当然最好不过。但是，这趟旅程也有可能因为宝宝的哭闹而变得疲惫不堪，最好找个帮手。

妈妈带宝宝去动物园之前最好让宝宝多看看《动物世界》一类的科普节目。

去动物园看什么

在大型的动物园，转一次看不完所有的动物，可以选择性地让宝宝看一些在图片上见过的、宝宝已经认识的动物。小宝宝都喜欢一些有特点的动物，比如长颈鹿和大象，要让宝宝看到他们：看长颈鹿吃大树顶上的树叶；看大象用鼻子卷起草料送到嘴里。

妈妈要变身为耐心的解说员，吸引宝宝的注意力；在宝宝感觉累了时，就让他休息。

为了使动物园内的行走路线更合理，参观动物之前要规划好路线。先参观重点想让宝宝参观的馆，多查看岔路口的标志。

做好防护

动物园内人很多，部分热门馆内人就更多了，甚至看不到动物，必要时让宝宝骑到爸爸脖子上看吧。有时为了看得更清楚，可以让宝宝扶坐到围栏上，父母在身后搂着，要注意安全。

别忘了给宝宝与动物们合影留念。

第一次去动物园，宝宝没有表现出特别的兴趣，我觉得这个阶段带他来动物园有点早了。

如果宝宝没有哭闹，那么这一趟就没白来。不管宝宝是否感兴趣，妈妈都要提醒宝宝，在书上或电视里曾经见过这个动物，告诉他这种动物的名字。遇到可爱无害、允许抚摸的动物，可以让宝宝伸手摸一摸；遇到可以喂食的动物，如湖里的天鹅和锦鲤，也要和宝宝一起动手喂食。

练习上、下楼梯

带着宝宝外出时，经常会遇到有台阶的路况，宝宝从还不会走路时就开始试着上下台阶了。经常走台阶的宝宝见了台阶自然就会迈步，不常走台阶的宝宝却会在台阶前止步。妈妈们可以结伴带着宝宝做这项练习。

并脚上台阶

妈妈牵着宝宝上台阶时，让宝宝先迈上一级，另一只脚就会自动跟上来并在一起，调整身体的平衡后，接着再迈步上第二级。刚开始可以试着练习坡度较缓、台阶数相对少的台阶。

宝宝每上一级台阶身体都要适应新的高度，在上台阶时身体的重心先落在下面的一只脚上，然后重心移到上了高台阶的另一只脚上，重心不断地转移需要身体适应才能保持平衡，这个练习可以提高宝宝的高空平衡能力。

妈妈慢慢放开宝宝的手，鼓励宝宝自己上台阶。如果有扶栏可让宝宝自已一只手扶着扶栏。在宝宝上台阶时母子可以一起数数。

并脚下台阶

妈妈将宝宝放在最后三级台阶上，妈妈先下两级，双手牵着宝宝迈步，让宝宝一只脚踩在下面的台阶上，再迈第二只脚，身体站稳。妈妈先下，再扶宝宝慢慢下来。

宝宝在单脚向下迈时心里有些害怕，妈妈先拉住他的双手；如果宝宝还是害怕，可让宝宝双手按着妈妈的双肩，妈妈用手帮助宝宝的脚踏到地面上。当宝宝知道了台阶的高度，心中有底才不至于害怕，学会下最后3级台阶。宝宝知道每级台阶高度都一样，再下时就不会害怕了，这时可以从平台的第一级开始练习一个一个台阶地下楼梯。

宝宝自己上下台阶时一直侧着身体，这似乎是他保持身体平衡的最佳姿势。

宝宝登上台阶后，虽然脚已经迈上去了，但身体的重心仍然靠后。妈妈要引导宝宝身体向前倾，压在已经迈上去的那条腿上。这样后续动作更容易完成。宝宝初学登台阶，需要克服对登高的恐惧心理。如果宝宝实在不愿意，妈妈不要强迫。

与宝宝一起看《花园宝宝》

人物形象生动、情节简单、画面色彩丰富的《花园宝宝》是每个宝宝都喜欢的节目。《花园宝宝》讲述的只是几个玩偶快乐、单纯、简单的生活场景，这一点与目前宝宝的状态很相似，所以宝宝很容易就能理解花园宝宝们的喜怒哀乐。

妈妈不要期望宝宝能从《花园宝宝》中获得宝贵的人生经验或科学知识。

《花园宝宝》

花园宝宝（*In the Night Garden*）是英国BBC出品的一档给1~4岁左右的孩子看的电视节目。制作人在英国开辟出一片美丽的花园，园中是精心设计的人偶及高技术的动画呈现。《花园宝宝》中完全没有说教的内容，有的只是一段好奇探索的欢乐时光。这点与一般的低幼类节目完全不同。

对白。角色只有自己的无意识语言，类似于宝宝初开口时无目的的呓语，角色更多的时候是用身体来表达自己的意愿，这种设计非常符合小宝宝（0~3岁为婴幼儿期）的特点。

动作设计。从玛卡巴卡的拍手、转身，到唔西迪西的伸臂、抬腿，从汤姆布利伯的下蹲、坐起，到依古比古的并腿跳，都是婴幼儿期大动作必须达到的要求。

有原则地看电视

在看电视时，宝宝与电视机的距离应为电视机对角线长度的5~7倍，并且每次看电视不应超过20分钟，尤其在看类似《花园宝宝》这样有一定剧情的节目时，更要注意控制时间。聪明的宝宝已经能掌握节目播出的规律了，要养成完整地看完一节就关电视机的习惯，切忌纵容宝宝连着不间断地看。

要把看电视的时间固定下来，可以安排在中午妈妈做饭时，也可以安排在户外活动回来后。最好由妈妈陪着一起看。

宝宝最近爱上了看《花园宝宝》，见宝宝看得开心我很高兴，但我又担心看电视会对宝宝的眼睛有害。

看电视时间长了确实不好，要适可而止，每次控制在15分钟左右为宜，并多安排其他有趣的亲子活动来替代看电视。

语言进入单音词阶段

宝宝有了自己独特的语言，虽然理解起来不那么容易，妈妈还是感觉很欣慰。接下来的任务就是帮助宝宝完善自己的语言体系。如何正确引导宝宝的语言发育，这里有很多技巧。

首先要读懂

宝宝能说出独字句，妈妈需要配合宝宝的神情及说话时的环境，辨别宝宝真正的意图。这一点非常重要，妈妈能理解到位并借机教宝宝说话，可以促进宝宝的语言发育；相反，妈妈会错意则可能会导致宝宝的坏情绪，如果经常会错意，还会影响到母子之间的关系。

举一个比较典型的例子：当宝宝用手指着一堆物品说“拿”时，妈妈首先要判断宝宝想要的东西是什么，这可能比较难，与其一个一个地拿起来试，不如抱着宝宝到物品前让他自己去拿，直接解决问题。如果宝宝心里想的仅仅是“这个东西放错位置了，应该放到它原来所在的位置”。这对于妈妈来讲理解起来可就太难了。读不懂宝宝的意图，不仅对宝宝的语言发育不能产生应有的推动作用，还可能会引致宝宝不耐烦的情绪与对抗，从而使母子之间产生沟通障碍，宝宝可能会想：“妈妈怎么就不理解我呢？太难受了。”

责怪不可取

宝宝需要表达，但苦于掌握的词汇少，能够发出的音也少。在日常沟通的过程中，只要宝宝发出一个音，妈妈就要表现出重视，并且要在关键的字上随时做补充，使宝宝能够发出的音增多。如果妈妈不用心去理解宝宝的意思，反而在宝宝因妈妈不理解自己的意思而发脾气时责怪宝宝不听话、捣乱甚至给予惩罚，不但会使宝宝伤心，而且会影响到宝宝使用语言的积极性，结果延迟语言的发育。

常见单音词应答

宝宝语	妈妈应答
蕉、蕉	宝宝想吃香蕉了？是这个香蕉吗？
指着宝宝餐椅	宝宝，想自己吃饭吗？
用手指门	宝宝是想出去玩了，对不对？咱们收拾好了就出去。
奶，奶	拿着奶瓶过来，宝宝是要喝奶吗？
（指着一件物品）拿，拿	想要这个玩具吗？来，给你。

球的新作用

球一直是宝宝最爱的玩具之一。在不同的发育时期，都有球发挥作用的机会。妈妈可以视宝宝所处阶段的特点，有目的地买或制作各类球玩具，设计一些场景，与宝宝共度亲子时光。

数球

妈妈准备大小各异的几种球，如弹球、乒乓球、足球、篮球、排球等。

1. 按从小到大的顺序将球递给宝宝。

2. 给宝宝球的同时，还要数“1，2，3……”

3. 要求宝宝跟着做。

目的：这个游戏可以培养宝宝对数字的概念，有助于让宝宝明白从小到大或者从大到小的逻辑。

在球上画画

准备好毛笔与颜料，用球当画纸，可以在皮球上涂鸦。画一画皮球变了样，洗干净后就又可以开始下一轮了。

目的：让宝宝感受在不同材料上作画，可以发散宝宝的思维，满足宝宝往非纸面物体上涂鸦的欲望。

洗个球球澡

妈妈准备几个彩色塑料球。

1. 让宝宝先坐在浴缸里，再将温水慢慢注入，让宝宝感觉到水位渐渐上升，依次淹住屁屁、大腿、肚脐、腰部，宝宝会兴奋地拍水玩。

2. 妈妈接着将球一个个放入浴缸中，同时数数。

3. 球在宝宝拍水的过程中游来游去，宝宝体验到玩水的乐趣及触觉刺激，感受浴缸从没有任何东西到有水、有球的变化。

目的：让宝宝感受玩水的乐趣。通过与水、球等物品接触，增加宝宝触觉感受，并启发宝宝对数量、多少的基本认知，从而提高宝宝左脑的数学能力。

学习叫人了

在户外活动中，看到甜嘴宝宝们“叔叔好”“阿姨好”地叫人，妈妈希望自己的宝宝也能做到。宝宝的表现千差万别，对待陌生人的态度有的大方，有的羞涩。如果宝宝不好意思叫人，妈妈也不要强迫，在日常生活中可以有意加强训练。

称呼人的状态

如果宝宝在10个月前学会称呼爸爸或妈妈，现在一般就能称呼4～6个人了，宝宝更容易学会身边人的称谓，包括奶奶、爷爷、姥爷、姥姥、阿姨等。也有的宝宝称呼人要晚一些，到现在刚刚学会叫爸爸妈妈，面对这样的情况父母也要坦然接受。

学会区分年龄、性别

宝宝在学称呼时，自己会随时总结经验，例如把年纪大的女性称为“奶奶”，年纪大的男性都称为“爷爷”，年轻女性叫“阿姨”，年轻的男性叫“叔叔”。许多宝宝把四十来岁的女性称为“奶奶”，妈妈纠正为“大妈”；宝宝把“伯伯”“大大”称呼为“爷爷”时，被妈妈纠正过来，这个过程使宝宝接触并掌握了更多称呼。

训练是必要的

现在，宝宝已经具备了一定的分辨能力。在长时间的称呼过程中，也会察言观色，当把中年女性称呼为“奶奶”时，经过妈妈的纠正及自己观察，发现叫“大妈”更能令被称呼的人感觉舒服，他逐渐也就掌握了取悦人的称呼方式。

让宝宝学会按年龄、性别去称呼生人，要经过培训，让他自己去判别。但是这个年龄的宝宝会惧怕生人，大人不妨通过图片、录像让宝宝练习辨别。也可以在平时经常来访的熟人中练习，这样宝宝才能在看到生人时正确称呼对方。

动物图卡配对

宝宝偶尔表现出来的超常智能动向会令妈妈惊讶。对于一些要经过智力判断才能正确应对的问题，宝宝此时也能做得很好了。比如，宝宝见过实际的小猫咪后也能认出简笔画草图的猫咪头像。这说明宝宝已经在关注物品的“特点”了。

巧用动物图卡

妈妈早就为宝宝准备了各种类型的动物图卡，可将这样的动物图卡挂在墙上或用绳子结成册。妈妈经常给宝宝指认图卡上的动物，现在宝宝应该能认识图卡上的动物了，有时会说一些动物的名字。在妈妈指着老虎问“这是什么？”时，宝宝会回答“虎”；指着狗问“这是什么动物”时，宝宝会回答“汪汪”……

现在，妈妈要从单纯的指认转为详细对宝宝说出动物的特点。比如：老虎长得像猫；斑马有着竖条花纹；猫咪的爪子很尖利，专用来抓老鼠；狗是人类的好朋友，可以陪伴宝宝，还可以看门……这些提示能帮助宝宝更好地了解动物，使宝宝眼里平面的动物形象变得立体起来。

玩玩配对游戏

只要宝宝学会认图，玩配对游戏是十分容易的。妈妈平日要有意识地收集各种各样的动物形象，除了特意购买的动物图卡，废旧报纸书刊上的动物形象也是不错的选择。妈妈将平日收集到的各种动物形象放到一起，在宝宝面前摊开让宝宝配对。最初妈妈可以做示范，把小兔子实物图片与卡通形象放在一起，逐渐就放手让宝宝自己搭配。

平日也可以在陪宝宝看绘本故事书的过程中，指着书中的形象让宝宝在图卡中找出原型来。

以后，还可以增加一些动物图卡与相应动物名称的配对游戏。

提升观察能力

日常生活中，可以通过念儿歌、猜谜语、听童话故事等方式，让宝宝对动物了解得更深入。还可以让宝宝适当看看电视里的《动物世界》节目，一边看一边讲。节假日可以带他去动物园或市场或农村，回来就让他讲讲在动物园认识了哪些动物，它们爱吃什么，哪些动物会飞，哪些动物会游泳，哪些动物会爬。虽然宝宝现在可能还表达不清楚，但这样的语言训练将使宝宝受益。

滑梯是成长好伙伴

几乎所有的宝宝都喜欢玩滑梯，滑滑梯既能锻炼宝宝的平衡能力又有娱乐性，比较适合宝宝玩。宝宝开始玩滑梯时也会害怕，需要妈妈付出耐心带着他反复尝试、不断鼓励。试探、观望、战战兢兢……如鱼得水，这几乎是每个宝宝都要经历的过程。

婴儿期的锻炼

早在宝宝能独立坐稳时，爸爸妈妈就可以带宝宝玩滑梯了。此阶段要选择室内游乐场的低矮滑梯。爸爸将宝宝放置在滑梯顶部，双手扶在宝宝腋下顺着滑梯顺下来，嘴里说："呜，飞机飞啦。"当宝宝玩过几次有了经验，爸爸妈妈只需将宝宝放在滑梯上，妈妈蹲在滑梯下端，爸爸站在滑梯旁边看护宝宝，让宝宝自己滑下来。

经常玩滑梯

妈妈要经常带着宝宝去有滑梯的场所玩滑梯。如果宝宝不敢玩，可以让他先从观察其他孩子们玩滑梯切入。观察的次数多了，宝宝渐渐地就会产生自己玩的愿望，此时妈妈再给予适当的指导。

小型滑梯在生活的小区内也可以轻易找到，出入广场的台阶两侧一般会有低矮、平缓的小滑梯。这样的滑梯需要检查两侧是否光滑，有污迹先要擦干净。

在宝宝能摇摇晃晃走路的时候，妈妈就可以带着宝宝玩这样的"滑梯"了。

妈妈双手扶在宝宝腋下，帮助宝宝攀爬到滑梯上部，鼓励宝宝往下滑。

宝宝才开始学着上台阶，一般的小型滑梯需要踩着台阶上去，我往往是扶着宝宝走上去，站在下面拉着他的手把他带到滑梯边坐下，鼓励他松手往下滑，最后快速走到滑梯底部，张开双臂等着宝宝滑下来。

一般在麦当劳或者其他一些室内场所也会设有这种小型滑梯。滑梯对锻炼宝宝身体的平衡能力及肢体的灵活性都有帮助，同时也可使胆小的宝宝变得勇敢，让霸道的宝宝变得懂事。

疾病与异常情况处理

小心养个复感儿

复感儿即患有反复呼吸道感染的宝宝，发病率达20%左右，以1～6 岁宝宝最常见。复感儿在1 年内通常有7～10次以上的呼吸道感染。如果治疗不当，会导致哮喘、心肌炎、肾炎等病，严重影响宝宝的生长发育与身体健康。

致病因素

暂时性免疫功能下降。如患流感、风疹、水痘等疾病时，病毒使T细胞亚群间平衡失调，使免疫功能暂时受到抑制，抗病能力降低而导致反复感染。

营养状况不良。父母缺乏育儿营养知识，患儿偏食、挑食、厌食及父母溺爱造成营养不良，有不同程度的锌、铁、维生素缺乏或蛋白质摄入不足，影响体内多种酶的活性，使机体抵抗力下降而易反复感染。

慢性细菌性病灶的存在。如慢性咽炎、慢性扁桃体炎、中耳炎、龋齿，致使呼吸道黏膜受到炎症的破坏，而受损的黏膜修复需要3～7周，这期间受损的黏膜易再次受到感染。

缺乏户外锻炼。由于父母害怕出危险，很少带宝宝出外活动，宝宝缺乏必要的户外锻炼，经不起户外的气候变化，极易发生感冒。

环境不良。空气中的烟雾、粉尘、刺激性气体等，居室潮湿、阴暗、空气污浊等，都易引起宝宝呼吸道感染。早产儿或有某些先天性缺陷的宝宝很容易发生呼吸道感染。

其他原因。护理不当，经常穿着过少、过多；呼吸道疾病治疗不彻底；生活环境中感染机会多。

合理的照料很重要

1. 安排宝宝的生活作息，要根据年龄特点，以满足其生理需要。
2. 合理安排饮食，使宝宝获得全面、均衡的营养，体质强壮。
3. 加强锻炼，提高宝宝抗病能力，防患于未然。
4. 特别要注意病情缓解后的巩固治疗和调养。
5. 还要记住按时去医院进行预防接种，减少传染病的发生。

宝宝咳嗽怎么应对

在温差较大、气温不稳定的天气里，宝宝出去玩很容易着凉，此时感冒与咳嗽就会找上门。咳嗽是小儿呼吸道疾病的常见症状之一，长期的咳嗽还会伤害到宝宝的肺脏。宝宝咳嗽还会影响到睡眠质量，妈妈要认真对待。

普通的咳嗽

急、慢性支气管炎，气管炎，部分咽喉炎均可引发咳嗽。中医学按其临床症状将咳嗽分为两大类，一般继发于感冒之后的称为外感咳嗽；没有明显感冒症状，但长久、反复发作的称为内伤咳嗽。

外感咳嗽有风寒、风热之分：如果舌苔是白的，则是风寒咳嗽；舌苔黄、舌红则是风热咳嗽。不过，爸爸妈妈要注意，不能一看到宝宝有点咳嗽就像成人一样喂食消炎药。因为用药效果是不确定的，而宝宝的胃口却会变差。食欲差，就会影响到宝宝对营养的吸收，久而久之抵抗力就跟不上，反而容易引起一些并发症。

做好夜间护理

咳嗽的宝宝夜间症状会加重，妈妈要做好夜间的护理工作。可以在晚睡时在宝宝头部的褥子底下放一个枕头，将头部垫高，这样可使呼吸相对容易一些。此外还要保持屋内空气的清新和湿润。

咳嗽的家庭食疗方

烤橘子。这个食疗方适用于风寒咳嗽。将橘子直接放在小火上烤，并不断翻动，烤到橘皮发黑，并从橘子里冒出热气即可。等橘子稍凉一会儿，剥去橘皮，让宝宝吃温热的橘瓣。大橘子一次吃2~3瓣即可，小贡橘一次可以吃1只。吃了烤橘子后痰液的量会明显减少，镇咳作用非常明显。

川贝梨。这个食疗方适用于风热咳嗽。川贝母5克、冰糖15克与梨1个，放入瓷碗中同蒸，蒸透后停火，凉后让宝宝吃梨肉，饮碗中的汤。一次服完。

杏仁萝卜猪肺汤。本食疗方适用于长期咳嗽。猪肺、白萝卜各1个，切块，杏仁9克，一起炖烂，熟食。可以经常吃。

宝宝半个月前咳嗽，感冒发热，吃了药后就好了，不过之后每天早上固定时间会咳嗽一会，这是怎么回事呢?

可能是由于晨起空气温度低，宝宝还不能适应，属于条件反射，建议家长多给宝宝喝水，适当增减衣物，保持房间内温度适宜。注意保证宝宝的营养摄入，以增加抵抗力。

1岁4个月发育监测

生长

你的宝宝	男宝宝参考值	女宝宝参考值
16月末时体重	8.4～13.1千克	7.7～12.6千克
16月末时身高	75.0～85.4厘米	73.0～84.2厘米
16月末时头围	(47.3±1.2）厘米	(46.2±1.2）厘米

发育监测

监测项目	发育状况
大动作发育	这个月龄的宝宝，已经会蹲下了，蹲下后还能把地上的东西拾起来，并起身行走。如果宝宝1岁左右已经会独走，并且现在走得已经相当稳了，到了这个月龄可能会试图跑起来 练习行走时，绝大多数都是先横着走，然后是往前走，最后才是往后退着走
精细动作发育	宝宝会运动腕关节了，可以查看物体的每个表面。能够用勺子舀起碗里的饭，并送到嘴边。会自己将拉链拉开把衣服脱掉，并会迷上这种行为。宝宝可以听从妈妈的指挥，把东西放到妈妈指定的地方去，这可是不小的进步，宝宝开始建立方位感了
感知觉发育	宝宝越来越爱耍脾气，想法也越来越多。并且具备了客观事物从表象到内涵的认知能力 父母可以配合宝宝一起玩认知游戏，这不但可以锻炼宝宝的语言能力，也可以帮助他认识自己
语言与交流	能理解10～100个词汇，但不能准确发音。常用身体语言和妈妈交流。进入语言学习高峰期，可能会突然说出长串的话。宝宝对周围人的对话开始发生兴趣 开始对小朋友有亲近感，但并不主动与小朋友在一起玩，仍然是你玩你的，我玩我的，可能会停下来看小朋友玩，但不会主动参与进去

1岁5～6个月

爱跑又爱跳

生活&饮食&护理

控制零食，规律进食

零食一般口感都很好，所以宝宝们都爱吃。健康的零食是饮食的必要补充，可以吃。但是宝宝要的零食多是不健康的，而且还会抢占宝宝的胃容量，造成营养摄取不足。

对于零食问题，妈妈要讲原则，该控制的就不能因为宝宝的哭闹而松口。

需要健康零食

好动的宝宝，每天的活动量很大，要消耗大量的热量。因此，每天在两次正餐之间补充一些零食，能更好地满足宝宝新陈代谢的需求。研究表明，适当进食一些零食会使宝宝的营养供给更平衡，也是摄取多种营养的一条重要途径。以下是可以让宝宝吃的零食。

各种奶制品。含有优质的蛋白质、脂肪、糖、钙等营养素，因此应保证宝宝每天食用。酸奶、奶酪可作为下午的加餐，牛奶可在早上和睡前食用。

果蔬类零食。含有多种维生素和矿物质，可以促进宝宝的生长发育和达到营养平衡的目的。可作为加餐，在两餐之间进食。

山楂糕、山楂片、果丹皮等含维生素C，又能帮助消化，饭后适量进食可帮助消化，促进食欲。

以下几类零食也可选给宝宝适当食用：无糖或低糖燕麦片、全麦面包、饼干和煮玉米等谷类零食；花生米、核桃仁、瓜子、杏仁等坚果类零食；蒸、煮、烤制的薯类零食。

零食做筹码不可取

妈妈不可用零食做筹码，哄劝宝宝以达到自己管教的目的。现在，对待一些沟通难题，宜采取正面应对或转移注意力的方法。

我们会给宝宝买各类水果、小面包、酸奶及山楂片当零食吃。宝宝对此不满意，每次带他去超市，总会要求买一些不健康的食品。

对于宝宝不合理的要求要坚持拒绝，当时可能会很难熬，坚持一段时间就能见到效果了。蛋糕、面包等含蛋白质、脂肪、糖等，宝宝可作为下午加餐，以补充热量，但不能作为主食随意食用，尤其不能在餐前食用；山楂饮料、杏仁露、乳酸饮料等，添加了适量的糖，有一定的营养价值，可以少量食用。

远离垃圾食品

对宝宝的营养摄取起反作用的食品，就是垃圾食品，此类食物经常会出现在宝宝的视野中，破坏他的健康饮食习惯。为了宝宝的健康，妈妈需要不断增进厨艺，以使他的注意力从垃圾食品转移到餐桌上。

垃圾食品有哪些

世界卫生组织公布了全球10大垃圾食品，它们包括油炸食品、腌制类食品、加工类肉食品、饼干类食品（不含低温烘烤和全麦饼干）、汽水可乐类食品、方便类食品（方便面和膨化食品）、罐头类食品（包括鱼肉和水果）、话梅蜜饯类食品（果脯）、冷冻甜品类食品（冰激凌、冰棒和各种雪糕）、烧烤类食品。

这些垃圾食品普遍具有以下特点：含致癌物质，破坏维生素，使蛋白质变性，加重肝脏负担，热量过多，营养成分低等。

过度食用垃圾食品会导致儿童肥胖、多动、注意力不集中等问题。

心理预防随时跟进

妈妈要经常和宝宝提到他喜欢的小伙伴，并告诉他这个宝宝不吃垃圾食品，所以才这么漂亮、勇敢、厉害；还要记得找一些反面典型，可以是画册上或大街上见到的身体发育不良的宝宝，告诉他经常吃垃圾食品就会变成那个样子。要不断灌输这样的概念，虽然当下效果可能不明显，在很长一段时间内多次提及，逐渐就会有效了。

这项说服工作要一直坚持下去，因为生活中的诱惑太多了，只有时时提及，才能抵制随时出现的诱惑。等宝宝有了分辨能力和自制能力，妈妈的工作会变得容易一些。

为了把宝宝的注意力从不健康的零食上转移过来，我每天都很用心地给宝宝制作可口的饭菜。但宝宝对这些食物的兴趣不持久，吃一两次后就腻了。

这是最考验妈妈厨艺的时候，妈妈的准备要有计划性，不要放弃宝宝暂时不接受的食物，要一种一种地尝试。同一种食物，可以变换做法，比如宝宝不爱吃煮鸡蛋，可以给煮鸡蛋改变造型，用西红柿或绿叶菜搭配着绘制一张小猫咪的脸，宝宝肯定会喜欢。

少吃果冻

花花绿绿的果冻有着诱人的外表与香甜的口感，是所有小宝宝最爱的零食之一。但是外表光滑的果冻稍不留神就会呛入气管，引起剧烈呛咳，严重者甚至卡在气管中，堵塞气道，引起窒息，抢救不及时可能会危及生命。

常吃可能影响智力

果冻在制作过程中加入了明胶、卡拉胶等增稠剂，还有香精和色素，并没有什么营养价值。英国最新研究显示，令食品颜色变得鲜艳的人工色素对宝宝的危害程度等同于含铅汽油，除了会导致多动症等行为障碍外，长期摄入柠檬黄、日落黄等人工色素还会损害儿童的智力。

去大型超市选购

妈妈最好不要主动给宝宝吃果冻，一旦吃过后知道果冻好吃，宝宝就会撒泼耍赖要求妈妈给买，这时再去控制就比较难了。

如果必须选购，尽量到一些信誉比较好的大型商场、超市购买，以保证买到质量较好的产品，建议选择色彩淡的果冻。

进食时的安全策略

如果宝宝要吃果冻，妈妈首先要想办法让宝宝接受妈妈喂食；如果不行，妈妈先将果冻切成小块，再让他自己用小勺吃。

一旦发现宝宝吃果冻时出现呛咳、憋气，应立即争分夺秒送到医院。在去医院途中实施腹部冲压：从后面抱住宝宝，一手握拳抵住其腹部上方剑突部位，猛地向后上方向冲击。

如果宝宝呼吸受阻，应立即对宝宝进行人工呼吸，不断重复，直至急救人员到场。

吃果冻最好遵循以下原则：1岁以下的小儿不能吃果冻；不要在玩耍时才将果冻含在口中；吃果冻时不要说笑、打闹。

伤食了怎么办

如果宝宝一向爱吃饭，一段时间的猛吃之后，出现了不思饮食的症状，这很可能是伤食的表现。一般来说，宝宝在过节期间更容易伤食，因为在一年中难得的团聚时光里，妈妈往往会放松对宝宝的要求，导致饮食不规律、不节制。

不当进食，导致伤食

伤食原因。宝宝的消化器官发育还不完善，消化液分泌不充足，消化酶的功能也较弱，胃及肠道内黏膜柔嫩，消化功能还比较差。如果父母不能正确喂养，饮食不节，很容易损伤宝宝的肠胃。

症状。宝宝伤食的表现有肚子胀、吐奶、厌食、舌苔厚腻、上腹部饱胀、大便稀且有酸臭味。

饮食疗法

宝宝一旦出现伤食症状，就要注意日常饮食要清淡了。高热量、不易消化的脂肪类食物暂时禁食。以下是个种食疗方。

蜂蜜萝卜。将白萝卜500~1000克洗净后，切成条状或丁状备用。在锅内加入清水，烧开后，把萝卜放入再烧，至煮沸后即可捞出萝卜，把水沥干，晾晒半日，再放入锅内，加入蜂蜜150~200克，以小火烧煮，边煮边调拌，调匀后，取出萝卜晾凉即可，于饭后嚼食30~50克。

山药米粥。大米或小米100克，干山药片20克煮粥当饭吃。如有鲜山药可蒸熟后剥皮蘸白糖吃也有健脾胃的功能。

白萝卜粥。白萝卜适量，同米一起煮，加适量红糖调服。具有开胸、顺气、健胃的功能。

糖炒山楂。取白糖入锅炒化，随后加入去核山楂适量，再炒5~6分钟，闻到酸味即成。或直接到街上买一串山楂糖葫芦也行。这种方法对治疗食肉过多造成的伤食效果较好。

宝宝不思饮食的时候，我按照一些育儿书上讲的方法，给宝宝捏脊按摩调理，但效果不明显。

捏脊的手法要正确，按照育儿书上的描述不一定能很好掌握。妈妈可以带着宝宝去中医推拿门诊让老中医给宝宝按摩一次，自己留心学一学老中医的推拿手法。要坚持1周时间，留心观察宝宝的表现，把握好度，如能长期坚持效果更好。

沙土玩具不可少

妈妈每天带着宝宝外出时，铲子与桶常是必须要带的玩具，因为宝宝都爱玩沙子。沙堆也是小伙伴们“聚会”的地点之一。虽然宝宝玩沙子时脏兮兮的模样令人头疼，但玩沙子对宝宝智力有开发作用，妈妈要让宝宝经常玩沙子且要玩好。

配备沙土玩具

每个宝宝都应该拥有沙土玩具。从宝宝能够自由下蹲站起开始，就该为他准备这样的玩具了。

一般从玩具店就能买到这样的玩具，妈妈图方便也可以从小区里的小型超市里购买，价格不高。全套的沙土玩具一般包括铲子（不同形状的有几个）、耙子、拓形磨具、桶、簸箕等。目前阶段要选择塑料制品，质量要轻。

未来随着宝宝逐渐长大，可以添置相对大一点的沙土玩具。

因为使用频率高，经常丢失和损坏，在宝宝3岁之前，这样的玩具至少需要购买几次。此外，挖掘机、沙滩拉车也是很不错的沙土玩具。

生活中一些废弃的饮料桶、水杯、勺子、塑料碗、纸盒、木板等，经妈妈细心改造后，都可以成为很好的沙土玩具。这些用品可以充当临时玩具，经妈妈站在宝宝的角度贴心改造后，往往能成为最适合宝宝的玩具。

沙土的玩法

转运沙土。妈妈做示范用铲子铲了沙土盛到桶内，盛满以后，转运到另一个地方倒出来。宝宝也会学着妈妈的样子这样做，不过，宝宝目前需要很久才能盛满桶，因为宝宝力气小，铲子每次铲起的沙土量很少。经常这样玩，逐渐宝宝就能很快盛满桶了。妈妈可以巧妙地引导宝宝与其他玩沙土的宝宝们比赛看谁盛得快。

垒沙土堆。用铲子挖沙土堆在一起，不断向顶端添加沙土，使沙土堆越来越高。足够高时，再将树枝插在顶端，再用手将沙土拍实了。

等宝宝大一些以后，可以将沙土游戏玩得更加深入。妈妈和宝宝可以开发出很多有创意的沙土游戏玩法。

预防沙土皮炎

宝宝皮肤娇嫩，在受到水、沙土、肥皂的多次刺激摩擦后，防御功能降低，加上夏天强烈的阳光照晒以及汗液浸渍，很容易导致皮肤发炎。

妈妈最好选择消毒措施完善的室内沙场玩耍，在玩沙土之前，要保证双手是干燥的。这样做可以避免形成沙土皮炎。

不怕打预防针

虽然目前宝宝对打针还没有害怕意识，但针头打进身体的疼痛感却是宝宝难以忍受的。不久以后，宝宝会下意识地抗拒打针，因为有对疼痛的记忆，宝宝在打针时会哭闹反抗。打预防针时宝宝哭闹是正常的，妈妈应正确引导，让宝宝逐渐接受打预防针。

妈妈疼，所以宝宝疼

妈妈可能是自己本身就害怕打针，也可能是对让宝宝挨这一针心存恐惧。虽然妈妈自己不觉得，但是潜意识中的害怕会有所表现。妈妈的紧张与不安会无意识地表现出来，可以是说话的语气、搂紧宝宝的胳膊、紧绷的表情、担忧的眼神……这一点宝宝很容易就能感觉到。因此，妈妈害怕，宝宝也害怕。

妈妈首先要坦然面对，只有这样，宝宝才更易接受。

要认可宝宝的疼

打针的疼痛对于成人来说也许不值一提，但对于承受力远差于成人的宝宝来说，却是难以承受的。尽管每个宝宝对疼痛的感受度不一样，对痛觉感知的发展程度也有快慢，但是疼痛一定存在，这一点毋庸置疑。

在宝宝因为疼而躲避时，妈妈却在一边强调“不疼不疼”。妈妈这样做，宝宝的内心会产生很大的矛盾感。他对妈妈的反向解释很困惑，一向信任妈妈的宝宝会对妈妈产生疑惑。这种矛盾感可能比疼痛本身带来的痛苦感更加强烈，更加具有破坏力。

此时，妈妈应该认同宝宝的疼痛，告诉宝宝：“妈妈知道宝宝疼，但是宝宝是个大宝宝了，要坚强些。”

宝宝对打针的害怕停留在对疼痛的恐惧上，打针之前没反应，但是打完针后会哭得很委屈。

妈妈的安慰及拥抱是帮助宝宝面对疼痛的最佳良药。在任何情况下，都不要以宝宝害怕打针为要挟，在宝宝不乖时进行管教，这样做只会将他推向管教的对立面。

服装，也有安全隐患

宝宝自我保护能力差，家人要时时刻刻从各个角度充当宝宝的保护神。不要认为宝宝的日常服饰就是绝对安全的，不合格的服装穿在宝宝身上，会对宝宝的健康产生很大的威胁。这一点妈妈要重视起来。

《婴幼儿服装标准》

目前，我国正式实施的《婴幼儿服装标准》规定：在儿童服装中不可检出汞等五种重金属物质；甲醛含量小于等于每千克20毫克，砷含量不得超过每千克0.2毫克，铜不得超过每千克25毫克；pH值必须限定在4.0~7.5；所有的宝宝服装都必须标注“不可干洗”的字样。

服装的安全隐患

宝宝穿着服装应适合年龄发展，尽量到大商场购买质量有保障的品牌服装。选购宝宝服装时，要从以下几方面全面考虑。

忌鲜艳的色彩。色彩过于鲜艳的婴幼儿服装，其中一般含有可分解芳香胺等有害物质，这种物质是一种对人体有毒有害的染料，染料如果被皮肤吸收，会在人体内扩散，引起疾病。

忌花里胡哨。不要让宝宝穿过长或过窄的裤子、裙子，也不要穿健美裤等紧身服装及有繁复装饰或闪闪发亮的金属片的衣服。紧身衣束缚宝宝的身体，妨碍宝宝正常发育。同时，紧身衣立裆短，臀围小，会阴部不透气，不利于散热。最好不选印有立体效果图案的童装，因为图案中的涂层剂、黏合剂很难保证成分安全。

注意甲醛含量。要注意衣服的甲醛含量是否超标，不能带有霉味、石油味、鱼腥味、芳香烃气味。

纽扣。宝宝的服装不宜钉纽扣，一旦纽扣脱落，很可能造成宝宝误吞。宝宝的服装最好选用按扣或拉链。

挂饰及蝴蝶结。挂饰及蝴蝶结尾端不能超过5厘米，且末端应充分固定保证不松开。

我给宝宝新买的衣服，在穿之前都会先精心检查一番，内衣都会先清洗晾晒后再穿。

新买的衣服在上身之前，都要将后领内侧标牌先拆掉，以免引起后颈皮肤过敏；内衣要用中性洗液漂洗干净；在阳光下晾晒，利用紫外线充分杀菌。

光脚走，新体验

一看到宝宝光着脚丫在地上玩耍，妈妈就会大声斥责。原因很简单：不卫生、怕踩到尖锐的东西、脚板受凉容易生病。现在有一种新的理念认为，宝宝打赤脚是一种非常好的锻炼方式，不仅能够益智，而且可以防病、健身。

据报道，日本一所幼儿园不惜耗资700多万日元，将院内的水泥地面换成沙土，以便让孩子们在沙地上尽情地玩耍。

不要制止孩子光脚

无论是几个月大的婴儿，还是三四岁的儿童，只要有机会坐下来，就会不自觉地脱掉鞋子，光着脚丫子玩耍，这是宝宝的天性。妈妈会从中医养生的角度出发，为了给宝宝的足部保暖，严格禁止宝宝这么做。其实，保暖与光脚可以同时兼顾的，妈妈只需把宝宝光脚的地点调整一下。

光脚的好处

益智。宝宝脚上有几十个穴位，不少穴位与内脏器官特别是大脑都有连接神经反应点，医学上称为足反射区。宝宝经常赤脚活动，可刺激并兴奋密布于足底的神经末梢感受器，从而提高大脑思维的灵敏度和记忆力。

健身。宝宝细嫩的足底直接与泥土、砂石接触，不仅有益于足底皮肤的发育、提高足底肌肉和韧带的力量，更有助于足弓的形成，避免或减少扁平足的发生。同时，赤脚运动对于宝宝的遗尿、腹泻、便秘、疳积等都有独特的治疗效果。

如何光脚锻炼

妈妈应该根据宝宝的年龄来选择合适的光脚锻炼方法。1～1.5岁的宝宝适合在床上训练；1.5岁以后可用布袋装满光滑的鹅卵石，扶着宝宝在上面赤脚踏步；2岁以后，可带宝宝在室内地板上行走；4～5岁时，可带宝宝到干净的草地、沙地上赤脚行走。

不管选用哪一种锻炼方法，都要重视宝宝的安全问题。选择锻炼的道路应该直且平坦、干净，以软硬适中的沙土质地为宜，防止宝宝的脚被泥土污染或尖锐物刺伤。

水果餐应对夏季上火

宝宝生长发育快，但消化器官发育尚未成熟，如果饮食不合理，在燥热的季节体内水分流失得多，很容易引起“上火”。很多水果餐既清火气又增营养，是很好的选择。

梨

梨的清火功效。梨含水量高达84%，被称为“天然矿泉水”。梨鲜嫩多汁，富含碳水化合物及多种维生素。中医认为梨味甘微酸、性凉，入肺、胃经，具有清热解毒、生津润燥、清心降火的作用，对上呼吸道有相当好的滋润功效，还可帮助消化、促进食欲。梨性凉，生梨吃多了会伤身，容易导致腹泻。可以把梨连皮带核煮成汤，这样能使其寒性降低，而且润肺、润燥、清火的作用更佳。

川贝母冰糖梨盅。雪梨2个洗净，川贝母10克捣碎，将梨在五分之一处横切，挖去里面的核；将川贝母、冰糖40克分成两份分别放入梨盅内，加入少许水，用牙签固定；放入蒸锅中，蒸几分钟后出锅即可。

山竹

山竹的清火功效。山竹被称为“果中皇后”，性寒凉，果肉含丰富的膳食纤维、糖类、维生素及镁、钙、磷、钾等。中医认为山竹有清热降火、减肥润肤的功效。泰国人把山竹与榴莲称为“夫妻果”，吃多了榴莲上火时，再吃几个山竹就能缓解。

缤纷山竹水果船。准备木瓜、橙子、圣女果、山竹、火龙果和樱桃等；在火龙果横向1/3处切开，取火龙果的大半部分，用小勺沿着边缘，将果肉与皮小心分开，用小勺将果肉挖出；火龙果果肉、橙子切块，山竹剥开外皮分瓣，圣女果切片；将所有切好的果肉装进火龙果船即可。

宝宝每次吃圣女果、猕猴桃、菠萝的时候嘴边就会红一圈，过一两个小时会消退，也没有其他的症状。

这是轻度过敏反应，暂时先不要给宝宝再吃这些食物，过几个月再从少量开始加起。有的宝宝可能对这些食物不耐受，但是随着时间推移，免疫机制逐渐成熟，就有可能耐受了。

营养食谱：肉末木耳、冬瓜球肉丸、玉米拌油菜心

宝宝能够自己进食了，这对于他自己和大人都意义非凡。宝宝自己进食能使其精细动作能力得到锻炼，同时还能获得成就感；大人也能从喂食中解脱出来。

只要妈妈放心让宝宝自己拿勺子吃饭，现在宝宝就能自己吃完半碗饭了。

精选三例食谱

肉末木耳。选取肉末20克，水发木耳10克；木耳洗干净后切碎；锅内放油烧热后，下入木耳煸炒几下，然后倒入肉末，翻炒3分钟，熟后加盐调味即可。每100克黑木耳里含铁98毫克，比动物性食品中含铁量最高的猪肝高出约5倍，比绿叶蔬菜中含铁量最高的菠菜高出30倍，是理想的补血佳品。

冬瓜球肉丸。选取肉末20克，冬瓜100克，香菇2片。将冬瓜削皮剜成冬瓜球或直接切成小块；将香菇洗净，切成碎末后与肉末、盐、姜末拌匀成肉馅，揉成小肉丸；将冬瓜球和肉丸子码到盘子里，上锅蒸熟后，滴1滴生抽、1滴香油调味即可。冬瓜含大量糖类、多种维生素和矿物质，有化痰清火、利水消肿的作用。如果宝宝患暑热感冒，吃点冬瓜会有很好的解暑热作用。

玉米拌油菜心。选取玉米粒30克，油菜心20克。将玉米粒与油菜心洗净，放入滚水中煮熟，捞出沥干；将油菜心和玉米粒放入盘中，拌入香油和盐即可。玉米能够改善人体的新陈代谢，促进生长发育。玉米还能够预防大脑功能的退化，增强记忆力。

餐毕，收拾饭桌

如果宝宝不爱吃饭，要将饭菜拿走，不可以追着喂，以免养成边玩边吃的毛病。吃饭时宝宝自己有时不想吃，但看到大人吃饭时就嘴馋。应当让宝宝同大人一起用餐，允许他吃一些大人的食物，让他模仿大人，自己端碗拿勺子吃，同大人一起吃饭会增进食欲。成人进食结束后，就收拾饭桌。让宝宝明白自己要抓紧时间吃饭，如果自己吃不完，大人是不会迁就的。

家庭教养

教养的途径

宝宝经常会做出令妈妈恼火的事情，面对这种情况，妈妈的第一反应就是训斥。可训斥并不能解决问题，宝宝不见得能吸取教训，下一次不再犯。妈妈也会讲道理，但是现在和宝宝讲道理，宝宝是否能理解呢?

从宝宝的视角切入

妈妈担心宝宝被热水烫到，就禁止宝宝碰触热水杯。宝宝不见得能听妈妈的话，即便是听从妈妈的话，也不见得就能记住了。此时，就可以旁观宝宝承受错误行为的后果（前提是保证不出危险），之后就能记忆深刻。在宝宝由于自己的任性碰触了热水杯被烫到了之后，妈妈就可以开始讲道理了。告诉宝宝“水杯里盛的是热水”“热水烫手，看被烫到了吧”，在讲道理的同时，也不要忘记安慰宝宝，帮他吹吹疼痛部位。

有了这样的经历，妈妈以后再也无须为此费口舌了，宝宝会记忆犹新，主动远离热水。

观察大人的感受，理解道理

宝宝早已具备了察言观色的能力，对于妈妈表情的变化也会把握得很到位。妈妈表现出的高兴与愤怒他都了如指掌。

在宝宝不烦躁的时候，也会努力去琢磨妈妈表情的含义。他也能总结出自己某些行为能让妈妈不高兴，而某些行为会让妈妈高兴。宝宝也会尽量避免做让妈妈不高兴的事，而去做让妈妈高兴的事。

但宝宝终究是孩子，随心所欲的意识往往会占了上风，就把讨妈妈欢心这件事放到了一边。

潜移默化的教养

家长的行为在潜移默化中会极大地影响到宝宝，家长规范自己的行为要比单纯对宝宝说教更有意义。

妈妈想要宝宝能尊老爱幼，首先自己就要对老人，比如奶奶（姥姥）表现出足够的尊重，宝宝也会学着妈妈的样子尊敬老人。如果妈妈要求宝宝尊敬老人，自己却在老人面前表现得任性、孩子气，宝宝会得到一个矛盾的暗示，对于尚未具备基本判断能力的宝宝来说，这样的教养环境只会培养出一个混乱的、没有主见的宝宝。

不好，不行，不要

宝宝虽然会说的话不多，但是“不要”这两个字却早早就掌握了。这是专为与妈妈对抗而准备的“武器”。宝宝开始表现出他叛逆的特质，故意做一些被禁止的事。伴随着行为的反抗，情绪也爱走极端，有时会暴躁不安、乱发脾气。

能力渐长，独立性增强

宝宝开始不用依靠大人的力量就能自如到达自己想去的地方；并能用说话的方式表达自己的想法。宝宝逐渐成长为独立于父母的个体，有了属于自己的主见，拒绝别人提供的帮助，即使真的需要别人的帮助，也会表现出不屑一顾。

宝宝一旦露出了独立的苗头，有了自己的意愿，那么他的愿望很可能就和大人的不同。在大人眼里，宝宝的不同意见俨然是在与父母作对。但在宝宝内心，仍然需要父母的情感支持，需要父母的鼓励。反抗期的宝宝处于追求独立和乞求爱与帮助的矛盾中。

理解宝宝的善变

虽然妈妈也会刻意培养宝宝的独立性，但是需要面临很多问题。宝宝什么都想做，却不能都如愿。在表达能力有限的情况下，宝宝的内心实则充满了无奈。面对这样的实际情况，妈妈要对宝宝多一些理解与宽容，以自己成熟的心智呵护宝宝顺利度过这个阶段。

妈妈如何应对

让其独立。宝宝要求独立做某件事时，妈妈可以首先判断一下他能在多大程度上完成这件事，他可能会遇到什么问题。然后，在没有危险的前提下，放手让宝宝自己去做，同时做好各种准备，避免问题的出现或及时给予提醒、示范。

给予保护。当宝宝正准备做一件危险的事情，妈妈必须首先果断地制止他，然后用替代性活动满足宝宝的独立需要。

妈妈的专制态度会导致宝宝日后出现各种具有破坏性和攻击性的行为。

给支画笔，不要怕脏

宝宝1岁半就开始玩涂色和画画，现在多数妈妈已经为宝宝准备各种各样的画笔了。妈妈选择画笔的方法很简单：只要是能在市场上找到的，妈妈都会试着给宝宝买回来。不过，现阶段宝宝还不宜独立使用刷子、铅笔、剪刀等物品。

尝试各种画笔

与其他“终身伙伴”相比，画笔几乎是最早走入宝宝生活的学习用具。因为接触得太早，所以在使用过程中会有安全隐患，为此妈妈要特别留意。一般来说，目前可供宝宝使用的画笔有以下几种。

油画棒。油画棒质地细腻、色彩浓艳、画面效果好，还很容易着色，比较适合手部力量小的宝宝使用。但妈妈不要忽视油画棒中含有的可溶性重金属元素。在为宝宝选购时，妈妈要看清油画棒有无警示语、适用年龄段等标注。不能将油画棒的纸质外皮撕掉而直接作画，以免宝宝更多地接触铅等油画棒中的重金属。

水彩笔。水彩笔的优点是容易着色，宝宝画起来轻松。但是容易涂画得到处都是，增加了妈妈的清洗任务。

铅笔。铅笔有彩色铅笔与一般的铅笔两种。目前，宝宝使用铅笔有点早，铅笔杆儿细，宝宝不容易正确抓握，而且还存在铅笔尖伤人的安全隐患。如果宝宝开始使用铅笔了，就需要配备卷笔刀。

粉笔。粉笔适合在地上或黑板上涂画。缺点在粉笔末会粘在手上或迷了宝宝的眼睛。妈妈在选择粉笔时更应该关注粉笔的质量问题。

石笔。石笔也被称为无尘粉笔，在水泥地上或石头平面上，无须用力便能画出很清晰的线条。石笔的优点是不会弄脏宝宝的手，不会迷了宝宝的眼。

防脏策略

如果怕脏，就给宝宝穿一件罩衫，等宝宝“画”完画后再脱去，并给宝宝洗手和脸；要不厌其烦地和宝宝强调，哪些地方可以画，比如纸、本子，而哪些地方不可以画，如书、墙、沙发……宝宝摸过画笔后，一定要记得给宝宝洗手。

我给宝宝选择的画笔，以没有安全隐患为前提。但这么一来，可选的画笔种类就很少了

这个年龄段的宝宝玩画笔，要有家长的监督。既然家长在监督，就可以让宝宝使用他更喜欢的画笔。妈妈在选择画笔时，要留心包装上的标志是否齐全，有无产品名称、厂家地址、安全标志等。

妈妈要强，宝宝没主见

宝宝突然出现忽悲忽喜的奇怪行为，做什么事都没有主见，甚至连自己想吃什么都没有个准主意。排除了身体不舒服的原因，妈妈要从自己身上找找原因了。

约束多，失去自我

妈妈在家庭教育中的作用任何人无法替代。妈妈的言行对宝宝形成自己的思维和行为方式起着相当重要和直接的作用。很多母亲把培养子女当成了自我实现的途径，她们常把自己的价值转嫁到子女身上，把自己的意志无形地强加给宝宝，导致宝宝在各种各样的约束中失去自我。

在实际生活中，正确地引领宝宝健康成长是很多妈妈在育儿过程中很欠缺的一项技能。

过分苛求，事与愿违

严厉的妈妈都有一颗望子成龙、望女成凤的痴心，只是因为沉缅在对儿女前程不切实际的幻想中，她才会变成一个完美主义者。然而一味的要求、一味的打击会造成宝宝心理上的自卑。从根本上说，这是在慢慢毁掉宝宝的自信心。

妈妈要明白，宝宝的成长动力来自心理上不断做出的自我肯定，过分苛求造成年幼的宝宝失去安全感，心理压力会增大，会有被抛弃的恐慌。而宝宝渐渐长大后，意识到妈妈始终不会抛弃自己，向上的动力也会消失，这个时候宝宝就会变得没有上进心，任何批评都无法触动他，变得碌碌无为。

父亲要起作用

妈妈如果将宝宝的思考模式和行为方式都强行纳入了自己的价值体系，妈妈就是太强势了。针对宝宝的一些家庭决策，决策过程不应忽视爸爸的作用，只有双方积极地参与到家庭事务的管理，更多地关心子女的教育问题，夫妻双方共同商量，才可以避免一方的盲目，做出更理智的选择。

行为习惯

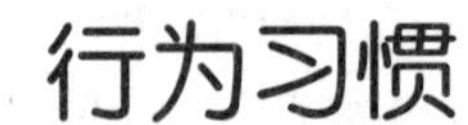

玩具，别人的才好

这个阶段，尽管自己的玩具可能更多，宝宝却无一例外地喜欢别人的玩具。宝宝的这个习惯很令妈妈头疼，不理会不行，但如果一味去满足他的要求，妈妈时时会陷入疲于应付的境况。实在拗不过也给他买一个相同的玩具吧，他又把自己的焦点转移到伙伴们的其他玩具上了。其实，应对这种情况也是有办法的。

学会支配自己的东西

自己的东西由自己支配。妈妈可以经常在家里与宝宝做互借玩具的游戏。先由父母做示范：每次都借出，双方都表现得很高兴；偶尔不同意借出，要解释自己也要玩，而对方要表现出理解和接纳的态度并放弃借的行为。接着和宝宝玩这个游戏时，通常宝宝会同意借出；如果不同意，多半是因为宝宝特别喜欢那个玩具。

懂得要征得别人的同意

妈妈在发现宝宝有要动别人玩具的迹象时，要及时告诉他拿别人的东西要征得别人的同意。妈妈需要根据自己宝宝借物能力发展的不同阶段来给予不同的帮助。对于不会说话或没有经验的宝宝，可以帮助他跟对方说出来，有经验的宝宝，妈妈可以在提示他以后让他自己去问对方。

交换或轮流分享

妈妈还可以教给宝宝一些具体的沟通技巧，掌握了这些技巧能使宝宝们之间的交往更轻松愉快。比如，可在出门时带一个很有吸引力的玩具，在需要交换时就能派上用场。一个好玩具能使交换更容易获得成功。妈妈还可以引导宝宝们建立一种轮流分享的规则。目前阶段，后者不易实现。随着宝宝慢慢长大，轮流分享会发挥越来越重要的作用。

积极应对偏食问题

宝宝对食物不挑不拣是一种理想状态，很多妈妈都为宝宝偏食犯愁。制作的食物宝宝不爱吃，宝宝爱吃的却不健康，需要禁止。宝宝有选择符合自己口味食物的权利，不喜欢就拒绝。面对偏食宝宝，妈妈应多想办法。

偶尔一两次偏食

偏食无疑会导致营养失衡，影响到宝宝的发育。因此，从宝宝刚开始吃饭，妈妈就有义务帮助宝宝养成良好的进食习惯。不要根据宝宝一两次拒绝某种食品就断定宝宝是偏食。宝宝拒绝某种食物可能有原因，比如可能是食物烫到宝宝了。如果能找到真正的原因并采取正确的对策，宝宝会再次接受这种食物。

相反，如果妈妈因为宝宝一两次表现出不爱吃就不再尝试，反而会助长宝宝的偏食习惯。

排斥新食物很正常

纠正偏食习惯时，目的不是让宝宝接受本来不爱吃的食物，而是要扭转宝宝对新食物的不接受状态。

宝宝本来对新食物充满好奇，但另一方面，对陌生的东西及其变化也会有排斥心理。对待新食物的本能态度就是拒绝。因此，断奶后开始，妈妈要勇于使用新材料，制作质感、口味不同的辅食是预防宝宝偏食的最好途径。

妈妈要让宝宝经常吃到保持原材料特点的食品，并通过不同的制作方法，不断丰富宝宝的口味。

情绪低落，影响进食

妈妈总是抱着要让宝宝多吃一点的想法，有时会适得其反，使宝宝对吃饭本身失去兴趣。

宝宝情绪好的时候，会去做平日里讨厌做的事情，这其中就包括吃平时不爱吃的食物。不要因为宝宝不爱吃东西就朝他发脾气。如果宝宝是因为害怕大人发脾气而强迫自己进食，饮食本身的乐趣也就没有了。

学会自言自语

虽然宝宝们的语言能力表现不尽相同，会说的词有多有少，多的有十几个，少的也就五六个，但这丝毫不妨碍他们自己嘟嘟囔囔地自言自语。

语言发育状况

这个阶段的宝宝正处于默默积累语言技能的过程中，部分宝宝能说出妈妈、爸爸、宝宝、奶奶、叔叔、汪汪、拜拜、抱抱、袜袜等词。整体来说，女宝宝要比男宝宝在语言发育方面更占优势。

部分语言发育较晚的男宝宝常常保持沉默，但这并不代表他们不会说，很有可能是比较谨慎的个性使他们不愿意冒险说出自己没有把握的词汇来。妈妈无须为此着急，可以适当引导，也可静观其变。

嘟嘟囔囔，自言自语

目前，肢体语言仍然是宝宝最重要的沟通手段，很多宝宝还会自创一套特殊的“术语”来表达自己的意思。他们往往更愿意使用这些叽叽咕咕的大人根本听不懂的自创语言来讲话。

如果宝宝正在独自玩耍，妈妈留意细听，会听到宝宝正在和玩具说话呢，说话内容不详。他这样咕咕嘀嘀地说话并不一定有什么含义，多数的时候就是自己和自己说话，和别人没有什么关系。

将迎来语言大爆炸时期

接下来的几个月里，宝宝会说的词汇不断增多，并且已经开始把两个字词并成一个小短句来说了。比如早上他会说“妈妈早”“穿袜袜”“爸爸拜拜”，晚上会说“妈妈晚安”“不要睡觉”等。

虽然语言表达能力不强，但是他已经能听懂大多数日常对话了。他已经能很轻易地完成妈妈交给他的任务。比如“帮妈妈把书递过来”“把拖鞋拿过来”等。至于鼻子、嘴巴在哪儿的问题，很轻易就能用手指指出来。

争宠是正常行为

宝宝对妈妈抱其他小宝宝的行为不认同，每次都强烈要求妈妈把那个宝宝放下来，再把自己抱在怀里才满意。这么小的宝宝也懂争宠，也有嫉妒心，妈妈真是无奈。

嫉妒心导致争宠行为

宝宝在1岁半左右开始表现出嫉妒情感，在3岁左右表现得更为显著。现在，宝宝的自我评价与认知水平和情感发展密切相连。自我评价系统尚未形成，需要依赖于成年人对自己或他人的评价来认识自己或他人。在听到对别人好的评价后，宝宝会不安、烦恼、痛苦，表现为愤怒、闷闷不乐，甚至会产生对抗，出现攻击行为。

争宠的表现

每个宝宝表现嫉妒的方式都不同，最常见的就是不能容忍自己最亲近的人去喜爱别的宝宝，一旦出现这种情况，宝宝很可能会去攻击别的宝宝；也有的宝宝会因此而出现行为倒退现象，为了将大人的注意力吸引过来，故意尿湿裤子，或者恢复奶瓶吃奶；对自己没有别人却拥有的物品，会因嫉妒去毁坏这个物品以求发泄。这种情况在能力较强且听惯了表扬的宝宝身上会尤其明显。

要正确疏导

不说三道四。给宝宝建立团结友爱、互相尊重、谦逊宽容的环境气氛，杜绝背后对他人的家庭或宝宝说三道四。

评价适当。对于宝宝的行为应褒贬适当，一味夸奖不好，经常贬斥也不对。在宝宝面前切忌用其他宝宝的长处来和自家宝宝的短处比较。用客观的眼光看待宝宝，重视宝宝身上的闪光点。

坦然面对竞争。教育宝宝正确对待竞争，同时告诉宝宝在竞争过程中都会有输赢，引导宝宝失败时找出与别人的差距，迎头赶上；赢时告诉宝宝要多学输者的长处，这样才能取得更大的成绩。父母以自己的实际表现来引导宝宝更能起到好作用。

宝宝和小伙伴在小区里广场上玩，奶奶来了，一直夸宝宝的伙伴衣服漂亮、干净。宝宝不高兴了，看着我嚎啕大哭。

1周岁以后，宝宝最初表现出的嫉妒就是不能容忍自己最亲近的人去喜爱别的宝宝，这种情况一旦出现，宝宝的情绪会发生急剧的变化，表现出强烈的不满、哭闹甚至攻击别的宝宝。

早期教育

儿歌好素材

多给宝宝念儿歌，不仅可以促进语言能力的发展，也可以使亲子时光更有趣。以下是几首不错的儿歌供妈妈参考。

数鸭子

门前大桥下，游过一群鸭，

快来快来数一数，二四六七八。

门前大桥下，游过一群鸭，

快来快来数一数，二四六七八。

嘎嘎嘎嘎真呀真多呀，

数不清到底多少鸭，

数不清到底多少鸭。

赶鸭老爷爷，胡子白花花，

唱呀唱着家乡戏，还会说笑话。

小孩小孩快快上学校，

别考个鸭蛋抱回家。

门前大桥下，游过一群鸭，

快来快来数一数，二四六七八。

小螺号

小螺号，嘀嘀嘀吹，

海鸥听了展翅飞。

小螺号，嘀嘀嘀吹，

浪花听了笑微微。

小螺号，嘀嘀嘀吹，

声声唤船归啰。

小螺号，嘀嘀嘀吹，

阿爸听了快快回啰。

茫茫的海洋，蓝蓝的海水，

吹起了小螺号，心里美吔。

小星星

一闪一闪亮晶晶，神奇可爱的小星星。

高高挂在天空中，好象宝石放光明。

一闪一闪亮晶晶，神奇可爱的小星星。

当那太阳落下山，大地披上黑色夜影。

天上升起小星星，光辉照耀到天明。

一闪一闪亮晶晶，神奇可爱的小星星。

小花狗

一只小花狗，蹲在大门口。

两眼黑黝黝，想吃肉骨头。

小松鼠

一二三四五，上山打老虎，

老虎找不着，找到小松鼠。

松鼠有几个，让我数一数，

数来又数去，一二三四五。

背诵儿歌，从押韵字开始

从宝宝很小的时候起，妈妈就经常给宝宝唱或念儿歌或童谣了。现在，要教宝宝把儿歌念出来。虽然宝宝还念不出来，但他已将妈妈经常念给他的儿歌熟记于心，可能某一天就一字不落地背诵出来了。

一段时间一首儿歌

妈妈可以在一段时间内，一有空就启发宝宝将儿歌中妈妈没有念出来的词念出来。比如《小白兔》，妈妈可以按一定的节奏边拍手边点头边念：小白兔，白又白，两只耳朵竖起来，三瓣瓣嘴，四条腿，爱吃萝卜和青菜，蹦蹦跳跳真可爱。

经常听妈妈念这首儿歌的宝宝此时也会用心听，并会跟着节奏点头。逐渐地妈妈可以在儿歌的押韵部分停下来等着宝宝反应。宝宝等不到妈妈念出来，自己憋不住就会补充了。宝宝首次说出那个词时，妈妈要表现得很兴奋，并要夸奖宝宝。用这种方法教宝宝学这首儿歌的押韵词，每句的最后一词留空儿让他补上。

如果宝宝没有反应，妈妈可以提示，引导宝宝跟着一起念出来。可以几个宝宝一起玩这个游戏，集体学习的效果强过自己在家里学习。

宝宝对这首儿歌很熟悉了以后，就可以再换一首儿歌了。

一般来说，很有韵味的古诗词是缺词填空训练的好素材，容易记，也是培养宝宝文化底蕴的好时机。

缺词填空好素材

小白（兔），白又（白），两只耳朵竖起（来），三瓣瓣（嘴），四条（腿），爱吃萝卜和青（菜），蹦蹦跳跳真可（爱）。《小白兔》

锄禾日当（午），汗滴禾下（土），谁知盘中（餐），粒粒皆辛（苦）。《锄禾日当午》

江南可采（莲）。莲叶何田（田），鱼戏莲叶（间）。鱼戏莲叶（东），鱼戏莲叶（西），鱼戏莲叶（南），鱼戏莲叶（北）。《江南》

我很用心教宝宝背儿歌，但宝宝学的很慢。看着同龄宝宝已经能很轻松地将整首儿歌顺下来了，宝宝还处在听儿歌的状态，不免心急。

每个宝宝的语言发育速度不同，妈妈不必为宝宝没学会儿歌着急。语言能力强的宝宝可以增加难度，让宝宝隔一句背一句；语言能力弱的就维持现在的难度。妈妈要把这个过程当成是母子之间的游戏，不要太功利。

参与家务活

家务活琐碎，做到有条有理却不易。想要将家里打理得井井有条，需要合理的规划与良好的生活习惯相结合。规划不合理，会使妈妈总处在忙碌的状态；没有好的生活习惯，也会使生活陷入一团糟的境况。从现在开始训练宝宝做家务，等于对宝宝进行规划与生活习惯的训练，这将会影响到宝宝的一生。

目前宝宝能干啥

现在，宝宝能够帮忙做的家务有以下几项：为自己拿尿布，把用完的尿布扔到垃圾桶，从地上拣起小东西，关上柜橱的门锁，取报纸。

让宝宝做家务，妈妈不要贪多，只要宝宝能把一项简单任务完成得很好，妈妈就该高兴。实际上，这个阶段的宝宝很愿意干家务，如果妈妈能调动起宝宝主观的愿望，宝宝可以干得很好。

混乱是必经的过程

宝宝很喜欢帮助大人擦桌子、扫地，刚开始时动作只是模仿，不懂得怎样做好，所以常把大人扫好的垃圾堆扬开，以至于有些大人干脆禁止宝宝参与做家务活了。这样做会在宝宝愿意干家务时挫伤其积极性，使许多独生子女长大后不愿意也不会做家务。

因此，在宝宝1岁半前后要耐心指导，擦桌子可从外周擦到中央，将脏东西收集起来扔到簸箕内。扫地也应从边角扫起，把脏东西集中到地面中央，用簸箕收集起来倒掉。

宝宝会按大人的指导练习，初学时总会有疏漏或越干越乱，渐渐会越学越好。

必要的规划

1. 给宝宝准备小椅子、小海绵和抹布、小水盆。

2. 把衣服的图片贴在存放这些衣服的抽屉上。

3. 卧室中准备放脏衣服的篮子。

4. 鞋柜里专为宝宝留一层放宝宝的鞋，柜体相应的位置贴上鞋的图片。

5. 卫生间内在宝宝轻易就能够到的墙面挂几个粘钩，用来挂宝宝的浴巾、毛巾。

6. 用开口较大的箱子装玩具，并在箱外贴上所装玩具（球、积木、汽车等）的图片。

督促宝宝收好玩具

现在，妈妈可能会因为宝宝把玩具丢得到处都是而开始责备宝宝，要求宝宝把玩具收起来了。宝宝有乱丢玩具的习惯，很大程度上与妈妈的生活习惯有关。宝宝甚至会故意把玩具扔到地上，任凭妈妈怎么引导都不把玩具拾起来。

乱丢玩具的原因

1. 妈妈收拾得太勤了，宝宝就养成了等妈妈替他收拾的习惯。

2. 急于进入下一项活动，没有耐心把玩具收拾好。

3. 不收拾妈妈也不说，也就懒得动了。

4. 收拾得不利索。比如搭积木，再装回到原来的盒子里就不容易，所以不愿意收拾。

5. 因为收拾得不到位而挨骂，几次以后，索性不收拾了。

必要的规划

妈妈首先要为宝宝准备几只大纸盒或木盒子，还要给宝宝一个高矮合适、开合方便的抽屉，也可将成人的书架腾出一格或一角让他放玩具和图书。

为宝宝做好规划是必要的，只有规划到位才能更好地引导宝宝收拾自己的玩具。

要施加影响

最初以妈妈收拾为主，请宝宝帮助递拿，妈妈要对宝宝讲："小狗、娃娃、小汽车玩累了，要回家休息了。"坚持下去，逐渐就在宝宝头脑中形成了玩玩具要收拾的秩序感。宝宝一旦形成了这样的秩序感，甚至当妈妈自己乱扔物品时也会遭到宝宝的抗议。

妈妈慢慢地可以在收拾玩具的时候退出，将参与者的身份转变为提示者，提示宝宝把玩具放到指定的地方，适当帮助宝宝放整齐，一直到宝宝会自己收起并放好玩具。

小习惯受益终生

妈妈的要求和宝宝的练习坚持下去，宝宝不仅能养成收拾玩具、图书的好习惯，逐渐还会收拾好自己使用过的其他东西。上学以后就是收拾自己的学习用品，长大以后就是规划自己的人生。

妈妈能在日常生活中从点滴小事开始培养宝宝自己的事自己做，以及生活有序、做事有条理的好习惯，这将会使宝宝终生受益。

教宝宝认路

对于城市里的宝宝来说，虽然天地广阔，却是出行不易、自由不足。相对而言，生活在乡间的宝宝能享受到更多自由，在不知不觉中掌握很多生活技能。城市中的妈妈应刻意培养宝宝，要勤带着宝宝去各种场所，以便让宝宝能够尽早参与到日常生活所涉及的方方面面。

路上，给予必要的提示

每次带宝宝上街时都要让他学认街上的商店、邮筒、大的广告画和建筑物等标志。在回家的路上再让宝宝指认刚才记住的路标。

多带宝宝外出，可以使宝宝更好地认路。可以在一段时间内经常去一个地方，等宝宝比较熟悉之后，再换一个。这样的地方可以是购物场所、公园或游乐场。妈妈要提示宝宝记住这些地方的标志，比如超市隔壁有一个网吧，公园门口有一对石狮子，游乐场有一个尖尖的屋顶等。

经过一段时间的练习之后，以后回家时，在保证安全的前提下就可以让宝宝在前面带路了。

处处可带路

宝宝最先认识的是回家的路，他往往能认得楼道门口的垃圾桶，门口的树木或石头等标志。住高楼的宝宝还会正确地按电梯。

在宝宝能很好地找到回家的路以后，训练应逐渐扩大范围。妈妈可以在保证安全的前提下让宝宝在前面带路，他能从经常去的菜市场或常去的公园等地方认路回家。宝宝自己提取的标志信息，记忆得更加深刻。开车或乘坐自行车去，宝宝就不容易认路回家。

经常让宝宝认路，对宝宝是很好的场面记忆和方位推理的综合练习。

手指点着字念书

现在，宝宝的阅读进入有情节的故事书阶段了。在妈妈给宝宝念书时，他会很认真地听、用心记。妈妈给宝宝讲故事时，往往会不自觉地指字朗读，使宝宝养成指字听念书的习惯。宝宝还做不到一个字一个音地点读。

反复听一个故事

宝宝喜欢反复听一个故事，直到自己能完全背诵为止。1岁半以后，当宝宝学会背诵时，他会指着字完完整整地从头到尾把故事背诵出来。虽然他不认识字，但他能凭记忆背诵，逐个字地指点，好像认识一样。这说明宝宝具有整体记忆的能力，有了这种能力再让他认个别关键字就容易多了。这时宝宝用书的情节要相对有趣，首选字少图多、绘制精美的绘本书。

几种不同的表现

要求反复念。甚至从更早时开始，有的宝宝就开始喜欢妈妈给指着念书了。一遍一遍地要求妈妈给念，听多少次都不够。一本书每天会被要求念至少5次以上。以后甚至是每天要求念很多本，且每本都要念好多遍。一轮念完再来一轮。

坐不住。也有好动的宝宝不喜欢听妈妈念故事书，在妈妈念时注意力却在其他地方，很难坐定。妈妈要接受宝宝这样的状态。这个年龄段的宝宝已经在开始形成多样的个性及不同的爱好。重要的是不要违背宝宝的天性。但无疑，喜欢阅读的宝宝早慧，能从书中明白很多道理，掌握很多技能。

重在坚持

1. 对于读书，一开始宝宝可能会不理不睬的，只要坚持下去，慢慢就能培养起兴趣了。

2. 宝宝需要时间接受新书。

3. 如果打算给宝宝念英文书，建议早期就中英文一起念。

我在给宝宝念书时，先是直接念。后来发现，只要我用手指指着字念，宝宝的眼神会跟着我的手指移动，于是就开始用手指指着念。

当大人提问时，没有养成指字听念书习惯的宝宝往往会指图回答；学会指字听念书的宝宝就能指字回答。指字念书有助于宝宝识字。

开始接触拼图

玩拼图可以培养宝宝的观察能力、记忆力及耐力，是很好的益智玩具。宝宝刚开始接触拼图时，很难琢磨出拼图的玩法，妈妈要将拼图在宝宝面前反复拆开拼好，宝宝逐渐就能明白了。

拼图挑选要看年龄

现阶段，为宝宝选择拼图时，要注意挑选拼块大、块数少，质地较厚实的拼图，图案最好是宝宝喜欢的小动物、童话故事人物或熟悉的交通工具等。

2周岁之前。一套拼图的块数以不超过6块为宜，拼图色系不宜太多，这样的拼图相对容易拼组。可拼装的立体玩具也可以选择。这个阶段玩拼图还能训练宝宝手部小肌肉的运动与发展。

2～3周岁。可以适当增加难度，试着让宝宝拼装6块以上的拼图。妈妈要注意提示拼图时的切入点，也就是拼图的技巧。宝宝自己也会总结规律，宝宝掌握的技巧甚至比妈妈总结的还要有用。

适宜的引导

宝宝刚开始玩拼图时，很容易因为耐心不足而放弃。有的宝宝很长时间也没办法把两块拼图组装起来，会大发脾气。妈妈在一旁做他的玩伴，要及时提醒他观察图案特征，把图块转到合适的角度，使他容易发现图块之间的关联，或者悄悄把正确的图块递到宝宝手中，鼓励他大胆动手，争取成功。

妈妈一定不能急躁，要耐心对待宝宝在拼图中出现的差错，鼓励他树立自信心。如果宝宝一时拼不成完整的拼图也没有关系，妈妈可以协助他完成余下部分，一方面让宝宝享受到成功的乐趣，另一方面教育宝宝做事要有始有终，不可半途而废。

这样做宝宝才会感到拼图游戏很好玩，下次还会高高兴兴地主动要求玩拼图，逐步提高玩的水平。

我为了让宝宝始终有新鲜感，一次会买好几种拼图。宝宝玩时往往将所有的拼图都混在一起，这无形中增加了难度。

妈妈要引导宝宝管理好自己的拼图，不同的拼图要分开放置，一次只能拿出一套拼图，不玩了就要及时收起来。

宝宝会跑了

现在，宝宝的平衡及运动能力发育更进一步，他要求更快的速度，以更快到达自己要去的地方。跑步阶段就这样自然地到来了。跑步的难点在停下来时要先减速，这样才能使身体自然停下，避免摔跤。

以稳住身体为前提

要宝宝学会自由跑步，首先要把握身体在快速行进过程中的平衡。

宝宝在刚刚学会自由行走时，以踉跄着向前冲的跑步姿势保持身体的平衡，那时的跑步算不上真正的跑步。现在，宝宝可以按照自己的意愿自如控制身体的行进速度了。开始时他还跑不稳，不会自动停下来，一般到2周岁时，宝宝就可以连续平稳地跑5～6米了。

刚开始跑步时，宝宝的动作比较僵硬，速度也比较慢，待宝宝经过不断地练习，跑起来就会慢慢变得稳当，上下肢协调，速度也逐渐加快。

分步骤练跑

牵手一起跑。妈妈、宝宝面对面，妈妈牵着宝宝的两只手向后慢慢退跑；逐渐过渡到只牵着宝宝一只手退着跑；最后从侧面牵着宝宝一只手，一起追皮球。妈妈注意引导宝宝自己掌握平衡。

放手自己跑。宝宝向前跑时，妈妈在他前方半米远退着慢跑，以防他头重脚轻前倾时摔倒。

自动停稳跑。在宝宝跑时，妈妈喊口令“一、二、三、停”，让宝宝跟着口令渐渐将身体伸直、步子放慢，平稳地停下来。

学跑注意事项

1. 不要限制宝宝跑步。

2. 合脚舒适的鞋很重要，练跑的场地要柔软。

3. 有着自然坡度的路段及草地也是练跑的好环境。

4. 宝宝练习跑时，要注意脚下防滑，消除周围尖锐物。

5. 冷天着装要适宜，以免影响到宝宝的活动。

6. 用玩具作引导，可以使跑步变得更有趣味性。

开始学跳

宝宝的跳跃练习从半岁时就开始了，那时只是双腿配合身体上下有节奏地跳，膝部会弯曲。现在，宝宝的大动作发育即将进入下一个阶段，那就是跳跃。妈妈可以用玩“青蛙跳跳”等游戏来鼓励宝宝练习双脚跳起。一般来说，宝宝需要到2周岁左右才能真正自由跳跃。

巧设场景学跳

妈妈带宝宝到一段台阶前，走到最下面一级台阶时，妈妈双手拉着宝宝，喊口令“1，2，3，跳”。现在，宝宝能够做出跳跃的姿势就很好了，多数宝宝还是延续了快速走下台阶的状态。需要一段时间的训练宝宝才能掌握单脚起跳。

妈妈要用心设定一些场景，以增加宝宝跳跃的兴趣。爸爸妈妈各拉宝宝的一只手，喊“1，2，3，跳”时，宝宝会用力向前跳；还可以在地上用石笔画一条线，当做是河流，妈妈单手拉着宝宝使其跃过；平时走在路上，遇有细小的水沟或者积水的路面，都可以让宝宝跃起跨过。

试着玩玩球池

一般的室内游乐场里都有彩色球池，五颜六色的轻塑料彩球装满了球池，宝宝跳进球池以后，身体的一部分会被彩球埋住。这是所有小宝宝都喜欢的活动。刚开始宝宝需要妈妈的鼓励才敢跳进去玩。

有大一点的宝宝也在球池里玩时，宝宝可能会被砸到，可以选择球池里人比较少的时候去玩。宝宝的跳跃能力在球池里会得到很大提高。

协助跳跃的儿歌

教宝念儿歌《一只青蛙四条腿》。“一只青蛙四条腿，两只眼睛，一张嘴，扑通一声跳下水；两只青蛙八条腿，四只眼睛，两张嘴，扑通、扑通两声跳下水。……”妈妈引导宝宝在听到扑通时跳跃。

让玩具当宝宝的听众

宝宝说话用词常能逗得家人开怀大笑，语言能力也进入突飞猛进的阶段。此时，恰当的“听众”可以启发宝宝利用已经掌握了的语言，玩具就可以起到这样的作用。在与伙伴语言交流很少的3岁之前，玩具常常扮演宝宝好朋友的角色。父母要巧妙地利用玩具来引导宝宝练习说话。

巧用玩具发展语言

玩耍是促进宝宝语言发育的最好途径，玩具在玩耍过程中扮演了相当重要的角色。玩具可以为宝宝自由表达创造适宜的语言环境。

生活类玩具。生活类玩具包括毛绒玩具、各种交通工具等。日常真实的生活用品，例如奶瓶、水杯、勺子、枕头、床、电话、沙发等，都可以成为情景游戏中的好道具。

妈妈的恰当参与可以使这样的游戏更加妙趣横生。宝宝会模仿妈妈在生活中照顾自己的情景，照顾自己的布娃娃，这个过程中不可避免地会产生语言的沟通机会。

益智玩具。各种块状或片状的积木、拼插玩具，可以进行各种构造游戏。如用积木搭建房屋、公园，用积塑片插接玩具、车辆等。在构造活动中，妈妈可以有意识地引导宝宝讲话。比如，在搭了长条形积木造型后，妈妈问宝宝：“这搭的是火车吗？”妈妈还可以在构建之前同宝宝商量构思，启发宝宝表达自己的想法。

充分沟通，一起制作玩具

妈妈可以寻找一些母子能够共同参与的活动，来引导宝宝更好地使用语言。使用废旧物品来制作玩具就比较合适，比如，妈妈可以和宝宝一起给布娃娃制作服装。宝宝要和妈妈一起把家里的废弃衣物捡出来，然后把可用的部分裁剪成需要的形状，再用针与线缝制成布娃娃的服装，最后由宝宝给布娃娃穿上。这整个过程中，每个环节都需要妈妈与宝宝进行充分的沟通。

妈妈还可以在生活中寻找母子能够共同参与的其他活动，除了锻炼语言技能，还有助于调动宝宝的积极性，同时也使亲子时间过得更有意义。

疾病与异常情况处理

眨眼有问题

宝宝有时会在一段时间内频繁眨眼，如果没有去过新环境或接触过新物品，妈妈容易认为是宝宝的坏习惯或精神因素所致，劝阻不住时，就会忍不住斥责宝宝。这个因素确实存在。但宝宝频繁眨眼最常见的原因是眼睛受细菌、病毒、衣原体等感染，一旦发现应及早带其就医。

多由感染导致

眼睛受细菌、病毒、衣原体等致病菌感染，出现结膜炎、沙眼、角膜炎等，特别是滤泡性结膜炎，是临床上导致宝宝频繁眨眼的常见原因之一。这种眼病仅从眼结膜看不出充血症状，眼屎也不增多，不易发现异常，但如果翻开上眼睑或下眼睑，便可观察到充血，还伴有像荔枝外壳状的细小颗粒。

患有以上眼病的宝宝除了会频频眨眼之外，还可能伴有眼睛红痒、分泌物增多、易流泪等表现。

探明病因，及早根除

西医疗法。针对不同的病原体，可选择抗菌、抗病毒眼药水，如氧氟沙星、无环鸟苷、鱼腥草、熊胆眼药水等；症状严重者，还需考虑全身用药治疗。一旦发现宝宝频繁眨眼，应及早就医。

中医疗法。中医认为眨眼多因脾虚肝旺，常与饮食不节、偏食有关。因此强调要矫正不良饮食习惯，避免过食生冷、油腻、辛热的食物，也不要喝过多含糖的饮料。治疗可配合局部按摩、热敷和做眼保健操。可按摩睛明（眼内眦角上一分处）、攒竹（眶上切迹处）、四白（眼眶下缘正中直下一横指处），每日1～2次。

不同年龄段，原因不同

2～3岁的宝宝易出现眼睑内翻和倒睫现象。睫毛内生刺激到眼睛引起不适而眨眼、流泪。随着宝宝的发育成长，眼睑内翻多可自愈。但如果症状严重，则需及时手术矫正。

也有因精神因素导致宝宝频频眨眼的情况，儿童多动综合征就是原因之一，多见于5～9岁儿童。宝宝还会伴有皱额、歪嘴、耸肩、注意力不集中和多动，这种情况需到精神科及早排查和诊治。

处在视力发育期的宝宝有的还存在远视、近视、散光未矫正，如果每天玩电脑、看电视，会加重视力疲劳，此时宝宝就会频繁眨眼。妈妈应督促宝宝少看电视、电脑。

磕碰伤的紧急处理

宝宝大多活泼好动，磕磕碰碰几乎是免不了的。为了应对突发情况，妈妈应该学习必要的应急处理方法和护理知识。

先观察伤情，不要轻易碰触

如果摔到四肢，应先让宝宝活动一下，观察有无骨折发生。发生骨折后宝宝的肢体根本不能活动，如果只是感觉疼但不影响活动，则可能是软组织挫伤。

尽量不要按揉受伤部位，以免加重血肿。受伤10分钟后用冷毛巾敷可使血管收缩，减轻皮下出血。几天以后瘀血就会被组织吸收而消退。

如何正确处理伤口

清洗。用流水将伤口冲洗干净。

消毒。用棉签蘸75%的医用酒精对伤口周围擦拭消毒，伤口用碘酒消毒。

包扎。较浅的伤口无须包扎，直接暴露在空气中更容易愈合；较深的伤口要用无菌纱布包扎，注意不可扎得过紧，以免影响局部血液循环。

如果伤情比较严重，要及时送去医院治疗，以免延误病情。

头部伤情，重点应对

宝宝摔倒以后，头部磕伤的情况比较普遍，一旦宝宝的头部摔伤，应观察以下几点。

是否出血。当头皮有裂伤时，因头皮组织血运丰富，出血较多，不宜马上止血。应用前述消毒方法消毒，再以清洁纱布覆盖伤口即可止血。如果出血多，要及时送医院处理。

头皮血肿。损伤部位可以摸到枣或栗子大小的肿物，而且有波动感，那就是皮下有血肿了。可以先用冰块或冰袋冷敷，然后热敷，很快就能消肿。

颅骨骨折。当头部碰到桌角或其他突起物时，可能会出现颅骨凹陷骨折，这种情况以手触摸就能判断。要及时送医院救治，以免延误病情。

需送医院救治的情况

宝宝摔倒后，如果发生以下任何一种情况，说明摔伤严重，要及早送医院救治。

1. 意识改变，伤后总想睡觉，叫醒后又马上入睡。
2. 频繁呕吐，特别是有喷射样呕吐。
3. 烦躁、精神差，伴有眼角、口角的小抽动或肢体的抽动。
4. 从外耳道及鼻孔处流出鲜血或清水样物质。

1岁6个月发育监测

生长

你的宝宝	男宝宝参考值	女宝宝参考值
18月末时体重	8.8～13.7千克	8.1～13.2千克
18月末时身高	76.9～87.7厘米	74.9～86.5厘米
18月末时头围	(48.1±1.3) 厘米	(46.5±1.2) 厘米

发育监测

监测项目	发育状况
大动作发育	进入1岁半以后，大多数宝宝已经能够下蹲、行走自如了。有的宝宝还可能会眼睛盯着地面，动作不很协调地往前“冲”着跑几步。或许你的宝宝早在1岁时就开始尝试着向后退着走了，但大多数宝宝要到了这个月龄，才能掌握向后退着走的技巧
精细动作发育	宝宝学会了自己脱衣服，但还不能很好地穿衣服，还不能自己拉上衣服上的拉链，会使用粘贴式的鞋带，但可能会粘得歪七扭八。借助工具取够不到的东西，这不但是宝宝运动能力的进步，也是宝宝协调能力的进步。从某种角度讲，也表现了宝宝分析、解决问题的能力
感知觉发育	宝宝开始向着执拗期迈进，自我意识和思考的独立性增强了。内心的需求超过了与人沟通和解释自己行为的能力，这会使宝宝感觉沮丧 有了很好的分辨能力与模仿能力。宝宝能够集中注意力观看动画片或书本上的图画，并能够记住动画片中的部分内容。对故事情节有了初步理解能力，情绪也会随着故事的发展而波动
语言与交流	开始使用语言和周围人打招呼。宝宝的词汇量猛增，此后半年是词汇量爆炸期。宝宝说出的语言具备了完整句子的部分语言成分。宝宝都喜欢用“不”来表明他的态度，以表现出他的独立性 没有分享的概念，他始终相信自己是这个世界的中心，应该得到所有的关注。当别的小朋友对他的玩具感兴趣，宝宝马上就会把玩具拿开，甚至会做出有攻击性的动作

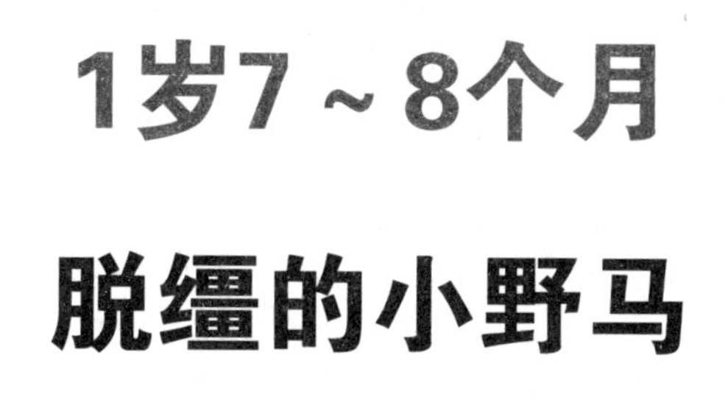

1岁7～8个月

脱缰的小野马

生活&饮食&护理

控制接触电子产品

生活中的电子产品越来越多，比如电脑、电视、iPad、手机等，爸爸妈妈每天会把大部分休闲时间放在这些电子产品上。在这样的环境下，宝宝不可避免地会受到影响。甚至会有妈妈将电子产品用于宝宝的早教。宝宝很容易对这些产品上瘾，上瘾以后再去控制就很难了。

玩iPad，弊大于利

优点。iPad作为一种电子产品，画面色彩艳丽，操作简单，很容易引起宝宝的兴趣。使用iPad有助于锻炼宝宝手指动作的精细度，还可以培养宝宝的好奇心与专注力。

缺点。会影响视力与发育。数码产品都有一定的辐射，会损害宝宝体内的细胞。尤其是在宝宝玩的时候，iPad会接近脑部，容易造成脑神经细胞损伤；3岁之内的宝宝视力发育尚不成熟，容易导致视力异常；iPad都是平面图像，过多依赖会削弱宝宝对立体空间的认知。此外，iPad也无法提供触觉、味觉和嗅觉体验。

有控制地接触

完全不让宝宝接触电子产品是不现实的，宝宝迟早需要用到，这也是未来需要掌握的一项技能。

有规律地玩。目前，妈妈可以将每次玩的时间控制在15分钟之内，一天不超过30分钟。妈妈可以把这项活动作为每日活动的一部分，融入到宝宝的作息秩序中。每次玩的时间够了就开始下一项活动，这样可以避免宝宝哭闹的情况。

注意保护视力。在玩手机和iPad等比较小的电子产品时，最好将它们架起来，垂直放置，让眼睛平视，避免颈椎受累；更不要让宝宝蜷在沙发上玩。选择游戏时多挑一些寓教于乐的益智游戏。

粗粮怎么吃

妈妈很重视给宝宝添加粗粮的问题。对于宝宝是否应该食用粗粮，现在有两种截然相反的观念：一种认为粗粮蛋白质品质较差，难以消化，宝宝不宜食用；另一种观点认为宝宝吃的好东西太多了，需要适量进食粗粮，以促进胃肠的蠕动，帮助消化。

吃粗粮有益

如果宝宝在日常生活中的饮食结构过于精细，也可能造成某种或多种营养物质的缺乏，引起一些疾病。

给宝宝适量进食粗纤维食物，可以促进咀嚼肌的发育，有利于宝宝牙齿和下颌的发育；促进肠胃蠕动，增强胃肠道消化功能，防止便秘。

妈妈注意在给宝宝制作含粗纤维多的饮食时，要做得细、软、烂，以便于宝宝咀嚼、吸收。

可以适量添加

与奶类、肉类、蔬菜、水果相比，粗粮的营养成分相对欠缺，满足不了宝宝的成长发育所需。鱼、肉、奶、蛋中含有丰富的蛋白质；肉类中富含脂肪；细粮中含有丰富的碳水化合物。以上三类营养素都是儿童成长所必需的。粗粮中所含的营养素在宝宝的饮食结构中不足以担起重任。

但是，作为饮食结构的必要补充，粗粮也是需要的。

怎么添加粗粮

可以先从质地较细的品种开始，如小米、细玉米面、大豆面等；可搭配细粮一起吃，并避免大量或频繁地食用。妈妈可以在加工方法上用点心思，例如八宝粥、杂粮饭、杂粮小馒头、小窝头、带馅的菜团子等。还可以在杂粮粥中加入其他食材，比如甘薯、南瓜、大枣、莲子、百合、水果等，既能增加营养又能丰富口味和颜色，宝宝会更加喜欢。

宝宝的消化系统还很脆弱，我偶尔会给他喝点杂粮粥。

现阶段，要吃膳食纤维少的粗粮，如小米、细玉米面等。随着宝宝长大，消化功能慢慢强大，可食膳食纤维的粗粮也越多。要将细粮和粗粮一起吃，能起到营养互补的作用；吃肉多、肥胖、便秘的宝宝宜加粗粮，而瘦弱、营养不良的宝宝不适宜经常吃粗粮。

饮食不合理，宝宝会变笨

作为宝宝饮食的主要责任人，妈妈肩负着给宝宝建立合理的饮食结构及培养良好饮食习惯的重任。好的饮食结构与饮食习惯对培养一个健康又聪明的宝宝至关重要；不合理的饮食结构与饮食习惯不仅会对健康造成负面影响，还会影响到宝宝的智力发育。

并非吃得越多越好

大多数妈妈对于宝宝吃得多持肯定态度，认为宝宝吃得越多越健康，也会越聪明。实际上，过饱会使大量的血液留存在胃肠道，造成大脑相对缺血、缺氧，久而久之就会影响脑发育。此外，过饱还容易使血管壁增厚，导致血管腔变小，对大脑的供血减少，加剧大脑缺血、缺氧。脑细胞经常缺血缺氧容易使脑组织逐渐退化，经常处在这样的状态，会影响到宝宝的智力。

豆腐宜搭配肉、蛋吃

豆腐含优质植物蛋白，却不含胆固醇，口感嫩软，非常适合给宝宝吃。但宝宝进食豆腐并非越多越好，过量食用会促使身体排泄铁和碘，引起缺铁、缺碘，继而会影响到宝宝的智力发育。

豆腐缺少一种必需氨基酸，单独吃时蛋白质利用率低，搭配一些蛋类、肉类才能使人体充分吸收利用其中的蛋白质。

肉、蛋不宜吃太多

宝贝发育特别快，而各种肉、蛋类食物富含优质蛋白，是快速生长发育时身体必需的营养。但如果妈妈一味地给宝宝吃这类食物，对宝宝的身体也会有坏影响。

肉、蛋属于酸性食物，过多食入可使血液呈酸性，形成酸性体质。酸性体质除了导致抵抗力下降、经常感冒、皮肤易感染外，脑和神经功能也会受到影响。酸性体质的宝宝的临床表现为爱哭闹、易烦躁、记忆力和思维能力较差，严重时可导致孤独症等。所以，饮食安排需将酸性和碱性类食物（蔬菜、水果等）合理搭配，使血液酸碱度保持平衡，避免影响宝宝的发育。

糖果宜少吃

适量的糖对宝宝的身体发育有积极的作用，过量则会使宝宝发胖。而且，经常吃糖也容易使宝宝患龋齿。没几个宝宝能抵制住糖的诱惑，他一旦尝到了糖的甜头，就会不厌其烦地向妈妈要。所以，现在尽量不让宝宝接触糖。

多食糖果不好

低营养。糖果类零食是纯热量食品，在营养学上称为“空能量”食物。孩子过多吃糖会影响正常的食欲，导致蛋白质等其他营养物质摄入不足，从而出现营养不良，影响生长发育。

对牙齿不好。甜食是造成龋齿的原因之一；黏性的糖果很容易形成许多难刷的牙垢，容易演变成蛀牙。

破坏饮食习惯。大量吃糖会导致宝宝进餐时间紊乱。这是因为糖分吸收快、产能快，代谢也快，会影响到宝宝进食正餐，不利于建立良好的饮食习惯。

引起肥胖。糖在体内吸收速度快，很容易转化为脂肪贮存起来。如果吃糖过多又不愿意运动，宝宝容易变成小胖墩。

甜食综合征。蔗糖在体内会转化为葡萄糖，葡萄糖分解时需要含有维生素B_1的酶来参与。长期过量吃糖，机体会消耗大量的维生素B_1，这种物质的缺乏会使葡萄糖氧化不全，从而产生乳酸等中间产物。这类中间产物过多会影响到中枢神经系统的活动，使孩子表现出情绪及注意力问题。

控制得当，吃得明白

控制摄入量。适当减少饼干、糖的摄入量。尽量减少吃糖次数，在两餐之间不吃或少吃糖果零食，尤其在睡前刷牙之后，不能再吃糖果糕点。

时机适宜。最好选在午餐和晚餐之间，作为加餐吃；有些饿了不妨吃点糖，糖更容易被人体吸收进入血液，快速提高血糖；大量运动后吃点糖，有助于补充体内所消耗的热量。

看身体状况选择。可以根据宝宝的身体状况及营养需要来选择合适的糖果：偏瘦的宝宝可以选奶糖，以补充蛋白质和热量；缺钙的宝宝可选钙质酥糖。黏性糖果、巧克力、咖啡、可可糖不适合给宝宝吃。

注意保护牙齿

宝宝吃糖后，给他喝些白开水，并教宝宝漱口，这能有效降低宝宝患龋齿的概率。

防晒不留死角

一般来说，宝宝的夏日防晒有两种方式：遮阳与涂抹防晒霜，二者的恰当结合能使宝宝的皮肤安度炎热的夏季。除了使用防晒霜和有效遮阳，宝宝的防晒还有一些死角容易被忽略，妈妈应注意。

容易被忽略的防晒死角

保湿也重要。在涂防晒霜之前，作为基础护理先涂上保湿乳液和面霜，可以增强防紫外线的效果。回到家，洗去防晒霜后也不要忘了保湿。

眼睛也需要防晒。对宝宝眼睛的防晒常被忽略。专家指出，在8岁以前，由于视网膜还没有发育成熟，阳光中的紫外线能完全穿透宝宝的视网膜，伤害视力。一般的户外活动时，宝宝多在阴凉处。如果宝宝需要长时间暴露在阳光下，需要给他配专用太阳镜，戴宽边帽或长舌帽也是比较好的眼部遮阳方法。

要补涂防晒霜。出门前20分钟，在暴露的皮肤上涂抹防晒产品，尽量每隔2小时就给宝宝重新再涂一遍；如果宝宝弄湿或出汗，就需要再涂一遍；回屋后，需要在宝宝晒红的部位薄薄涂抹一些清爽的婴儿护肤乳液。

防晒也要卸妆。外出回屋后，要用清水将防晒霜洗掉。如果感觉防晒霜用清水洗不干净，可以选择宝宝专用香皂或洗面奶清洗。

尽量少用防晒霜

1岁以上的宝宝，防晒霜的防晒系数不要超过15，而且用后要及时洗干净。尽量避免让宝宝在烈日下直晒，防晒霜能不用则不用，最好采用其他防晒措施。如果为了让宝宝日光浴，夏天最好选择上午10点以前，下午4点以后阴凉底下，防止晒伤。

帮助防晒的食物

蔬菜类。番茄富含抗氧化剂番茄红素，每天摄入16毫克番茄红素，可将晒伤的危险系数降低40%。熟番茄比生吃效果更好。吃番茄的同时吃一些土豆或者胡萝卜会更有效，其中的β-胡萝卜素能有效阻挡紫外线。

水果类。含维生素C高的水果防晒效果好，番石榴、猕猴桃、草莓、樱桃番茄和柑橘类都可以。

鱼类。一周吃三次鱼可保护皮肤免受紫外线侵害。

遭遇睡眠失调

家里有客人来拜访或节假日期间，宝宝的生活规律易被打破，这期间容易出现睡眠问题。对宝宝睡眠规律影响最大的节假日要数春节、中秋节了，妈妈应注意协调，在节假日结束后，让宝宝尽快回归规律的睡眠作息。

将节日的影响降到最低

节假日，大人们难得聚在一起娱乐，因此有时会无暇顾及宝宝的生活规律，宝宝的作息习惯可能被打乱，饮食和睡眠都会受到影响。妈妈要尽可能降低这种无序生活对宝宝的影响，创造机会完成宝宝早已习惯了的每日常规。

1. 尽量为宝宝安排地方睡午觉，不要被其他事情占据了宝宝的睡眠时间。

2. 即便宝宝与哥哥姐姐们玩得很开心，也要保证他在该进食的时候能够坐下来吃饭。

3. 如果妈妈实在没时间，讲故事、拼图、画画、看书、外出活动等一贯的活动项目可以在其他人的照料下进行。

4. 晚上大人可能晚睡，但应在宝宝该睡的时间陪着宝宝一起入睡，妈妈可以在宝宝睡熟后再做其他事。

节后，要重建睡眠规律

如果宝宝的作息规律已经改变，在结束假期后应帮宝宝尽快恢复之前的生活规律。

1. 家里的环境要尽量从嘈杂恢复安静，确保家里的一切都有序。

2. 可以试着一点点提前宝宝的睡觉时间，每天提前十几分钟，宝宝会在不知不觉中逐渐回到以前的睡眠时间。不要一下要求宝宝早睡太多，以免引起不必要的哭闹。

3. 尽量创造温馨的睡前环境。完成睡前程序以后，给宝宝讲故事，边讲故事边轻轻拍宝宝，直到宝宝进入梦乡。

安全防护产品要跟进

随着宝宝发育的进行，他的身高在增加，他的能耐也有长进，他又生出了新的兴趣，开发出了新的玩乐项目。安全防护的重点也要随着跟进。

柜门保护扣

这个阶段的宝宝可能很喜欢不停地开关柜子门或拉抽屉，这种行为很容易夹手。推荐妈妈给抽屉或柜门装上保护扣。安装到抽屉上以后，当抽屉开启到一定距离时锁扣会锁死，也就避免了宝宝被夹伤的危险。

建议妈妈把宝宝能够到的大部分抽屉清空，可以留一两个放置宝宝的玩具及绘本图书。妈妈单给宝宝使用的抽屉加上这种柜门保护扣。

安全门卡

调皮的宝宝常对家里门把手上的按钮（或旋钮）产生兴趣。如果他按下（或扭转）了这个钮，而妈妈在不知情的情况下关门，就可能将门反锁。宝宝在外面还好，想办法打开门就可以；如果宝宝恰好在里面，而钥匙又一下子找不到了，这种情形下，宝宝会被吓坏的。

将安全门卡扣在门上可以防止房门突然关闭，碾伤宝宝手指或发生其他意外伤害；还能防止房门突然关闭将宝宝反锁在屋内。

坐便器防护锁

坐便器防护锁能防止宝宝将小手伸入坐便器内玩水，触及坐便器内污物；还能防止宝宝将贵重物品或杂物扔入坐便器内造成经济损失或堵塞马桶。

燃气旋钮保护罩

厨房是妈妈的领地，宝宝恋妈妈，经常会溜进厨房找妈妈。如果没办法阻止宝宝进厨房的话，这个装置就有必要了。可以防止宝宝打开燃气灶。

宝宝知道自己胡闹会被禁止，他有时会躲起来干坏事。

虽然有了这些防护物品，可以最大限度保护宝宝不受伤害，但做父母的不能因此就放心让宝宝独自玩耍，要注意看护宝宝，在宝宝玩耍时，随时留意可能发生的危险。

讲卫生从现在开始

身体是否清洁会影响到宝宝的自尊，干干净净的宝宝更容易受到人们的喜爱。帮宝宝培养爱整洁、讲卫生的习惯非常重要，从现在开始，妈妈就要注意培养宝宝讲卫生的习惯了。

以身作则

大自然不仅赋予孩子模仿的能力，也赋予孩子改变自己、然后逐步接近榜样的能力。父母就是孩子的榜样。

在家庭教育中，以身作则是培养孩子良好卫生习惯的最有效途径。有了这个责任感，在每天坚持不懈的练习和指导中，不仅孩子养成了好习惯，家长也会纠正一些自身的不良卫生习惯。

每日清洁内容

早上起床	洗手、洗脸、刷牙
早餐后	漱口、洗手
外出活动	整理好需要使用的物品、穿戴整齐
餐前	洗手
餐后	漱口、洗手
睡觉前	洗脸或洗澡、刷牙、洗脚、清理指甲

要循序渐进

有意识地培养卫生习惯要注意循序渐进，清洁项目要依据孩子的月龄做适当取舍与增加。清洗时要有意识地在细节方面下点功夫，培养他伸手、伸腿、偏头洗耳颈等动作。大一些后在新增加的清洗项目上注意新的细节提醒。

要持之以恒

宝宝的卫生习惯不是一天两天就能培养起来的，大人应该常督促、提醒。为了引起宝宝的兴趣，并能很好地掌握盥洗方法，家长可将盥洗过程编成儿歌，如洗手歌、洗脸歌、刷牙歌等。大人要持之以恒，才能经过不断的重复、巩固，使孩子养成良好的卫生习惯。

如厕训练，男女有别

学会上厕所是宝宝成长发育过程中的一个里程碑。对于排便方式完全不同的男、女宝宝来说，如厕训练会有些差异。

选好坐便器

训练宝宝排便，最好选择宝宝喜欢的座椅式坐便器。这有利于激发宝宝如厕的兴趣。选择坐便器时应注意，坐便器应该牢固、舒适、高低适宜，宝宝坐上去时，双脚应正好着地。

男宝宝。男宝宝对坐便器的要求不及女宝宝急迫，现在可以先用塑料瓶给宝宝做排小便训练。可以等宝宝稍大一些后再去选择一款合适宝宝的坐便器。

女宝宝。对于女宝宝，妈妈可以准备一个类似于玩具的、色彩鲜艳且有铃声的坐便器，让对色彩情有独钟的女宝宝对这个“彩色玩具”不抗拒。

爸爸可以通过亲身教育使男宝宝掌握正确的排便方法，妈妈要在便后处理方法上对女宝宝多加强调。

教男宝宝上厕所

男宝宝排尿时会更关注力度，飞溅的尿液会把宝宝的注意力从排便本身转到观察尿液上。爸爸要教宝宝把注意力集中在将尿排到马桶里。爸爸要以自己的行动来告诉宝宝如何使用马桶。

爸爸要教宝宝如何“瞄准”便盆，也可以在便盆中放一张有颜色的纸，让他瞄准纸片尿尿。这种游戏能增加宝宝上厕所的积极性，更快掌握排尿要点。

教女宝宝上厕所

妈妈在训练女宝宝小便时要特别教给宝宝便后正确的擦拭方向，尤其是在大便后，一定要从前往后擦，以防尿路感染。一定要给宝宝穿方便穿脱的裤子。宝宝通常会憋到再也不能憋的时候才告诉妈妈，本来就比较紧张，很难控制自己，如果再加上裤子怎么解也解不开等不必要的挫折，那么，尿裤子肯定是经常发生的事情了。

营养食谱：肉炒三丁、香菇鸡丝粥

这段时期，宝宝体重增长速度逐渐减缓，但总体上对营养的需求量仍然很高。此时如果喂养不当，很容易营养不良。这个时期的宝宝能吃很多东西，妈妈喂饭时省心很多。但仍要注意，因为宝宝的乳牙还没长全，不能吃太硬的食物，给宝宝吃小而圆的葡萄、樱桃等时要小心，以免发生呛噎或窒息。

精选两例辅食

肉炒三丁。选取土豆200克、胡萝卜1根、大白菜3片、猪里脊肉150克。将土豆、胡萝卜洗净后去皮，切成小丁，用沸水焯熟；大白菜洗净、切丁备用；猪里脊肉切小丁，放入碗内，加入水淀粉拌匀上浆，用热锅温油滑散，捞出沥油；起油锅，放入葱末、姜末炝锅，再放入肉丁、白菜丁煸炒几下，加入生抽、高汤，投入土豆丁、胡萝卜丁，煮开后加一点盐调味，然后用水淀粉勾芡即可。这道菜色彩鲜艳，能激起宝宝的食欲；在炒菜时要多放一些汤，汤汁少了菜太干，会影响到宝宝的食欲。

香菇鸡丝粥。选取大米、鸡胸肉各150克，香菇、鲜豌豆各50克，葱、芹菜各10克。将大米、鸡胸肉、葱、芹菜、豌豆洗净，香菇泡水至软，鸡胸肉、香菇分别切细丝，芹菜、葱切碎末备用；将油烧热后，加入葱花、鸡胸肉、香菇爆香，然后滴入少许酱油入味，再把白米下锅炒数下；加入适量清水于锅中，待米煮熟透后，把鲜豌豆、芹菜放入锅内；加入盐调味即成。此粥含有丰富的营养成分，有利于宝宝吸收较全面的营养，促进健康成长。

开始挑挑拣拣了

1岁以后的宝宝一般都会挑食，宝宝刚开始的挑挑拣拣，其实是包含着一定游戏成分的无意识行为，父母应及时劝说引导，以免养成坏习惯。另外，宝宝不喜欢的食物，应变换烹调的方法或隔段时间再次喂食，不要硬逼着宝宝接受，以免造成宝宝的逆反心理。

宝宝成长所需的大部分营养要靠正餐获得。为了使宝宝保持对正餐的兴趣，饭前1小时内不要让宝宝吃零食或喝大量饮料。不要强求进食数量，要营造轻松愉快的吃饭气氛。

家庭教养

公共场合耍赖，正确应对

宝宝在家里耍赖尚能忍受，在公共场合耍赖却会令妈妈颜面扫地。这种耍赖皮的行为多会在要求得不到满足时发作，宝宝什么都想要，如果不给买就嚎啕大哭，甚至躺在地上不起来。一味的满足显然不合理，妈妈应对应讲究方法。

应对措施不力导致耍赖

当自己想做的事情被父母阻止的时候，宝宝就会耍赖。虽然这是正常现象，但如果出格了就必须坚决制止。

宝宝的耍赖行为是妈妈错误的应对方式导致的。比如，在商场柜台前，宝宝抓着洋娃娃要妈妈给买。尽管妈妈不打算买，但是在宝宝的一再要求下最终还是买了。这样的成功经验有几次，就足以让宝宝知道，只要坚持就一定会达到目的。

妈妈正确的做法应该是以果断的态度坚持：可以满足的就立即同意；不能满足的，无论如何也要坚持。从宝宝最初开始索要物品起，这种态度就要坚持下去。摇摆不定、这一次满足了下一次却又不满足了都是不可取的应对措施。

应对耍赖有招

1. 适当满足宝宝的不合理要求。妈妈总是把“不行”挂在嘴边，会磨灭宝宝的主观意愿，加重宝宝耍赖的倾向。但对绝对不能满足的要求，宝宝开始耍赖的时候要尽量安抚，如果他反复纠缠，妈妈必须表现出断然拒绝的态度。

2. 宝宝耍赖的时候，如果撒泼打滚、乱扔东西，妈妈要注意观察宝宝的行为。如果过了十几分钟情况没有好转，应该把宝宝抱离现场。

3. 耍赖的时候，可以想办法转移宝宝的注意力，但不能以承诺买玩具或其他东西来做交易。这种方法很容易给宝宝错误的信息：只要耍赖，就会有意外的收获。

4. 不要把宝宝与其他小伙伴做比较，比较会让宝宝对妈妈失去信任，还会伤害宝宝的自尊心。

适度惩罚

妈妈与宝宝的冲突越来越多了，起因多是以下几种：宝宝不配合妈妈，妈妈没有满足宝宝，宝宝捣乱触及到妈妈可以忍受的极限，宝宝因胡闹而面临危险。不同原因的对待方式应有区别，惩罚就是诸多应对方法之一。惩罚要用对了。

惩罚有原则

所谓惩罚，就是为做错事而承担被责骂、体罚等不同方式的处罚。如果宝宝做了有损他人利益的事情，就应该受到惩罚。妈妈首先要弄清宝宝是否损害了他人的利益，之后才要考虑要不要实施惩罚。

妈妈要明白，宝宝违背了他人内心的期望并不等于就损害了他人的利益。比如，妈妈要求宝宝安静以使自己能安心做事，或者要求宝宝不乱翻家里的东西，这显然是不合理的期待。这种情况下对宝宝进行惩罚，相当于对宝宝实施暴力。

怎么惩罚好

在宝宝3岁之前，对其进行惩罚是没有道德性质的。惩罚的目的是为避免一些事情和行为的重复发生。这种惩罚方式是对宝宝的条件反射式训练。

比如，在宝宝要用手去触摸热水杯时，与其向他解释不许碰触的原因，不妨让他被烫一下的感受深；同样，在他要去摸电源插座时，打他的手背或屁屁要比告诉他那个东西很危险更有效；而禁止宝宝在有水的瓷砖地面上跑跳的最好方式就是让他滑倒一次。一般来说，这样的惩罚有的只需一次就能让宝宝记忆犹新，以后再不容易犯同样的错误。

以上的例子比较极端。一般的惩罚方式，可以是停掉宝宝喜欢的游戏、爱吃的零食；也可以是妈妈紧绷着脸1个小时不理宝宝。目前，这样的惩罚足够严厉：因为宝宝的满足感来自于游戏、零食、妈妈。这种惩罚使宝宝将不再去犯错，从而记住规则。

揩鼻涕、擦脏脏嘴

感冒的鼻涕与饭中饭后的脏脏嘴是宝宝经常面临的清洁难题。宝宝通常用自己的衣袖来擦鼻涕与嘴巴，这样的行为既不卫生又不雅观。想要宝宝有良好的卫生习惯，可以从指导宝宝正确揩鼻涕与擦嘴巴开始。

正确揩鼻涕

在宝宝用衣袖自己擦鼻涕时，妈妈要告诉宝宝有鼻涕时不可用衣服或袖子去擦，要用卫生纸或手绢去擦。

妈妈可以有意教宝宝自己清理鼻涕，但先要做好示范。擦鼻涕过程如下：从纸巾盒内抽出整张纸巾先对折，平放在鼻子上，轻捏两侧鼻孔，让宝宝“擤鼻涕”，把鼻涕擤在纸巾上；拿开纸巾再对折，将鼻涕合拢到纸巾内侧，再将叠成1/4的纸巾放在鼻子上，重复之前的动作后把纸巾丢到垃圾桶内。

如果鼻涕还没有清理干净，再抽一张纸巾继续揩鼻涕，直到鼻腔里清理不出鼻涕为止。鼻涕清理干净以后，把宝宝带到卫生间在洗脸池边用清水清洗鼻子。

妈妈切忌图省事，把脏了的鼻涕纸乱扔，或因在户外不方便就随处涂鼻涕。这种不雅观的行为会被宝宝模仿的。

及时用纸巾擦嘴

宝宝进食时常常将饭粒与菜汤弄到自己手上及脸上，如果不及时清理，很容易将衣袖及衣服弄脏。妈妈可以将纸巾放在桌边，随时将纸巾抽出来给宝宝擦拭嘴及手。逐渐督促宝宝自己抽纸巾擦拭。开始时很可能是越擦越脏，经常练习逐渐就能擦得很好了。

同样，擦拭完的纸巾要放在餐桌上，饭毕统一收拾。大人不宜乱扔，以免给宝宝做了坏榜样。

妈妈心得

宝宝平时不流鼻涕，在感冒时会流很多浓鼻涕，他习惯性地用袖口揩，怎么提醒他用纸巾或者手帕擦都不管用，怎么办呢？

专家解释

宝宝开始学会用袖口抹鼻涕，这常常被父母认为是不讲卫生，这是对宝宝的误解。之前，宝宝流鼻涕时，会因为呼吸不通畅而哭闹，他还不会自己清理鼻子。现在，宝宝会用袖口擦鼻涕，说明他开始学习自己动手解决问题了，能力见长，妈妈应该高兴。妈妈可以将小手帕别在宝宝胸前，或把纸巾放在他衣兜里，在鼻涕流出来以后，给他做用纸巾或手绢擦鼻涕的示范，几次以后宝宝就记住了。

让宝宝懂得合作

在宝宝3岁之前，爸爸妈妈经常会因管教宝宝而发生分歧。对于还不懂事的宝宝，尚没有是非对错的观念。即便是犯了错，也是无心之过，有时因此而受到惩罚，他甚至不明白自己被惩罚的原因。

宝宝不理解大人

这个阶段，宝宝能够明白大人的禁止“不”，并已经试着和大人配合了。但宝宝还做不到事事都能配合，也做不到配合得很好。大人可能因此而发怒，宝宝无法理解大人的怒气从何而来，因为宝宝没办法判断自己的配合做得是否到位。

妈妈该收起自己的怒气了，因为于事无补，甚至还会吓到宝宝。

宝宝时时都在制造麻烦，比如他把牛奶洒到爸爸干净的衬衫上，或把妈妈的书包倒空，甚至会把干燥剂当玩具咬着玩。妈妈有时会因为这些捣蛋行为对宝宝发脾气，但要明白，宝宝对很多常识还在学习中，犯错是难免的，而对他发脾气并不能解决问题。

把宝宝当宝宝

妈妈因为宝宝打碎了烟灰缸而责备宝宝时，最好从另一个角度想一想：宝宝玩烟灰缸是因为他好奇，而烟灰缸恰好又放在他够得到的地方，强烈的好奇心趋使他去研究一下。宝宝的记忆力和理解能力还不足以告诉他这个东西是不能碰的。而他打碎了烟灰缸，是因为手的灵活性还没有发展到足以能小心地拿住精致物品的程度。

发生了这种意外，责任显然不在宝宝身上。要责备，该受到责备的也应该是妈妈，为什么要把贵重易碎的烟灰缸放在宝宝能够到的地方呢?

而宝宝把食物倒在地上，也可能是因为模仿妈妈把积木倒在地板上的做法。要宝宝了解积木可以那样倒而食物却不可以显然是强人所难。所以，妈妈应时刻提醒自己，宝宝还小，科学引导是比责罚更有效的教育方式。

宝宝惹人生气的时候太多了，虽然明知道发脾气于事无补，有时还是会忍不住。

亲子教育的核心理念是“和孩子共同成长”，家长先要掌握成长的要素，然后引导孩子、训练孩子跟上，这个过程是个用心、耐心、讲求智慧的细活，要求循序渐进，不能像训诫犯人或驯兽般逼他就范。温柔地对待宝宝不会宠坏他，而且，这可使宝宝建立健康的情绪反应机制，以后发生行为问题的可能性也会少很多。

行为习惯

在一起，各玩各的

宝宝已经形成了固定的交往圈，这个交往圈很大程度上受着大人交往圈的影响。在自己的圈子里，宝宝收放自如，表现活泼开朗；而一旦离开这个交往圈，面对不熟识的小朋友时，会表现出拘谨放不开的神态。这都是正常的，妈妈不必太在意。

各自玩耍的阶段

即便是在自己的圈子里，宝宝们之间也不会“一起玩耍”。熟识的宝宝之间的语言沟通几乎没有，虽然习惯每日聚在一起，却是各玩各的。宝宝们都要互相看，看见别的宝宝拿着玩具玩，自己也会学着人家的样子拿着玩具玩。即使他们在一起玩游戏，也并不知道一起配合，一起玩只是短期内他们的兴趣一致罢了。

妈妈要明白，这种现象是通向未来正常交际的必经阶段。所以，妈妈应该尽量给宝宝提供与小朋友们一起玩的机会，但是如果宝宝害怕与他人一起玩，妈妈也不必太焦虑。现阶段，与妈妈的依恋关系更为重要。

发展与父母的关系更关键

宝宝社会性的发育程度还很低，如果想让宝宝能顺利过渡到正常的人际交往阶段，实现能和同龄人的良好交往，最重要的不是让宝宝与更多的同龄小朋友一起玩，而是让宝宝感受更多的母爱。这是未来人际交往能力正常发育的基础。

妈妈在与宝宝相处时，感情的表达要前后一致。如果妈妈因为压力大就对宝宝忽冷忽热，宝宝的情绪发育就会受到影响。所以，不管妈妈压力有多大，都要尽量克制自己，尽量不要在宝宝面前发泄不愉快的情绪。

宝宝与妈妈的交往是人际交往能力发育的第一步，只有这一步迈得成功，才能使未来的人际交往能力发育更为健康。

宝宝1岁8个月了，最近，我经常需要处理宝宝在和小朋友们争抢玩具时发生的不愉快事件。

两个宝宝争抢玩具时，妈妈不必评判或发脾气，可以以自己的言行为宝宝树立榜样，让宝宝自然而然地学习。可以教宝宝说一些社交用语，比如“谢谢”“对不起”等。切实的示范比说教要有意义得多。

有了羞耻感

到目前为止，宝宝已经能够体验到多种情感了，包括正面的兴奋、愉悦，负面的委屈、愤怒等。体验到多样的情感是发育所需，正确疏导也很重要。妈妈在帮助宝宝疏导负面情绪方面作用非凡。

能体会到羞耻了

宝宝在户外玩，弄得自己身上灰溜溜脏脏的，当一个漂亮干净的宝宝加入进来，妈妈们纷纷夸赞那个宝宝好看、干净，再把目光转向宝宝身上，流露出不满意的神色。此时，宝宝会从自己与那个宝宝的比较及大人的神色变化中获得关于羞耻感的充分体验。

或者，大人们在一边讨论关于宝宝的很可笑的事情，他也会因感觉羞耻而表示抗议。

增进脑部发育

最新的育儿理论认为，避免宝宝产生羞耻感固然有其道理，但是在宝宝社会性发展的过程中，羞耻感也未必是绝对不好的。脑神经生物学的一些研究指出，一些令人羞愧的处境事实上可以刺激右脑的发育，而右脑主要掌管创意、情绪与感受，只要羞愧的感觉持续不太久，并且能够配合一些复原与补救的经验。专家认为，让宝宝真正受伤害的并不是羞耻感，而是父母无法帮助宝宝从羞愧中复原过来。

帮助宝宝克服羞耻

宝宝从兴奋（开心地在墙上涂鸦），忽然间掉落很泄气的情境（母亲“不许画”的警告）中，如果想让宝宝再回到兴奋的情绪中，妈妈只需这样做，即端一盆水，拿一块抹布，然后对宝宝说：“来吧！让我们一起刷洗墙壁吧。”

在这一个快速的过程中，脑部许多部分开始活动，并且产生许多连接，使整个脑部系统获得更好的锻炼。其结果可以促进认知部位与感情部位的发展，并且促进这两个系统的连接，让宝宝在感情与自律能力上能有均衡的发展。

经常咬人

宝宝从最初的吃手、啃玩具发展到现在的咬人，着实令妈妈头疼。宝宝的牙齿虽然不多，却足以将人咬伤。家人知其习惯，可以时时防备被他咬到。户外玩耍时偶尔会有咬其他小宝宝的情形发生，以至于其他宝宝的照料人见了宝宝就带着自己的宝宝躲开了。

咬人的原因

语言表达不畅。宝宝交往的需求快速发展，但是语言的发育却没有迅速跟上来。同时，对交往分寸的把握也不到位，就会产生用推、拉、咬等手段吸引别人注意的行为。在控制不住这些动作的轻重时，可能咬得很重甚至会伤到人。

发泄不满情绪。当宝宝觉得不满时，可能会通过咬人发泄出来。同样，当宝宝感到紧张、害怕、有压力、愤怒等情绪时，也会咬人。咬人是他缓解自己紧张焦虑情绪的一个渠道，其作用类似于哭闹。

模仿父母的行为。咬人也可能是一种社会性的模仿行为。家人经常以咬宝宝的小手小脚来表达亲昵，于是宝宝也会以咬来表达自己对对方的喜爱，而咬人时力度掌握不好就会演变为真正的咬人。

发展其他表达渠道

加强与宝宝的沟通以锻炼宝宝的语言表达能力，有助于缓解宝宝因沟通不畅而产生的急躁与焦虑；保证宝宝睡眠的充分，在宝宝受到刺激时，以安静的游戏或温柔的拥抱来缓解宝宝的不满情绪。

最初宝宝咬人以后，就要对他进行惩罚，这要比等宝宝将咬人发展为一种习惯后再去应对要省事得多。惩罚的方式可以采取控制玩玩具、吃零食或妈妈不理宝宝等。总之，需要用到最为严厉的惩罚。

咬伤小朋友后怎么办

宝宝把其他孩子咬伤后，应第一时间用香皂和清水仔细清洗伤口。如果伤口不严重，无须特殊处理；如果伤口破皮或出血了，要在清洗干净以后用纱布包扎。

打人的困局

经常打人的宝宝往往不受欢迎，没人愿意让自己的宝宝与爱打人的宝宝玩儿。虽然有时这种行为并不是真正的打人，只是宝宝不能很好控制自己动作的力度，造成侵犯到他人的错误表象。当然也不排除有好斗的宝宝以此为乐。

不管是哪种形式的打人，都要想办法纠正，以免影响到宝宝社会性的发育。

可能并非打人

现阶段宝宝打人最常见的原因就是宝宝性格太过活泼了。活泼的宝宝活动量偏大，动作幅度也比较大，如果不细心些，就会出现走路撞人，甩胳膊打到人，摸人变成掐、打的情况。这种情况不能视为打人行为，如果家长对此严加指责，很可能会将宝宝引导到真正的暴力方向。

面对宝宝的这种行为，妈妈要注意看紧宝宝，在他可能会碰到人或打到人时及时阻止。平时要经常提醒宝宝注意。因为怕宝宝打到人而远离人群是不可取的。

打人，要严格制止

有时，宝宝会因为要满足自己的需求而打人。比如抢玩具，这种行为并不是对对方有敌意，妈妈反而不必担心。但因为这种行为会影响到宝宝与他人的正常相处，所以要在事态进一步发展之前及时制止。

而对于明显的打人行为，妈妈要严格予以制止。可以通过强调这种行为的后果或进行适当的惩罚来制止宝宝的这种行为。比如，指着被宝宝打哭的弟弟说：“弟弟疼，所以哭了，快去和弟弟说对不起。”如果宝宝挨了打，正好借此机会教育宝宝：“疼吧？你打人时别人也这么疼，以后不能打人了啊。”

多动症会造成攻击性

无目的性的挥手或无所顾忌地做出偶发性攻击行为，常见于患有多动症的宝宝。此类宝宝一产生敲打或扔掉东西的想法，就会立刻动手，和他们的实际需要有关。

多动症和宝宝的天生性格特点无关，属于大脑发育的问题，所以用言语劝说或改变环境因素的方法无法解决，只能借助药物治疗等专业诊疗方式。

早期教育

早春，寻找绿色

早春是充满惊喜的季节，才冒芽的绿草与嫩叶、慢慢绽放的花苞都是宝宝首次见到的景致。在妈妈眼里，这些或许很平常，在宝宝眼里却充满了趣味。妈妈要陪着宝宝一起体验植物生命的神奇。

扒开枯草坪，寻找绿色

宝宝虽然小，但是对自然的关注却是天性。即便是异常微小的变化，都逃不脱他们的眼睛。在能够自如行走之后，户外活动中的虫与草就会是他们观察的重点。大千世界尽管繁杂，宝宝却会过滤掉人为的痕迹，从自然中寻找乐趣。

妈妈要抓住早春冒出的第一丝绿色，带着宝宝一起见证神奇的自然景观。第一丝绿色往往隐藏在草坪下。找一块枯草相对厚实的草皮，把枯草一根根拔去，就能见到刚刚冒了尖儿的黄绿色的嫩草芽。要让宝宝参与一起拔枯草。经过努力终于见到了嫩草芽，宝宝会异常开心。

拽下柳枝头，看冒尖的嫩叶

小区里往往栽有不同品种的树。有的树枝头上冒了卷曲成细卷的嫩叶，能开花的树上能够发现小小的圆形花苞，垂柳则早早地软了枝头在风中摆动。见惯了冬季干枯的树枝，现在的景致是难得一见的美景。

妈妈要带着宝宝仔细看，尽管往微观世界看。把枝头拽到宝宝眼前，让宝宝仔细观察才刚冒尖的细嫩的柳叶；可以抱着宝宝看枝头的花苞，不同的树上结着的花苞不同，有大有小，而花苞的尖部露出的色彩也是不同的。

宝宝能在这个过程中锻炼专注力与观察能力，还能培养对大自然的兴趣。

试着轮流玩

应对争抢事件的方法之一就是建立轮着玩的游戏规则，大一些的宝宝很容易就能接受，对现阶段的宝宝来说却有一定的难度。但是，如果从现在就开始接触轮着玩的游戏方式，无疑对宝宝未来的发育会有好处。

在宝宝参与轮着玩的游戏时，大人们要起到相应的辅助作用。

不要抢，轮着玩

练习轮着玩的游戏时可选一个新鲜的玩具。这个玩具或许很平常，但是会因为小团体中的宝宝之一对其产生兴趣导致所有的宝宝都想玩。这种情况下，宝宝们并不会一窝蜂都上去抢，但是都会紧紧盯着玩具，时刻准备着要拿到手里玩。

此时，妈妈们就要发挥作用，引导宝宝们按照妈妈们制定的规则来轮着玩了。妈妈们可以让宝宝们按顺序排好队，每个宝宝玩一分钟。可以让玩具的拥有者第一个玩。

刚开始接触这样的玩法，宝宝们往往会感觉很有趣，也能听话地遵守妈妈们的安排。但是也会有注意力不容易集中的宝宝不管妈妈们的这一套，不顾游戏规则在活动中捣乱。出现这种情况时，妈妈要费点心思把这样的宝宝请出来，站在一边观察游戏如何进行。

无论是参与者还是观察者，都会从中体会到团体活动的魅力。

不愿意分享也正常

对这个年龄段的宝宝来说，他们往往不愿意分享，这是很正常的。宝宝们的表现有差异，有的宝宝在这方面可能就显得比较大度，但大多数宝宝都是占有欲极强的小霸王。因为他们还没有准备好分享，只能在父母的监督下与别的小朋友玩一些平行的或者平等交换的游戏。

我带着宝宝在公园里荡秋千时感受了一次轮着玩。宝宝表现得不是很配合，他不愿意排队等，一直哭闹着当时就要上去玩。

看着宝宝哭闹，大些孩子的家长可能会说服自家孩子让宝宝先来，妈妈可以让宝宝先玩。但是，下来以后一定要让宝宝在旁边观察大宝宝们都是一个一个轮着玩的。先来的先上，后来的要等着。多观察一阵子，宝宝就会认可轮流玩的规则了。

涂鸦，妈妈不宜过多参与

如果妈妈给宝宝的日常活动安排合理，涂鸦应该是每日活动中必有的一项。坚持下来，宝宝会越来越喜欢涂鸦。宝宝手部动作的发育还不足以用正确的姿势握笔，妈妈要适当纠正。对于如何引导宝宝涂鸦，这是目前妈妈面临的大难题。

涂鸦意义非凡

涂鸦对于宝宝身心的发育有着重要意义。儿童美术教育专家认为，真正的涂鸦最初发生于18个月大时，到3～4岁就结束了。涂鸦是宝宝视觉经验、身体、手指肌肉动作协调的结果，是宝宝大肌肉整合运动以及精细动作控制的过程。这个过程反映了宝宝当时的身心状态，具有促进感觉统合和人格形成的意义。

此外，涂鸦也是宝宝自我表现的开始，有助于宝宝发展想象力、创造力等。

少参与，多辅助

妈妈有时免不了会在宝宝面前拿起笔画出一个形状来，比如一个苹果，然后告诉宝宝“这是苹果”。妈妈可能只是随便一画，并没有让宝宝照着画的意思，但是这个行为却会对宝宝产生很大的影响。宝宝会在一段时间内模仿妈妈画的苹果，很久的时间内再不画其他的形状。宝宝的想象力会因此而受到局限，这不是一个好现象。

此外，如果以大人的标准来要求宝宝，有可能会妨碍他的发展。对宝宝的作品，不要用“像”或“不像”来评价，而多给他“画得真好”等鼓励。

不要管他在画什么，也要避免引导宝宝思考自己在画什么这个问题。单纯涂涂画画，让宝宝轻松享受其中的乐趣。

宝宝一直很喜欢玩蜡笔，拿着到处涂鸦。可最近不知为什么却不感兴趣了，怎么帮他重拾兴趣呢？

孩子只关注当下。当下对什么感兴趣，他自然就会去做什么。建议跟随孩子的兴趣走，为拓展他的兴趣提供更好的环境，而不是以我们的标准，认为某个活动对孩子的发展有益，就期望更多地拓展相关的活动。在我们眼里看似无意义的小事，都在为孩子的成长提供养分。要以更高远的眼光看待育儿这件事。

语言结构初具雏形

如果说之前宝宝与成人之间的沟通意会的程度多一些的话，那么从现在开始，语言将逐渐替代其他沟通形式，占据主导地位。在这个特殊时期，妈妈的耐心将在宝宝语言发育的进程中发挥重大作用。

善于聆听的妈妈，是宝宝需要的好妈妈。

基本语言的组成

目前，大部分宝宝的语言将进入能用连接在一起的三个字来表达意思的阶段了。这是语言发育的转折点。语言发育好的宝宝能够说出的句型包括如下几种：

主谓语。“我要”“我不要”“宝宝喝水”等类似的主谓结构的句子。

修饰语。最常见的是以自己的名字为主语的句子，表达物品的归属，也就是“我的”。

补语。“了”字语，说明动作的结果，比如“压瘪了”“转晕了”等。

生活细节中善于引导

听故事时。妈妈要求宝宝在听故事时出声回答问题，而不再用手指图回答。妈妈讲故事用的语言规范，那么宝宝回答的词汇也会规范。比如，妈妈经常给宝宝讲《赛娜鼠与艾特熊》的故事。讲到赛娜鼠偷偷打开艾特熊的抽屉，拿出艾特熊的旧相片偷看的情节时，妈妈要问宝宝“罐子里放着什么？”同时要引导宝宝说出“钥匙”；讲到赛娜鼠拿着装有老照片的信封时，妈妈可以问“信封里有什么？”，引导宝宝说出“是老照片”。

选择食物时。日常生活中，妈妈要有意识引导宝宝在名词前面加上一个形容词，来指明自己要的某一件东西。比如，妈妈要给宝宝吃水果时，可以挑选不同颜色及品种的水果放在果盘里，让宝宝自己挑选他爱吃的。此时，妈妈可以问宝宝“宝贝想吃什么？”“要红苹果还是黄香蕉？”宝宝很容易就能说出“红苹果”或“黄香蕉”来。

玩具，要跟上发育的脚步

在这个时期，应该给宝宝选择能培养眼睛和双手的协调能力和注意力的玩具。由于宝宝的手部肌肉已经相对发达一些了，可以完成抛、堆、翻、倒等具体动作，因此要选择使大小肌肉都能得到训练的玩具。

适合的游戏及玩具

简单的组合式积木套件。通过堆砌或拼接的方式，可以组装出自己喜欢的模型。这种玩具能丰富宝宝的想象力，而且能培养手眼协调能力以及手部肌肉的精细动作及组装能力。此外，在组装模型的过程中还可以锻炼宝宝的想象力。

沙子游戏。把手脚埋在沙子里，感觉沙子的触感。通过玩沙游戏，宝宝可以掌握沙子的特性，而且能促进手部肌肉的发育，培养宝宝的想象力。

扮家家酒游戏。宝宝经常和小朋友一起玩扮家家酒的游戏，就能提高表达能力和想象力，而且能培养社会适应能力。玩扮家家酒游戏时，还可以帮宝宝准备饼干等零食，以及妈妈的围裙和爸爸的西装。

拼图模组。能提高宝宝眼睛和双手的协调能力、辨别形状和大小的能力，以及探索能力。应该选择色彩鲜艳、容易区分颜色、局部和整体协调、做工精细的拼图模组。刚开始可以准备简单的拼图模组，但随着年龄的增长应该适当地提高难度。

可穿线或连线玩具。在这个时期，可以让宝宝玩穿珠子游戏、穿纽扣游戏、穿针游戏、连接彩带的游戏。这些游戏能提高宝宝眼睛和双手的协调能力及逻辑思维能力。

玩具要分批购进

妈妈们总认为玩具是越多越好，所以不时会给宝宝添置新玩具，往往是新玩具还没琢磨明白，就有更新的玩具吸引了宝宝的注意力。经常这样，反而养成了宝宝不能集中精力的坏毛病。最好是等宝宝把手头的玩具都琢磨明白以后，明显没有兴趣了，再分批添置新玩具。

看电视也是学习

因为看电视对眼睛不好就完全禁止宝宝看电视并不是明智做法。利用好电视，对宝宝认知能力的发育也是有好处的，关键在于控制得当。

能吸引宝宝的节目

广告。所有的宝宝都喜欢看电视，对经常重复的广告尤其爱看。有其他孩子参与拍摄的广告，宝宝甚至能跟着广告说出部分广告词。只要是这样的广告开始播放，不管宝宝当时正在干什么，都能从背景音乐中听出来，并快速冲过来站在电视前急切地等待熟悉的画面出现。

天气预报。有些宝宝会随同大人关心天气预报，宝宝并不理解，只是因为天气预报都有一定顺序，宝宝会跟着念地名，如北京、天津、上海等。有些语言能力强的宝宝甚至会念长串长串的地名。

有时宝宝自言自语时也学着背诵地名，当会背诵4个字的地名时会使家长十分惊讶。宝宝在这个过程中认识了很多地名，也会对国家的地图有所感知。

只看感兴趣的段落

目前，宝宝对冗长的电视剧不感兴趣，但是对于剧前或剧尾的音乐却很喜欢。他对经常听的音乐的感知细微到几个音符响起就能够辨识出。

宝宝所喜欢的电视内容与大人不同，不要强迫宝宝看大人所喜欢的长篇电视剧，即使儿童爱看的卡通片宝宝也看不懂，宝宝只喜欢经常重复的、能让他跟着学的段落。要尊重宝宝的选择，让他看他所喜欢的内容，鼓励他跟着学词和学记音乐片段，不断重复才能加深记忆。宝宝如果能记住一小点儿，妈妈要不断称赞并和他一起重复，这对宝宝学习语言和音乐都很有好处。

以自己的小名为主语

之前，即便母子间有简短的沟通，多数也是答非所问。从现在开始，妈妈终于可以认真地和宝宝进行正常的语言沟通了。也就是说，谈话能够延续下去的一问一答式沟通可以进行了。这样的沟通可以从宝宝物品的归属开始。

谁的？宝宝的！

宝宝知道家人提到的“宝宝”和“文文”（宝宝的小名）指的是自己，说话的时候开始将这些代词用上了。如果你问他“这个玩具是谁的？”他会回答“宝宝的”。宝宝也会主动说出一些相对完整的短语，比如“宝宝要出去”或“宝宝的鞋”等。

妈妈可以拿着一个宝宝珍爱的东西对他说：“这个是小溪的，我们拿去还她。”宝宝会抗议，他会把东西抢过来说：“宝宝的。”并抱着这个玩具不松手。

母子谈心，形成习惯

自己主宰谈话并成功地与妈妈对话，这种感觉能给宝宝带来成就感。这个过程中，妈妈赞许的神情和沟通本身带来的愉悦感对宝宝语言的发育能产生很大的促进作用。宝宝乐于表达自己的意愿，妈妈平等地和宝宝谈心，引导宝宝更好地表达自己。

生气时。妈妈看见宝宝有点不高兴，就要及时问他“宝宝怎么了？为什么不开心呢？”宝宝会回答“宝宝摔疼了”或“宝宝想玩”。

有要求时。宝宝蹭到妈妈身边欲言又止，想说又说不出来时，就问他：“宝宝是不是想玩小溪的那个玩具呢？”宝宝会回答“宝宝想要”或者干脆摇头否认。

在这个阶段，妈妈的话要说到位，而且要多点儿唠叨，这有助于宝宝语言的更好发育。

宝宝开始留意大人谈话的内容了，平时与其他妈妈们谈论宝宝时，宝宝就会特别留意。说到宝宝好的方面，他会表现出欢欣；谈到出糗的趣事，宝宝也会表现得不好意思。

妈妈尽量不要在这样的谈话中强调宝宝的弱势。宝宝很在乎别人对自己的评价，频繁的强调会使这种初现的弱势成为真正的弱势。

数学融入生活

有研究认为，婴幼儿天生就有数学理解基础。因此，爸爸妈妈应及时发现宝宝的数学潜力，运用恰当方式方法引导宝宝发展，为今后的学习打好基础。早期数学能力影响着宝宝思维和认知能力的发展，数学能力在个体生存和发展过程中具有极其重要的意义。妈妈可以在生活中加强数字对宝宝的影响。

边拍手，边数数

妈妈可以和宝宝经常玩拍手的游戏。随着音乐的节奏拍手是很早以前就接触的，乐感好的宝宝甚至能跟上音乐的节拍。现在，可以试着让拍手的动作与数字产生联系。

妈妈先连拍2下，让宝宝模仿。如果宝宝模仿得很好，妈妈接着连拍3下，也让宝宝模仿。宝宝都能学得来后，就可以在拍手的同时念数字了，这能使宝宝把拍手的次数与妈妈念的数字联系起来。

路上的数字课

妈妈经常带着宝宝外出。在附近的居民楼中穿行的过程中，很容易就能看到林立的高楼侧面那些醒目的楼号，这些楼号都是按顺序排列的。从不同的方向行进，看到的顺序是相反的。妈妈不要错过这个教宝宝认数字的好机会。只要一见到楼上的数字，就告诉宝宝那是几，宝宝逐渐就能认识这些数字了，甚至6和9这一对极易混淆的数字，宝宝也能认清并记住。

玩玩背数游戏

让宝宝以缺词填空的形式背诵儿歌，是宝宝很熟悉的一种游戏。妈妈可以教宝宝背诵数字歌。《数字歌》：一二三，爬上山，四五六，翻筋斗，七八九，拍皮球，伸开手，十个手指头。宝宝能够把整首儿歌末尾的缺词背出来，对这些数字就不会陌生了。

要让宝宝能够以正确的前后顺序熟练地背诵出1～10，还需要妈妈额外加强训练。有了儿歌做铺垫，这会很容易实现。目前，宝宝只对数字前后的顺序有感觉。

说出“我爱你”

宝宝已经能说出一些完整的句子了，与此同时，词汇量也在大幅度增加。妈妈想要和宝宝互动的话语无数，日常使用频率最大的应该是相互之间表达爱的 “我爱你”。宝宝不一定能明白这句话的真正含义，但从妈妈关爱的眼神中逐渐就能理解了。

互相表达爱

爸爸妈妈经常在宝宝脸上亲亲，和宝宝一起玩耍，在宝宝需要的时候随时出现在宝宝身边，这是最自然的爱。宝宝表达爱的方法也很简单，睡觉时紧紧搂着妈妈的脖子是爱，在爸爸脸上啃也是爱。这种爱的表达是很自然的内心情感反映，和吃饭睡觉一样，是保证宝宝健康成长发育的必要因素。

妈妈要一字一句地教宝宝说“我——爱——你”，宝宝很容易就能学着说出这三个字。现在，宝宝还不理解“你”“我”这两个人称代词的确切含义。妈妈可以把这句话改成“妈妈爱宝宝”，宝宝能模仿着变通说出“宝宝爱妈妈”。

“我爱你”的游戏

宝宝会经常和妈妈玩“我爱你”的游戏，只要妈妈一提起这个话题，宝宝就会搭茬儿。妈妈要引导宝宝扩大爱的范围，让宝宝表达爱爷爷、奶奶、小熊、小狗、娃娃、小鸭等。凡宝宝能说出来的名词，都可以加到这个游戏中，这会是一个充满家庭温情的游戏。

两个月以后，宝宝就能将这句话中的“宝宝”用“文文”（宝宝的小名）来代替，接着是以“我”代替“文文”。

“我爱你”不断升级

这个游戏在宝宝语言发育的不同阶段都能有升级版。2周岁以后，在妈妈问宝宝“你爱我吗？”时，宝宝会回答“爱我”，逐渐就能实现人称的转换，变成“爱你”。

再过两个月，在完成这两句对话以后，妈妈可以继续发挥，说：“用什么爱？”提示宝宝“用心爱”。宝宝很容易就能记住了。

继续扩展下去，就是“有多爱？”——“很爱”“非常爱”“超级爱”。

在这个过程中，母子之间体会到的不仅仅是“爱”本身，还有语言技巧的增进。

探索自然，重在培养

探索自然是每个宝宝都爱做的事，现在正是培养宝宝探索自然能力的好时机，在尽情探索世界的过程中，宝宝逐渐就能掌握世间万物潜在的规律及道理。

家里栽些盆栽

妈妈在家里可以养一些盆栽，在美化环境及净化空气的同时，让宝宝观察盆栽的生长、开花情况。可以特别为宝宝准备一个用来种植种子的花盆，通过观察种子发芽的过程，让宝宝充分体会大自然的神奇；通过植物成长和开花、结果的过程，宝宝将了解植物也是有生命的。

如果有院子，最好辟出一块专用来种植蔬菜，让宝宝参与播种、浇水、施肥、除虫、打理、收获的整个过程。

关注天气预报

妈妈要养成跟着报纸掌握天气变化的习惯，按照天气预报来安排次日的活动。平时可以在自己关注天气预报时，教给宝宝怎么看温度及天气状况。关键是要让宝宝把头一天看到的预报和第二天的天气实际情况结合起来，宝宝更容易接受妈妈的安排。

蒲公英宝宝

春天来临以后，在小区里的草坪上就能见到蒲公英了。妈妈可以带着宝宝一起寻找蒲公英，找到后摘下来让宝宝观察其形状和颜色。

告诉宝宝，蒲公英宝宝在蒲公英妈妈身上围了一圈，圆圆的、蓬松的像一个毛球球。让宝宝把蒲公英拿在手里，慢慢抚摸,然后对着蒲公英使劲吹一口气，观察蒲公英宝宝们飞起来，向各个方向飞去。再告诉宝宝“它们长大了，离开妈妈要重新安家了”。要注意防止蒲公英的种子飞进宝宝的眼睛里。在草丛里玩，还要尽量避免被蚊虫叮咬。

以后，宝宝就会自己去草丛中寻找蒲公英玩了。

疾病与异常情况处理

关注牙齿卫生，预防龋齿

1岁之前保护宝宝牙齿的重任在妈妈身上。从现在开始，妈妈要逐渐把这种观念灌输给宝宝，让宝宝积极参与到保护牙齿的行动中来。

发生龋齿的原因

造成龋齿的主要因素有三个方面：细菌、饮食和唾液，三者在互相影响下发生龋齿，唾液是最重要的致病因素。

细菌。细菌与唾液中的黏蛋白和食物残屑混合在一起，牢固地黏附在牙齿表面和窝沟中。这种黏合物中的大量细菌产酸造成牙齿釉质表面钙质脱落、溶解。

饮食。碳水化合物和糖供给细菌活动能量的同时，还会代谢产生有机酸，酸长期滞留在窝沟中，使釉质脱矿破坏。蔗糖是主要的致龋糖。

牙齿。牙齿的形态、结构和位置与龋齿发病有明显的关系。牙齿咬合面的窝沟深、牙齿本身钙化不足及含氟量少都容易引发龋齿。

唾液。唾液起着缓冲、洗涤、抑菌等作用。量多而稀的唾液可以洗涤牙齿表面，减少细菌和食物残渣堆积；量少而稠的唾液则会助长菌斑形成和黏附在牙齿表面上。唾液的性质和成分影响其缓冲能力，也影响细菌的生存条件。

6岁前的牙齿清洁

1岁。宜选择温开水漱口，要教会宝宝嘴里含一口水不吞咽，以脸颊的肌肉运动驱动水在口腔里来回滚动，冲刷牙齿间的食物残渣。每次进食后都要漱三次口。

2～6岁。用牙膏刷牙。2岁以后，宝宝的上下牙全部萌出后，就可以教宝宝用小型软质牙刷沿牙齿的缝隙上下刷牙了。在2～4岁，多数宝宝还不会很好地使用牙刷，这个阶段可以由妈妈代劳。4岁之后，在幼儿园老师的指导下，宝宝能很快掌握正确的刷牙方法。妈妈要监督宝宝在刷牙过程中注意不要使刷毛伤及口腔黏膜和牙龈。

最好能每半年至一年带宝宝做定期的口腔检查。

弱视问题

凡眼部无明显器质性改变，而远方视力矫正小于0.8者称为弱视。如果早期发现，坚持矫正，80%~90%以上的儿童弱视能痊愈，恢复正常视功能。如果延误治疗，超过12周岁将终生低视力，严重影响未来的学习、工作及生活。

产生弱视的原因

在眼发育的关键期，当通过两眼进入脑的形象差异过大时，视觉中枢只能接收一只眼的信号，另一只眼的信号作废，久而久之就会形成弱视；先天性的屈光不正使两只眼进入的信息差异过大，视觉中枢采用清晰的，导致形成弱视；婴儿期看很近的吊球形成内斜视，最终也会导致弱视。

在3岁以前，如果宝宝的眼睛出现不适，尽量不要采取单眼盖住的方式休养。如果必须要盖上，也不宜超过一天，或者干脆两只都盖上。

弱视的家庭诊断

基于沟通的不畅，想要了解宝宝的视力是否已出现弱视有一定的难度。妈妈要仔细观察，如果宝宝有下述弱视表现的症状之一，就要立即带宝宝到专业的眼科医院检查：

1. 怕光。

2. 眼睛的活动异常，如出现不正常的跳动，这很可能是一种眼球震颤，容易造成视力不良。

3. 一只眼睛偶尔或经常向内或外偏转。

4. 每次需要用眼时（例如看电视），头会向某一方向偏转、倾斜或出现下巴压低、抬高等不良姿势。

5. 手眼协调能力较差，且易碰撞或跌倒。

6. 阅读时常看错行。

7. 视物有重影现象（一物看成二物）。

8. 宝宝自己说看不清，或喜欢眯着眼看。

9. 看东西距离太近。

10. 眼外观异常，例如眼睑下垂、黑眼球有白斑、两眼大小不一、瞳孔大小或形状不一。

尽早发现，及时矫正

如发现宝宝弱视，应在宝宝3岁左右带他到眼科检查（幼儿园也会定期检查），尽早发现、及时矫正。现在宝宝的视觉中枢还未完全形成，还有可塑性，所以矫正效果最好的时期是在4岁，到6岁仍能矫正，过了6岁治疗效果将差一些，过了12岁基本不能治愈。

1岁8个月发育监测

生长

你的宝宝	男宝宝参考值	女宝宝参考值
20月末时体重	9.1～14.2千克	8.4～13.7千克
20月末时身高	78.6～89.8厘米	76.7～88.7厘米
20月末时头围	(48.0±1.2）厘米	(46.8±1.2）厘米

发育监测

监测项目	发育状况
大动作发育	开始尝试着跑了，会把两只胳膊高高抬起，向前倾斜着跑。并做好了摔倒后保护自己的姿势。一见到楼梯就要上。自己能借助栏杆上几级楼梯了。如果楼梯的台阶比较高，宝宝会手脚并用地爬上楼梯
精细动作发育	学会串珠子了。还会把一张粘有胶水的纸贴在物体上，并能搭七八块积木 平衡能力协调发展，会蹲下起立和弯腰拾物，各种能力相互配合，逐步学会复杂的动作。宝宝已经会扭动门把手，会自己开门走出房间。如果看过妈妈打开门锁，宝宝也会学着打开门锁
感知觉发育	当宝宝语言表达能力低于实际思维能力时，会因难以说清楚自己的意思而急得大哭。宝宝也会通过哭闹来吸引父母注意力，对此，父母要表现出充分的理解与宽容 宝宝记忆力增强，开始记忆事情的经过，并能通过联想表达他的记忆
语言与交流	宝宝的语言中多是日常生活中的常用词。有大约30%的宝宝能够使用多字组成的句子说话，尽管句子成分不全，但是基本上不影响沟通，能被大人听懂并被理解。经常听故事的宝宝开始给爸爸妈妈讲故事了。宝宝们可能不完全理解儿歌的内容，却能一字不落地背诵出来 宝宝仍有很强的“我的”意识，不但对自己的东西不放手，还喜欢“侵吞”其他小朋友的东西

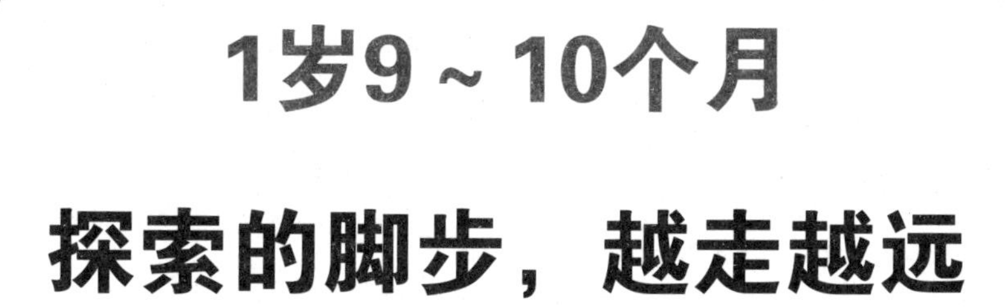

1岁9～10个月

探索的脚步，越走越远

生活&饮食&护理

瘦宝宝，要细心调理

这个阶段，胖嘟嘟的宝宝比瘦宝宝好看。一般来说，目前宝宝瘦弱是不健康的表现。瘦弱本身会使身体的正常生长发育受到影响，这样的宝宝各项智能的正常发展及气质养成都会受到影响。

如何断定营养不良

营养不良的宝宝一般表现为面黄肌瘦、皮下脂肪薄、肌肉松弛等。城市宝宝的《围产期保健手册》上附录中单列出了宝宝从出生到6岁的体重及身高的参考值，妈妈可以将宝宝在相应年龄段的体重及身高与这两张表对照。如果宝宝的体重与身高远远低于参考值，就可以断定宝宝太瘦了。那么宝宝很可能是营养不良了。

还有一种比较科学的测算方法，计算公式如下：1～10岁小儿，正常体重＝（年龄×2）＋8，妈妈可以按照以上公式根据年龄计算出宝宝的正常体重。测算出的体重低于正常体重15%～25%，为轻度营养不良；低于25%～40%，为中到重度营养不良。还要把身高的因素考虑在内，矮1厘米体重应减200～300克。

增强体质，重在调理

1. 给宝宝创造良好的居住环境，居室要阳光充足、空气流通。

2. 宝宝胃口小或存在吃得不少但吸收不好的情况，妈妈要精心挑选、烹制能提供均衡营养素并且易吸收的食物。

3. 改变宝贝不良的睡眠习惯、饮食习惯，培养作息规律的生活方式。

4. 加强体格锻炼非常重要，多带宝宝到户外进行适宜的运动，以增强体质，抵御疾病。

中医中药防治有良效

常用健脾理气消食药，如山药、白术、茯苓、陈皮、木香、山楂、麦芽、谷芽、扁豆等。中成药有四君子丸、参苓白术散、小儿香橘丸等。

针刺四缝穴。用消毒针浅刺两手食指、中指、无名指及小指第二节的四缝穴，可以挤出黄色的液体。这种方法有消积食、增进食欲的作用。

捏脊。沿脊柱两侧，从颈下到尾骶，用两手指提捏皮肤多次，有促进肠蠕动及消化液分泌和改善肠胃消化吸收功能的作用。

摄入膳食纤维

很多妈妈知道膳食纤维对宝宝的身体有好处，但对于这种物质的来源及对宝宝身体所起到的作用却所知甚少。

膳食纤维的作用

膳食纤维是指不能被消化的那部分植物性食物，在保持消化系统健康上扮演着重要的角色，被誉为“肠道管家”。膳食纤维可以促进肠蠕动，加速排便，能有效减少粪便中的毒素在肠内停留的时间。因此，膳食纤维能预防便秘，还能减少成年后痔疮及结肠癌的发病率。

此外，膳食纤维中的可溶性纤维能帮助降低血液中的胆固醇水平，调节血糖水平，从而降低患心脏病及糖尿病的风险。

膳食纤维的来源

茯苓、竹荪（干）中的膳食纤维含量很高；糙米、玉米、小米、大麦、小麦皮（米糠）和麦粉（黑面包的材料）等杂粮中的含量也较高；此外，豆类、根菜类和海藻类中膳食纤维也比较多，如牛蒡、胡萝卜、薯类、四季豆、红小豆、豌豆和裙带菜等。一般来说，如果宝宝不偏食，大便正常，就无须特别购买营养品补充膳食纤维。

膳食纤维摄入注意事项

宝宝补充膳食纤维并不是越多越好。想要膳食纤维更好地发挥作用，还要保证水的摄入。此外，膳食纤维会妨碍到消化，还会吸附营养，这就是肠胃不好的人吃了富含膳食纤维的食物会感觉胃不舒服的原因。

因此，要给宝宝吃富含膳食纤维的食物，必须是在提升了肠胃的消化能力和搭配其他肉食、蔬果的情况下才可以。

宝宝经常便秘，有时3～4天才排大便一次，有时甚至要用开塞露。带他看过中医、西医，益生菌也吃过，依然无效果。

养育容易便秘的宝宝应注意以下几点：让宝宝多喝水，两餐哺乳或正餐之间给宝宝多补充水分是预防上火的最简便的方法；多给宝宝吃蔬菜、水果：蔬果中的粗纤维对预防宝宝便秘很有帮助；可以给宝宝吃一些清火的食物；控制宝宝的零食量，不吃辛辣、油炸等易“上火”的食物；帮助宝宝养成定时排便的习惯。

冷饮不宜多喝

几乎每个宝宝都爱喝冷饮，这与宝宝自身的内热有关。盛夏时节，适当进食冷饮对于防暑降温有好处。然而，无限量地吃冰棍、冰激凌或冰镇饮料却会严重影响到宝宝的健康。

冷饮有害

导致胃肠不适。大量喝冷饮，对消化道是一种很强的冷刺激，胃肠骤然受冷，刺激肠黏膜及胃肠壁内神经末梢，引起胃肠不规则的收缩，从而出现腹痛；冷热不均，导致胃肠功能失调，肠蠕动加快，发生腹泻；胃肠道在冷刺激下，胃肠道内催化酶的活力减弱，从而导致胃痛、停食、呕吐、食欲下降，久而久之，发生营养不良和贫血；冷饮过多，冲淡胃液，减弱了胃液的杀菌能力，可继发胃肠道细菌感染。

色素有危害。冷饮中添加的一些非食物色素，如红色或绿色染料及香料，对宝宝健康极为不利，食用过多会导致慢性铅和砷中毒。

影响食欲。冷饮中含有很多糖分，热量很高，甜食进食过多会影响宝宝的食欲，影响正餐进食，时间一久，必定会出现营养不平衡的问题。

会导致肥胖。冷饮中含糖较多，雪糕及冰激凌中脂肪含量也很高。对于本来食欲就旺盛的宝宝，等于在正餐之外额外增加了糖、脂肪的摄入，会导致超重和肥胖。

我听老中医说，宝宝爱吃冷饮是因为心火旺，心火消了，自然就不太爱吃了。我试着按照中医的方法给他做了一段时间的调理，不久以后就见效了，经过调理以后的宝宝接触到冰激凌后嫌凉，不愿意再吃了。

控制宝宝吃冷饮的最好方法是从小抓起，不要让他养成吃冷饮的坏习惯，暑热难耐时可以通过别的方法来消暑，绿豆汤就是很好的选择。大人吃冷饮也要有所节制，给宝宝做个好榜样。已经贪恋冷饮的宝宝，妈妈要费点心思想办法纠正。降心火的方法只针对特定体质的宝宝，不具有代表性。

 可以试着用筷子了

现在让宝宝使用筷子有其危险性，但如果宝宝手部精细动作发育良好，他会要求像大人一样使用筷子进食。妈妈最好听从发育的自然要求，给宝宝提供合适的筷子，但在训练宝宝用筷子时要做好监督。

选择合适的筷子

常见的塑料筷子对刚开始练习使用筷子的宝宝来说有点滑，宝宝不易把控。宝宝用的筷子要比成人的短些，最好是较细、圆的木筷或竹筷，这样的筷子最好去婴儿用品专卖店选购。

需要强调的是，应避免使用颜色亮丽的彩漆筷子，因为涂料中的重金属铅以及有机溶剂苯等物质具有致癌性，会危害到宝宝的健康。但是竹筷、木筷比较容易携带致病微生物，应该注意保持清洁，经常煮沸消毒，定期更换。

遵循规律，循序渐进

不妨为宝宝准备一套包含汤匙、筷子的餐具，让他在平常的时候，随时都可以用他想用的餐具来练习进餐。只要给他准备了，宝宝就会在好奇心的驱使下拿起筷子进食了。妈妈要提示宝宝以正确的方法拿筷子。如果吃到一半换手或变成抓筷子，无须特意提醒，只需每天反复不断地教他正确的拿法，慢慢地宝宝就能自如地用筷子进食了。

我在宝宝满1岁半以后，就开始有意识地让他使用筷子了。开始时是宝宝哭闹着要用，就试着给他用了。虽然每餐用筷子吃不到嘴里，但逐渐我发现，相对于同龄宝宝，我家宝宝的小手更灵活。

科学研究表明，用筷子夹食物时会用到肩部、胳膊、手掌、手指等30多个大小关节和50多条肌肉。要培养聪明伶俐、才智过人的儿童，让他们锻炼手指的活动能力也是十分重要的。

合理补充维生素

维生素是人和动物为维持正常的生理功能而必须从食物中获得的一类微量有机物质，虽然需要量很少，但是对宝宝的生长发育却有不可忽视的作用。

妈妈们也都很重视宝宝的维生素摄入问题，但在给宝宝补充维生素时，应注意不要陷入盲目补充的误区。

几种重要的维生素

维生素A。维生素A可维持正常视力，对维持皮肤、呼吸道及消化道的正常抵抗力有重要作用，影响着宝宝的发育。维生素A缺乏会导致夜盲症，还会引起抵抗力下降，使宝宝容易患上麻疹、肺炎、气管炎、腹泻等疾病。含维生素A比较丰富的食物有肝脏、全脂奶、蛋黄等少数几种，绿叶蔬菜和橙黄色蔬菜中的“胡萝卜素”可在人体中转变为维生素A。

维生素C。维生素C有助于维持皮肤和血管的健康，提高人体抵抗力，促进感冒恢复。维生素C主要存在于多水分的植物性食物中，包括各种蔬菜、水果和豆芽。其中维生素C含量高的水果是柑、橘、橙、柚、鲜枣、猕猴桃、草莓和山楂。

维生素D。在《新妈妈育儿天天学（0～1岁）》一书中详细介绍了维生素D的作用及其补充方法。

维生素B_1。维生素B_1可以调节神经、肌肉系统的兴奋性和传导性，是维持大脑正常生理功能的基础原料。宝宝只要注意五谷杂粮的摄入就可避免维生素B_1的缺乏。

维生素B_2。维生素B_2能帮助人体获得能量，也能维持身体组织的正常更新。缺乏可能发生口角炎、舌炎、结膜炎等。多数食物中都含有维生素B_2，如果宝宝日常饮食中绿叶蔬菜摄入不足，又不喝牛奶，就可能造成维生素B_2缺乏。

维生素B_6。维生素B_6是氨基酸和脂肪的代谢辅酶，缺乏会引起惊厥、躁动或周围神经炎，也可增加癫痫发作的易感性。牛肉、花生、香蕉等含有维生素B_6较多。

偏食宝宝，服用维生素补充剂

健康均衡的饮食意味着除了主食外，每天都要吃一些水果和蔬菜，还要吃一些瘦肉、鱼或豆类。胃口好的宝宝可以从食物中获得身体发育所需的维生素；胃口不佳的宝宝就需要适当服用维生素补充剂，但服用前妈妈要咨询医生，以免因维生素补充过量引起中毒。

警惕玩具噪声污染

宝宝容易受到噪声污染影响而发生听力疾病，往往在没有任何痛苦的情况下听力逐渐减退。这个过程隐藏得很深，妈妈往往不易发现，等发现了可能为时已晚。而这些潜在伤害的制造者却可能是宝宝至亲的家人。

玩具噪声

预防玩具噪声污染的原则是选择声音小的玩具，使用时控制时间。以下列出的是部分玩具的噪声声值。

玩具类型	距离（厘米）	声值（分贝）
玩具机动车	＜10	82～100
大型音乐枪	＜100	74～107，最大可达130～140
空气压缩玩具	＜10	78～108
载人电动玩具车	74～90	
惯性儿童玩具	52～81	

注：在给宝宝选择玩具时，声值要控制在70分贝以下。妈妈在给宝宝挑选有声玩具时，要首先检查其是否存在噪声污染问题。生活中多给宝宝吃玉米、小米、花生、大豆及鱼、肉、蛋、乳等富含B族维生素及蛋白质的食品，可以有效防止听力下降。

游乐场所噪声

商场、游乐园、影剧院等娱乐场所的环境噪声对于宝宝来说都严重超标。监测显示，部分儿童游乐场所噪声在85分贝以上，有的甚至高达96分贝。

妈妈尽量少带宝宝去比较吵闹的游乐场所，或者尽量缩短在游乐场逗留的时间。对于噪声比较大的游乐项目，可以给宝宝佩戴耳塞或耳罩等听力保护装置，同时缩短玩的时间。

巧妙应对生活噪声污染

家庭环境噪声主要来自于一些家用电器、家庭周边环境等，妈妈要先了解各种家用电器的声值，再寻找适当的方法减轻噪声对宝宝听力的损害。对周边环境噪声问题，也要想办法采取适当的措施进行规避。

家用电器的噪声

国家规定的各类家用电器噪声的限值

电器	声值
空调	按制冷功率大小，空调噪声限值在40～68分贝
洗衣机	洗衣机的洗涤噪声最高限值为62分贝、脱水噪声限值为72分贝
冰箱	容积在250升以下的冰箱，噪声限值为45～47分贝；250升以上的限值为48～55分贝
微波炉	微波炉限值为68分贝

注：冰箱、空调、洗衣机、微波炉、抽油烟机和电风扇六大类家电产品的使用说明书上必须标注噪声值，否则不得上市销售。

巧妙规避家电噪声

选购家用电器时，妈妈应特别关注声值这一项，确保家里所有的加热设备和制冷电器在噪声方面都能够达到合格标准；家里噪声比较大的设备尽量不要同时开启，还要避免宝宝长时间处在电视或高音量的立体声音响旁。

周边环境的噪声

交通噪声。如果是新居，玻璃都是中空双层玻璃，有良好的隔音效果。只要关上窗户，基本上就能将噪声隔开了；老房子则需要改造窗户，换成中空双层玻璃。还可以让宝宝呆在受外界影响最小的房间里。

在装修房子时，可以做一些隔声处理：选择比较厚的窗帘，门窗和墙壁装修时可以选用隔音材料。

庭院或居室内宜种一些花或绿植，可以吸收一部分噪声。

装修噪声污染。隔壁装修在打电钻或工地上机器响个不停的时候，要给宝宝带上保护听力的耳塞或者干脆带宝宝离开。

最近小区内有邻居家在装修，经常有电钻钻墙或锤子砸墙的声音，每到这时，宝宝都会捂住耳朵钻到我的怀里。

妈妈应着力解决环境噪声问题，因为如果长期受到噪声刺激，宝宝会变得容易激动、缺乏耐性，出现睡眠不足和注意力不集中等问题。

可以自己上厕所了

现在，经常被妈妈训练排便的宝宝能自己去固定的地点上厕所了，这使妈妈的护理任务减轻了许多。但是宝宝的这种自主排便状态有时会反复，表现为阶段性的尿裤子，这种状态会持续几天。一直带着纸尿裤的宝宝，能够自主排便要等到2周岁以后。前文中已经详细介绍了宝宝自己坐盆排便的内容。

也是自身发育的要求

自己上厕所是宝宝发育成长过程中的一座里程碑。自己上厕所包括以下几个步骤：感觉到尿意，走进卫生间，顺利脱下裤子，坐到小马桶上，排泄，擦屁屁，穿好裤子，洗手。对于宝宝来说，圆满完成其中任何一个步骤都有难度。目前，如果宝宝能够完成前五项，妈妈就该称赞宝宝。

在上厕所的整个过程中，宝宝需要一定的自控力与忍耐力。生理的成熟、自身的不断学习及妈妈的恰当提示这三方面都具备，宝宝才能圆满完成这项任务。

妈妈恰当的辅助

穿易脱的裤子。结构简单、容易穿脱的款式最适合正在学习上厕所的宝宝穿着，带松紧的裤装是优选。这样的衣服可以让宝宝轻松掌握独立穿脱裤子的技巧，从而能把注意力集中在排便本身，不至于提前排便；简单易脱的裤子对于动作较慢宝宝来说，相差一点时间就可能导致两种不同的结果，这会影响到宝宝心理上的愉悦体验。

及时提醒。有些宝宝知道要到卫生间大小便了，但表现总是时好时坏，常常因为贪玩而尿湿了裤子，虽然为此没少挨妈妈的巴掌，但是没过多久他就又会重蹈覆辙。其实对宝宝而言，获得某项新技能大多需要经过几次反复才能稳定下来，操之过急只能适得其反。

我经常会犯急躁的毛病，在宝宝能够控制排便以后，就想着训练他自己将小马桶内的尿倒到马桶里，最后冲水。实际上，即便是排便本身，宝宝应对的也还不是很好呢。

排便的问题急不得，妈妈要经常分析失败的原因在哪里。最要不得的是教训宝宝，这对宝宝的生理与心理都有不良影响。

午睡不能少

现阶段的宝宝睡眠规律是白天约睡2个小时，晚上连续睡11～12个小时。宝宝们的午睡时间会有所不同，有的是安排在午后1～3点，有的是从12点开始，这与宝宝照料人的生活习惯有关。睡眠习惯一旦形成，就不宜变动。

此外，午睡时间的安排也与季节有关。

午睡有必要

有助身心恢复。经历了一上午的活动，宝宝的身心可以在午睡过程中得以恢复。

利于脑部发育。午睡将使宝宝的大脑得到最大限度的放松，使脑部的缺血缺氧状态得到改善，让宝宝精神振奋，反应灵敏。

注意，宝宝午饭后30分钟内不宜立刻午睡，以免引起消化问题。

营造午睡氛围

睡眠环境。房间开窗通风，保持空气新鲜；拉上窗帘，使室内光线略微暗淡些；保持安静。

准备工作。铺好午睡的床铺，放好枕头，拿来给宝宝念的故事书，给宝宝脱去衣服。这一系列动作是午睡前的程序，逐渐会成为宝宝秩序感中的一部分，少做一项就会招来宝宝的反抗。

午睡过程。如果宝宝喜欢听故事才能入睡，妈妈请用轻柔的语调、缓慢的速度讲故事。如果宝宝不配合，妈妈可以闭上眼睛搂着宝宝哼摇篮曲或轻声讲故事，直到宝宝犯困，逐渐自然入睡。

适时唤醒，方法得当

对于宝宝的午睡，妈妈要有规划。午睡要充分，还不能影响夜间入睡。一般来说，将午睡醒来的时间控制在晚睡前4小时就是合适的。如果宝宝沉睡不醒，就需要把他叫醒。

1. 把窗帘拉开，让阳光射入屋内，然后播放宝宝喜爱的音乐。宝宝会在舒缓的音乐声中自然醒来。

2. 一个充满趣味的音乐小闹钟是很好的唤醒工具，当宝宝听到小闹钟的歌声时，就会醒来。

妈妈要注意，没有铺垫的唤醒可能会引来宝宝一通哭闹。

健齿食谱：山药饼、紫菜蛋卷

钙是组成牙齿的主要成分，人体钙摄入充足则牙齿坚固。奶类和豆类制品钙含量最为丰富，尤其是乳类，其钙、磷比例合适，人体容易吸收。烹饪富含钙的食物，适当放点醋，有助钙质溶解，利于人体的吸收和利用。常吃含柠檬酸的水果（如柠檬、柑橘、梅子等）也有助于钙的吸收。磷是保持牙齿坚固必不可少的营养素，在食物中分布很广，只要宝宝不偏食，均能摄取到丰富的磷。

摄入足量维生素D

维生素D能促进人体对钙、磷的吸收及利用，保证牙齿的健康发育。在动物肝脏、鱼肝油中均含有丰富的维生素D，可适当摄取。

摄入足量维生素C

足量的维生素C对预防牙病很重要，缺少它可以导致牙周病。人体不能合成维生素C，同时人体对维生素C的储存也是有限的，因此每天应给宝宝吃一些富含维生素C的食物。蔬菜含有多种微量元素和丰富的维生素C，是不容忽视的护齿食物。水果如橘子、柠檬等也富含维生素C。

精选两例食谱

山药饼。选取山药250克，糯米粉400克，鸡蛋2个（取蛋黄），橘饼50克，红枣5粒。红枣洗净煮软捞出，去皮、核，捣成泥；橘饼切成末；油锅烧热，放入枣泥、橘饼末炒成枣泥馅；山药去皮，洗净，上笼蒸熟捣成泥，加入糯米粉拌匀；拌好的糯米粉做成圆形饼皮，包上枣泥馅，压成圆饼；锅内倒油，烧至四成热时，放入饼坯，炸至表面呈金黄色时捞出即可。

紫菜蛋卷。选取紫菜1张，猪瘦肉馅100克，鸡蛋2个（取蛋液），韭菜末25克，水淀粉、盐各适量。在猪肉与韭菜中加入调料搅拌成馅料；鸡蛋的蛋液、水淀粉、盐拌匀待用；锅烧至热而不烫，擦上少许油，将鸡蛋液摊成圆形蛋皮，平放在净案板上；把猪肉韭菜馅抹在蛋皮上，放一张紫菜，再放一层猪肉韭菜馅抹平；将两侧向里折一个小边，再从两头向中间卷起，至中间合拢，用净纱布扎好，制成一个蛋卷，入蒸锅里隔水蒸约30分钟至熟透；将紫菜蛋卷切成小段入盘即可。

宝宝喜欢吃甜的食物，为了不影响到他的牙齿发育，我尽量控制。

甜、软精制食品由于其含糖量高，又易于滞留在牙缝中，细菌可利用糖产生酸性物质而腐蚀牙齿，故应少吃。要科学食用碳水化合物食品，例如，在两餐之间吃糖类食物，睡前和刷牙后不吃糖类食物。也不要吃过量强刺激性（过酸、过辣、过烫、过冷）食物，以免损害牙齿。吃甜食或苹果后，一定要漱口或刷牙。

家庭教养

重视餐桌时间

人们逐渐在淡化餐桌时间的作用，仅把它用来进餐，越快越好。妈妈要将餐桌时间利用起来，让宝宝感受到浓厚的家庭亲情。这不仅能保证宝宝有好胃口，更有助于宝宝搭建宁静的心灵。

夫妻互爱，一起准备

体贴的爸爸不会把准备餐点这件重要的事完全丢给妈妈，他会参与到制作过程中，哪怕只是打打下手。这样做的好处多多：一是令妈妈心里宽慰，有助于家庭气氛的融洽；二是给宝宝做榜样，懂得心疼妈妈。

现在很多上班的爸爸回到家都是甩手掌柜，坐在沙发上看电视，直到饭菜做好了端上来，直接起身吃。即便妈妈理解爸爸的辛苦，从心里容忍了他，宝宝是以爸爸为榜样的，将来也易养成同样的习惯。

巧妙选择餐桌话题

用餐时间享受的并不只是食物而已，同时也是享受家庭温暖和亲情的重要时间。利用这段时间给宝宝灌输健康饮食的知识是必要的。

妈妈可以将自己准备的餐点作为谈论对象。比如餐桌上有鱼，妈妈可以边给宝宝挑出鱼刺边说："宝贝吃鱼，能变得更聪明。""鱼脑很鲜美，爸爸来给宝贝弄出来。""宝贝一周至少要吃一次鱼。"

还可以用反面教材来提示宝宝不健康的饮食行为，要以和爸爸交谈的方式，达到教育身边宝宝的目的。比如，妈妈可以说："今天见到小溪，真瘦，有点营养不良，她妈妈说她每天吃三个冰激凌。小宝宝要少吃冰激凌，身体才会棒。"宝宝会把这些话记在心里的，这要比宝宝吃时再教育要有效得多。

严禁在餐桌上责骂宝宝。

是非对错，全在点滴生活

目前谈到是非对错有些早，平日关于是非的濡染只能影响到宝宝的行为。正是这些濡染在长期的坚持和积累下，最终使宝宝形成自己的是非观。现阶段，可以通过给宝宝讲小故事来让宝宝体会对与错、好与坏。

来自故事的教育

妈妈可以选《狼来了》的故事讲给宝宝。妈妈讲述的时候要抓重点、找技巧。“放羊娃在山上放羊时，想捉弄山下的农夫，就喊‘狼来啦’。农夫以为真有狼，就跑上来帮忙，结果发现被骗了，很生气地走了。后来，狼真的来了，放养娃又喊‘狼来啦’，农夫以为放羊娃又骗人玩呢，就没理他。放养娃差点被狼吃了。”

妈妈用这个故事教育宝宝不能说假话，说假话是错误的行为。

妈妈应注意，这个阶段的宝宝已经开始背诵故事的内容了，因此不要轻易改编。

有时故事中没有好、坏人之分，只有聪明人与笨人之分，或者是其他方面的区别。在宝宝心目中，好人应当得到帮助，应该有好结果。妈妈选择故事时要尽量选择简单且有教育意义的故事讲给宝宝听。道德标准是抽象的，宝宝从日常生活中、妈妈的评论中和故事中总结了一个模糊的标准，需要妈妈常在具体情境下更正。

生活中的教育

在日常生活中，身教的作用要大于言传。父母在与人交往的过程中所表现出来的态度及行事作风，都会对宝宝产生影响。所以，妈妈平时要对自己的言行进行约束。

比如：

1. 一家人外出坐公交车时，没抱宝宝的一方见到老人要让座。

2. 别人帮忙时，要对人家说谢谢。

3. 见到老人拎着重物，要想办法帮忙。

4. 不在家里议论别人家的私事；不当着宝宝的面对别人做坏的评价。

妈妈要及时表扬宝宝做的好事，用眼神、手势或语言阻止宝宝做不应该做的事。讲故事或打比方的方法可以帮助宝宝更好地理解做错事的后果。

重视沟通技巧

在养育宝宝的过程中，每天都会有让妈妈焦虑的事件发生，与其气急败坏地让宝宝遵照自己的意愿做事，不如把精力放在寻找与宝宝进行良好沟通的方法上。

如果存在宝宝难缠的情况，最好想一想自己有没有把宝宝当一个宝宝来看待。妈妈要坚定一个信念，不是宝宝不乖，是自己的方式方法有待加强。

宝宝眼里的沟通过程

站在宝宝的角度来分析宝宝的行为，有助于妈妈了解宝宝欠缺配合精神的根本原因。对于"不要弄脏衣服"这个要求，宝宝是不在乎的——又不用自己洗；对于"好好配合穿衣，要赶时间"这个要求宝宝也无所谓——要去见人也只是妈妈一厢情愿。

这样的描述下，宝宝是个自私自利的孩子，不顾别人只顾自己。实际上，这是现阶段宝宝的发育特点。如果宝宝是个发育正常的宝宝，就应该是这样的。妈妈如果因此而觉得宝宝不懂事而生气，那只能说妈妈太不了解宝宝了。

用心琢磨沟通技巧

首先要认可宝宝的状态是正常反应，并不是成心在与妈妈作对。比如妈妈给宝宝穿衣服时，宝宝却在玩玩具，不好好配合。此时妈妈不应该暴跳如雷或态度生硬地打掉宝宝手上的玩具。可以巧设场景，以宝宝与妈妈比赛看谁的衣服穿得快的方法来诱导宝宝配合穿衣。

对待宝宝提出的不合理要求或正在进行的危险活动，可以采取转移其注意力的方法进行"软"处理。如，当宝宝已经吃了很多冰激凌，还想再要时，父母先不要正面回答，可以让他打开电视机看有趣的节目，也可以给他喜欢的玩具，或者干脆带他到外面去玩儿，转移其注意力。

别看我家宝宝才不到2岁，脾气可不小，简单的穿衣、吃饭、玩玩具都有可能惹怒他。遇到宝宝发脾气的情况，宝宝爸爸和我都感到很头疼。

宝宝的坏情绪多因负面感受而起。宝宝最需要的是父母接纳和尊重他的感受，有4个超级技巧：安静专心地倾听；用简单的词语回应他的感受；说出他的感受；用幻想的方式实现他的愿望。

重视沟通态度

父母与宝宝沟通时，更重视沟通的结果如何，却不注意自己的态度。站在宝宝的角度来看，妈妈要达到的这个目的与他无关，他更在乎这个过程自己的生理及心理的体验。

重视对话的语气

几乎所有的父母都会犯说话语气重的毛病，这种大家长的作风建立在要对宝宝进行管教的基础上。站在宝宝的角度来看，父母和自己对话的态度分明就是责骂，抵触情绪油然而生。这就导致沟通还没开始宝宝就站在了妈妈的对立面。

父母最好把自己的身份降低，当自己是宝宝的朋友，态度要和蔼可亲，语气要和缓。对于性格本就急躁的妈妈来说，这很不容易。但是为了缓和亲子关系，也为了培养宝宝安静祥和的性格，妈妈要想办法克制自己的暴躁情绪。

带孩子的妈妈很容易急躁，部分原因与身体的健康状况有关，适当做一些调理，健康状况良好了，与宝宝的沟通状态是可控的。

反话伤人，尽量不说

为了迫使宝宝就范，妈妈有时会说一些反话，比如“你不听话，妈妈不要你了”“把你送给叔叔阿姨咯”“你是妈妈路边捡来的”“不听话，让大灰狼把你吃掉”等话。宝宝会认为妈妈说的话是真话，为此会感到恐惧。这种恐惧心理导致宝宝缺乏安全感。所以，类似的话妈妈最好不要说。

即使有人开玩笑说：“阿姨把你带回家吧。”妈妈也要赶紧澄清自己是不会离开宝宝的，会和宝宝永远在一起。

微笑，是灵丹妙药

要尽量多让宝宝看见妈妈的微笑。和宝宝说话要带着笑容，即便是宝宝让你生气了，也要以笑容应对。僵硬的面部表情会阻碍母子之间的良好沟通。在宝宝无理取闹时，可以暂时不应对，等宝宝冷静下来以后再把他抱在怀里讲道理，要温和地对待他。

行为习惯

走路姿势很怪

宝宝已经走得很好了，但他走路的姿势却不怎么雅观。虽然妈妈明白宝宝正在发育期，未来会有很大的改观，但还是会担心干涉晚了导致未来不可逆转的缺陷。

螃蟹横行走姿

宝宝两只脚尖朝里走路，这种姿势很常见，大约3岁左右，宝宝腿部肌肉更结实后，这种走路的姿势就会消失。妈妈平时尽量避免让宝宝叉腿坐，多让他盘腿坐；穿硬帮鞋也可以纠正这样的走路姿势。

鸭子式走姿

这种姿势一般是生理问题，平足宝宝就是这样的走姿。宝宝需要在行走过程中锻练脚底的肌肉，使其出现弧度。95%的宝宝在5岁前足底会自然出现弧度，而经常骑儿童自行车的宝宝能更快出现弧度。脚趾夹小物品或踩滚桶等游戏有助于足弓的形成。

画圈走姿

这样的走姿在2岁前都是正常的。2岁以后还没有改观，就有必要去医院好好查一下原因了。

夹着腿走

双腿呈“X”型，一般在不愿意走路、不好动的宝宝中较为常见，是肌肉缺乏锻炼所致。只要加强锻炼，很容易就能把这种不雅姿势纠正过来。

跌跌撞撞

1岁半之前，这种姿势都是正常的。在迈出了第一步之后，还需要大约3~6个月的时间，宝宝才能很好地控制脚步。到2岁左右时还会跌跌撞撞，就该带宝宝去看医生了。可能存在神经或骨骼结构方面的问题。

不要走，就要抱抱

宝宝走路已经很好了，可是每次外出时却不愿意自己走了，总是张开两只小胳膊反身抱着爸爸妈妈的腿让抱抱。这与学步时期非要下来自己走的状态恰好相反。

需要慰藉，是正常行为

几乎每个宝宝都会有这样的时期。当宝宝学习走路时，宝宝的精力都放在走路这件事情上，宝宝的走路不像大人一样为了某个目标而走，而是为了学习而走，所以宝宝不知疲倦地走个不停。当宝宝学会了走路，他的精力就不会主要放在这件事上了，然后宝宝又会想回到妈妈怀里寻找慰藉，寻找温暖。

游戏助行走

妈妈断定宝宝只是不愿意走了，并不是感觉累了时，以下的游戏可以激发宝宝自己走的热情。

比赛。人行道上的水泥地是一块一块的，有一道道横线，可以让宝宝站在同一道横线内，以前几道横线为终点进行赛跑。为了鼓励宝宝向前跑，父母可故意落在宝宝后面一点，让宝宝觉得自己能干。通过这个游戏，能养成宝宝自己走路不要抱的习惯。

捡落叶或小石子。路面上经常有许多落叶和小石子，父母应让宝宝边走边捡。还可以和宝宝进行扔石头比赛，看谁扔得远，再跑到前面去找自己扔的石头（注意不要在人多的地方扔）。

数数。带宝宝走路时，可以教宝宝数路边的电线杆或树。这样既教宝宝事物的分类和数的概念，也能使宝宝不缠着大人抱。

以上方法可以交叉使用，效果都很好，宝宝多不再吵闹要抱，不知不觉中达到让宝宝自己走的目的。这样做既玩了游戏、长了知识，又减轻了大人的负担，培养了宝宝从小吃苦耐劳的精神，并使宝宝腿部肌肉得到了锻炼。

宝宝在走路方面的表现，经常呈现两个极端，有时一步也不愿意走，有时却走得不知疲倦，耐力甚至超过大人。

宝宝在玩得开心时，往往会忽略腿部的疲劳，这就需要妈妈进行合理的调节与控制了。

有自虐行为，要及时纠正

宝宝发泄不满情绪的方法有很多种，最常见的是哭闹，这是比较正常的。有一种比较极端的发泄方法是自虐，包括撞墙、撞地板、拍脑袋、挠脸、咬胳膊或手等，这样可能会伤到宝宝，必须加以限制。

及时转移注意力

在情绪激动时宝宝可能采取自虐的方法来发泄自己的不满。妈妈要在宝宝开始有自虐迹象时及时把宝宝抱到户外或其他场所，将其注意力从当下的不愉快中转移。

经常有自虐表现的宝宝，妈妈平时还要注意给宝宝做好防护措施，以免宝宝伤到自己。比如爱用头撞地板的宝宝，要在地板上铺地毯；爱咬手指的宝宝，在他将手伸入嘴里前要及时抱起他，并以拥抱安慰。

自虐时，不能置之不理

妈妈的爱相伴。在宝宝自虐时，要让宝宝体会到妈妈的爱，告诉宝宝他受伤了妈妈会心疼。不能置之不理，任由宝宝自己伤害自己。

示范其他发泄负面情绪的方法。比如捶打枕头、撕旧报纸、用笔乱画、大声唱歌等，把激情引向身外之物或其他活动。

自虐后，教育少不了

妈妈花点心思编一些小故事，情节可以是喜欢自虐的小动物的故事。内容为：主人公有解决不了的问题时，请爸爸妈妈帮忙后达到了目的，就不再打自己了。在宝宝情绪良好的时候，经常给宝宝讲这个故事。宝宝也会学着故事中主人公的处理方法来应对自己的问题。

能让宝宝情绪激动的事有很多，多数在大人看来根本称不上是问题。面对宝宝的这番胡闹，我真想干脆不理他，让他自己反省。

宝宝易情绪激动与他的认知能力有关，妈妈要站在宝宝的角度看问题。既然他认为那是不能忍受的，就有他的理由。妈妈首先要认同导致宝宝难过的原因是成立的，这是可以与宝宝产生共鸣的前提条件。只有这样，宝宝才能敞开心扉，配合妈妈解决问题。

小小“拾荒者”

部分宝宝对地上被丢弃的垃圾很感兴趣，比如花花绿绿的糖纸、饮料瓶盖、雪糕棍、吸管等小物件，每遇到都会像宝贝一样捡起来研究一番。

这也是学习的过程

宝宝最初的学习就是通过身体的活动来实现的，他们伸手去摸视野内的东西，因此获得了对空间的感觉和认知，但这是宝宝学习的方式。儿童心理学家皮亚杰把宝宝这种认识世界的时期称作“感觉运动时期”，在这个时期，宝宝通过身体的活动，获得了各种丰富的感觉，并在这个基础上形成最初的认知，这个阶段最起码要持续2~3年，对宝宝以后的智力发展至关重要。

限制太多，得不偿失

妈妈因为怕宝宝接触到脏东西，所以不许他乱拾东西，这严重干扰了宝宝的学习。其实探索外部世界是人类的强大本能，所以，不管妈妈怎么干涉，宝宝都不会改变他的行为。

妈妈可以给宝宝相对自由的空间，在安全的前提下可以玩家里的东西。在户外，只要宝宝碰触的物品不会危及到他的健康，便不干涉他。妈妈随身带着消毒纸巾，在宝宝探索完毕后及时给他擦手。宝宝的好奇心和学习渴望得到了足够的尊重，对他未来的发展大有益处。

妈妈巧应对

妈妈可以将宝宝的这种探索行为引导为“垃圾分类”或“城市清洁工”的小游戏。出门前准备一个透明瓶子和一个塑料袋，告诉宝宝可以将小石子、小木块等东西放到瓶子里，盖好可以做响瓶。而塑料袋用来装烟头、瓶盖、雪糕棍等真正的垃圾，收集起来以后扔到垃圾桶里去，这样可以让宝宝养成爱护环境的好习惯。

早期教育

第一、第二人称活用

宝宝开始会使用“我”做主语，代替之前的“宝宝”做主语，这使宝宝的语言表达能力又向前迈进了一步。开始宝宝分不清“我”和“你”，需要一段时间的练习才能熟练地实现“我”与“你”的正确用法。

这个阶段，宝宝对于“我的”“妈妈的”“爸爸的”“奶奶的”等物主代词，已经能够区分并正确使用了。

明确物品的归属

宝宝护着自己的物品，凡属于自己的或是自己经常使用的物品，都被宝宝贴上了“我的”标签。这些独属于宝宝的物品是不允许别的宝宝使用或碰一下的。如果妈妈拿着宝宝的玩具问宝宝：“这是小宝的吗？”宝宝会毫不犹豫地抢过来，说：“是我的。”

宝宝对家里多数物品的归属也是一清二楚。爸爸的领带、剃须刀、手机，妈妈的手套、鞋子、发夹，奶奶的手绢、水杯……宝宝都知道，甚至爸爸、妈妈的手机响了，宝宝从铃声就能判断是谁的，并及时拿给对的人。在此基础上问他：“这个眼镜儿是谁的？”宝宝会说：“妈妈的。”同样，宝宝也能很轻松就说出“爸爸的”“奶奶的”。

此时，家人要找机会教宝宝学说第三人称“他（她）”“大家”。“他（她）”这个代词用以指代对话双方之外的第三方。这个第三方在宝宝眼里同时也是自己熟悉的亲人或者不熟悉的叔叔、阿姨等，现在宝宝还很难理解这些人都可以被称作“他（她）”。

一问一答，实现人称转换

妈妈经常会问宝宝“你爱我吗？”宝宝的回答很有意思，“爱我”，这种对话要延续很长时间。妈妈要进一步引导宝宝掌握“我”与“你”之间的转换关系，在问到“你”时用“我”来回答，在妈妈问“你爱我吗？”要引导宝宝回答“爱你”；“你几岁”，答“我1岁半”。

在日常沟通中妈妈要引导宝宝多表达自己的感受，尽量把自己的要求很明确地提出来，练习多了，宝宝逐渐就能掌握代词之间的转换。

灌输交通安全的意识

关于交通安全这一课，需要妈妈大力强调。这样的教育可以通过书籍、玩具、游戏等方式进行。最好的方式就是在真正的道路上让宝宝亲身去体验。只要妈妈带宝宝上街逛，就能获得这样的机会。在实际生活中，爸爸或者妈妈可能会因赶时间而闯红灯，如果带着宝宝，请严格遵守交通规则，不要给宝宝做坏榜样。

小区里的交通安全

妈妈不要想当然地认为只要宝宝不出小区，就不存在交通安全的问题。现代新型小区规划整齐、道路有序，看起来似乎没什么危险，其实危机重重。

新型小区的车行道是单向的，车行进的方向是固定的。妈妈不要因此而放松警惕，放手让宝宝在路上走。

此外，停在路边的车有可能会突然倒车起步，宝宝低矮的身体不在后视镜的视线范围内，容易被碰到。

由于小区内环境的特殊性，对宝宝进行安全教育是不可行的，以宝宝目前的认知能力，是无理解如此复杂的情况的。唯有妈妈紧紧跟着多多留意了。

大街上的安全

有些父母会在十字路口拉着或抱着宝宝快速跑过去，或许是因为赶时间，又或许是没有耐心，可这都是非常不好的行为，危险自然不用多说，还有一个重要的影响是，一旦宝宝学会这种做法，就等于给未来埋下了一颗危险的种子。

当妈妈带着宝宝穿过街道时，应该好好利用这个机会教给宝宝通过路口的正确方法：首先要找斑马线，站在斑马线边上左看右看，有车时一直等，没有汽车时快速通过；在有红绿灯的路段，要看灯，只有绿灯亮了以后才可以走过去。

妈妈要在生活实践中教会宝宝安全意识，这比书本或说教更直观、有效。

根据天气安排生活

天气预报是家庭安排日常出行的依据。现在，可以让宝宝参与进来了。宝宝喜欢看电视里的天气预报节目，每次看完，妈妈都要告诉宝宝第二天是什么天气，是否适宜出行，宝宝不见得能马上理解，妈妈要在第二天将天气与宝宝的亲身体验建立联系。

跟读天气预报，练习语言

天气预报非常专业和详细，宝宝从节目中可以慢慢熟悉各种专业的词语，比如温度、湿度、风向等，还能熟悉很多地名。语言能力发育良好的宝宝轻易就能学会跟随主持人预报天气，也能认识很多地名。

宝宝还能了解自己所处的区域没有遇到过的天气现象，比如南方的宝宝借此能知道北方会下雪，内陆的宝宝将了解到沿海地区会有可怕的台风。

结合体验，认识天气

妈妈要用心选购天气挂图或画册，教宝宝认识各种天气的图画。详细讲解各种天气的特点，例如晴天会有太阳、雨天会从天上掉下水珠、雪天会飘起雪花等，并要抓住特点很明显的天气，让宝宝亲自体验。

晴天带着宝宝出门，告诉宝宝如果天上能看见太阳就是晴天，晴天可以外出玩耍，宝宝要多晒太阳，才能长得又高又壮；阴天带宝宝出门，告诉宝宝天空灰蒙蒙的，太阳躲到云彩后面看不到了，这就是阴天，阴天可能会下雨，所以不宜走远；下雨时让宝宝从窗户往外看或撑着伞在雨中行走，外出时别忘记给宝宝穿上雨衣和雨鞋，宝宝轻易就能知道该如何应对雨天了。

安排生活

妈妈应引导宝宝根据天气情况合理规划自己的生活。在日常生活中，天气预报最重要的用途在于指导宝宝穿衣。进入幼儿园以后，更要关注天气情况，妈妈需要据此决定是否需要给宝宝多带衣物。

宝宝3周岁以后，对待穿衣会有自己的眼光，让宝宝在入园之前就养成按照天气选择衣物的习惯，可以避免不必要的争执。

自己脱衣服

宝宝自己穿、脱衣的意愿很强，妈妈往往会因为宝宝穿脱衣动作不利索而不愿意让宝宝自己来，宝宝会因此而哭闹；但如果妈妈干脆放手让宝宝自己来，宝宝也会因做不好而丧气哭闹。妈妈应尽量满足宝宝要自己动手的愿望，并要做好鼓励及辅助工作。

脱上衣

妈妈可以将脱衣最难做的部分完成，比如解开扣子或拉开拉链，让宝宝自己脱去上衣。宝宝的上衣一般有套头衫、开衫这两种。

脱套头衫。宝宝会把手臂高高举起，任由妈妈拽着下衣襟从上面把上衣褪下来。此时，妈妈可以教宝宝双臂在胸前交叉，双手向后伸到身体两侧拽住下衣襟，向上使劲儿以使套头衫从头部褪下来。现在宝宝完不成这个高难度动作，妈妈可以从旁协助宝宝，必要的时候妈妈在宝宝面前演示如何脱套头衫，让宝宝有更直观的感受。

脱开衫。相对而言，开衫要好脱一些。解开扣子或拉链后，妈妈拽着衣领向宝宝身后拉，宝宝的双臂会被拽到身后，上衣褪至宝宝双手，再让宝宝伸出一只手直接拿着上衣给妈妈。

衣服的构造尽量简单，但脱不下来会使宝宝感觉沮丧的，妈妈要经常鼓励宝宝。

脱裤子

在宝宝学着脱裤子时，首先要将鞋脱下去。妈妈先替宝宝解开腰部的扣子再将裤子拉到膝部，带松紧的裤子直接拉至膝部即可。最初，妈妈可以直接拉着裤脚帮宝宝脱下裤子；逐渐地引导宝宝自己双腿交错蹬裤子，很容易就能将裤子蹬下去。在春、秋、冬三季，宝宝会穿几层裤子，告诉宝宝要一条一条地脱。

整理脱下的衣服

不要忘了整理脱下来的衣服，妈妈要将上衣、裤子叠好放到衣柜里的固定位置。在教宝宝学习自己脱衣服的同时，也应该培养他折叠、整理衣服的习惯，不要让他将衣服随意丢。

妈妈要教宝宝学会辨识衣服前后的标志，比如领子上有标签的一面是后面，有缝衣线的是反面。一般来说，即便妈妈不说，宝宝也会自己观察，逐渐就能自己分辨衣服的前后了。

做事巧安排

宝宝能够自觉安排自己的事情，可以让妈妈省很多心，妈妈的目标就是培养宝宝的这种能力，要利用生活中的点滴机会让宝宝参与安排家庭事务，更有助于锻炼宝宝自理的能力。

安排日常生活

吃饭时。妈妈准备好餐点以后，让宝宝拿取自己的碗与勺子放到餐桌上，到固定的地方取来自己的罩衣或围嘴，请大人帮忙戴上，爬上餐椅坐定，准备进餐。妈妈可将宝宝的罩衣或围嘴用挂钩挂在宝宝够得到的地方；橱柜里开辟一个宝宝用品的专用空间。

洗澡时。在洗澡之前，妈妈准备大盆和水，让宝宝取来毛巾、肥皂、拖鞋、梳子等。妈妈可在卫生间墙壁上宝宝能够到的位置粘几个粘钩，分别挂宝宝的毛巾、小型分类收纳桶（放置宝宝香皂、梳子、漱口杯等）。

外出时。妈妈要带着宝宝外出时，让宝宝去拿外出时要带的物品，如干、湿纸巾，饼干，水壶等。鞋柜里也要辟出摆放宝宝鞋的专用空间，外出时请宝宝自己选穿哪一双。

睡觉时。宝宝铺好自己的小床铺，放好小枕头，再铺好小枕巾，拿来喜欢看的故事书。

妈妈习惯不好将影响宝宝

目前，很多宝宝很难安排好以上事情，即使妈妈安排好让宝宝配合完成都显得困难。也许原因出在妈妈身上，不妨从以下几个方面找原因：妈妈自己也没有很好的规划，生活中很随意，没给宝宝做好榜样；妈妈与宝宝之间的沟通欠佳，一旦宝宝做不到，妈妈就失去耐心甚至干脆自己代劳了；妈妈取放物品没有固定的地点，这使宝宝也养成了混乱的取放物品的习惯，需要的物品放在哪里都不知道，当然谈不上正确拿取了。

逐渐训练

不要对宝宝抱太高期望，良好生活习惯的养成是一个长期的过程，关键在于妈妈要坚持不懈地督促与提醒。

我让宝宝收拾玩具他不理我，为了达到目的，我开出了交换条件，告诉他收好玩具给他一块糖果。

妈妈可以和宝宝约定做完做好一件事才能去做另外一件事。但若以去做另外一件宝宝感兴趣的事作为做完这件事的诱因，则对培养好习惯和责任感会有负面作用。

大家一起来踢球

宝宝对团体活动有了一定的要求，妈妈要善于挖掘适合全家人一起玩的项目。这样的项目包括：大人带宝宝们拉拉手围着转圈、老鹰抓小鸡、听歌做动作等。对于男宝宝们来说，一起踢踢球是个不错的选择。

虽然现在让宝宝踢球还有一定的难度，但这丝毫不影响宝宝享受和大家一起玩的快乐。

选择好场地、好玩伴

身边有很多场地可供宝宝们踢球玩。如果参与者少，小区内的草坪是踢球的好场所，但是为了不使宝宝养成随意踩踏草坪的坏习惯，可以选择小型广场或多条小路汇集的地点（无车辆通行）；参与者多时，可以选择小区健身场所内的宽阔场地。

有的小区在儿童活动区专为宝宝们铺设了塑胶地面，在这样的地面上玩耍，宝宝们摔倒了也不容易碰伤。

一起踢球的玩伴们可以是经常在一起玩耍的同龄宝宝们。大宝宝们玩起来比较疯，不适合参与进来。

踢球的特点

最初开始踢球时，宝宝只是把球随便踢出去，没有目标，并且喜欢把球踢远然后跑过去捡回来再踢。踢球时也把握不好最佳抬脚时机。

现在要让宝宝逐渐适应大家一起互相配合着踢球。大家围成一圈，妈妈要引导宝宝把球踢给对面的宝宝，渐渐地宝宝就能控制球行进的方向了。

选好球

很多宝宝都比较偏爱球，所以球会有很高的使用率。宝宝的球玩具有很多种，婴儿期是抱着玩的软球，很轻，可大可小。现在，宝宝的球多是小皮球、篮球、足球等大的硬球，这样的球极易从地面上弹起来，对宝宝来说玩起来更有意思。

练习双脚起跳

这个阶段，能够双脚起跳的宝宝已经很不安分了，只要有机会，他们就会蹦不停。宝宝的大动作发育有早有晚，只要在发育时间表内，就都是正常的。如果宝宝超过2岁2个月还不会双脚跳，说明发育较晚。

增强腿部力量

想要宝宝更好地双脚起跳，首先要增强宝宝的腿部力量，以下几种训练可以经常进行：

拉腕跳或扶物跳。妈妈握住宝宝的手腕或让宝宝握住自己双手食指，让宝宝体验双脚起跳的感觉。

下蹲起。借助宝宝喜欢的东西，比如一大筐的球，和宝宝一起游戏，宝宝在游戏中反复下蹲捡球、起立。

单脚站立。扶住宝宝或让宝宝扶墙，稍微给一点力，让宝宝“金鸡独立”。

骑自行车。陪宝宝学骑自行车。

从高往低跳。妈妈和宝宝面对面，拉着宝宝的手，选择台阶或楼梯，让宝宝从高处往下跳。从易到难，让宝宝找到双脚跳的感觉后再尝试平地起跳。最后还可以从低处往高处跳。

以上训练不仅有助于锻炼宝宝腿部肌肉的力量，同时也是亲子活动的好项目。如果与其他小宝宝们一起玩，还可以增加这项活动的趣味性。

增强动作的协调性

动作的协调性也是能够双脚起跳的必备条件，妈妈要多创造机会让宝宝到户外攀爬、钻，陪宝宝多到大型蹦蹦床上去蹦蹦跳跳。此外，羊角球也是增强动作协调性、本体感最有效的玩具之一。

同龄宝宝中有几个已经能够从平地蹦上台阶了，但有一个宝宝还不敢双脚起跳蹦下台阶，宝宝们发育的差异真的很大。

宝宝大动作发育落后可能有很多种原因，有可能是腿部力量不足、动作协调性不够、本体感发展不好等，其中要特别注意宝宝是否有本体感发展不好的倾向。妈妈可以观察宝宝是否同时有流口水、口齿不清等本体感发展不好的表现，如果有，应该求助专业感统训练机构进行加强。

陪伴阅读，帮助识字

现在，宝宝的认知能力已到了更高的层次，经常和妈妈一起阅读的宝宝，甚至已能在心里默默背诵整本故事书的内容。妈妈应坚持教宝宝继续认字。

在生活中自然识字

培养宝宝识字的目的在于让宝宝能够自由阅读。现阶段，任何强迫学习的行为对宝宝来说都是一种摧残。妈妈要注意巧妙设定情景，引导宝宝自然进入学字状态，要让宝宝在识字过程中感受到快乐。

推荐四种教字方法，即在生活中识字、在游戏中识字、在情景中识字、在图画中识字。妈妈无须刻意去教，但要经常提示宝宝关注曾经见过的字，也就是要善于创造机会提高同一个字在生活中出现在宝宝眼前的频率。这样的字最好是出现在广告招贴画上、零食包装上、图书封面上等宝宝关注度比较大的地方。

通过读书来识字

妈妈可以和宝宝一起阅读以图片为主的故事书。妈妈一边念故事，一边指着书上的大字，宝宝一边听一边看图认字，一边背诵妈妈讲的每一句话。这一阶段要选择图多字少且字大的故事书，书的纸张厚一些，方便宝宝翻阅。如果家里的宝宝还有撕书的爱好，妈妈可将书页用保鲜膜套上再装订好。

妈妈在陪伴宝宝阅读的过程中，要用手指点着字一个字一个字地阅读，这能使宝宝将字的读法与写法及其意义联系起来。

我为了帮助宝宝更好地认字，便手写了一些宝宝已经认识的字挂在墙上让宝宝认，宝宝表现很茫然。

宝宝对汉字的记忆方式是图画式的，在他眼里，每个字都是一幅图片。所以，识字过程应该用非常规范的机打字体，手写字不提倡使用；宝宝在识字过程中不宜遭受过多挫折，挫折多了会使宝宝对识字行为产生抵触情绪。

照片中的亲人

宝宝已经认识了一部分家庭成员，但是对于见面次数很少的亲戚，现在已经没有任何印象了。家里很可能有他们与宝宝的合影，要经常把影集拿出来，给宝宝指认这些亲戚的身份与职业。

影集中的身影

妈妈要费点心思把家里的影集整理好，里面收集的照片要全面，可以按具体情况做一下细分，将核心家庭成员、姥姥家成员、爷爷家成员分别归到一起。

各个阶段的全家福及宝宝从出生到现在的照片是影集的主要内容。现在，宝宝可以参与整理影集了。妈妈要及时与身处全国各地的亲人联系，从网络上把他们的照片下载冲印出来入册。

妈妈要经常在闲时把影集拿出来和宝宝一起欣赏，给宝宝讲诉他小时候的趣事，这会是宝宝特别喜欢的话题。还要把这些亲人逐个介绍给宝宝，重点介绍宝宝不经常见到的亲人。如果这些亲人中有特别出色的，一定要对宝宝强调。比如妈妈要对宝宝这样介绍舅舅："这个是舅舅，他是军人，这是他在乘坐飞机时拍的照片，舅舅很精神吧？""这是爷爷，他是一位医生。看，爷爷穿着白大褂在给病人看病呢。"

宝宝虽小，也懂得威风与荣耀，他会特别留意军装与医生的白大褂，留意那架飞机，并会表示出他的向往之情。宝宝通过看照片可了解到不同职业的人穿不同的服装，做不同的工作。

让宝宝接受这些亲人，把自己当成他们中的一员，关心他们的生活，爱听他们的故事，养成良好的归属感。

族中其他小宝宝

如果家族中还有与宝宝年龄相仿的小宝宝，一定要及时将他们的照片更新，让宝宝知道自己有兄弟姐妹，并不孤单。日后有机会见面时，很容易就能相互熟识。

双脚交替上下楼

上下楼梯对宝宝动作发展具有积极的促进作用，人在上下楼梯时，首先必须活动膝关节，同时还要调节身体的平衡。因此，对于急需发展动作技能的宝宝来说，上下楼梯不但是一项锻炼关节的活动，也是一项很好的平衡活动。

上下楼梯可锻炼意志力

楼梯越爬越高，意志越练越强。宝宝刚开始学上下楼梯时会有一定困难，但如果他能从爸爸妈妈的鼓励、支持中得到勇气，克服摔倒带来的心理上的恐惧和身体上的疼痛，就能勇敢地迈出第一步，登上第一级。随着级数的增加，他就会充分感受到控制自己身体所带来的喜悦，体验到成功的快乐。

循序渐进，注意保护

宝宝走楼梯往往要经历很长时间的并脚走，逐渐发展到双脚交替走。在平缓的楼梯台阶上无须拉着大人的手，一般居民楼的楼梯都比较陡，不仅需要紧紧抓着妈妈的手，还要扶着扶手。无论是上楼还是下楼，都要遵循循序渐进、日日锻炼、放手让宝宝走、逐渐增加台阶级数的原则，并要注意对宝宝的安全保护，避免因多次摔倒而使宝宝害怕走楼梯。

宝宝上下楼要有大人监护，尤其当大人在厨房忙碌时，不要让宝宝单独在楼梯上玩耍，以免发生意外。在下楼梯时，宝宝要探头看路，身体垂直，身体重心前移容易向前摔倒。大人要走在宝宝前面，以便于保护。

我家住在八楼，每天外出回家时，我会在六层下电梯，带宝宝爬剩下的两层。

宝宝经常上下楼梯，膝关节会变得十分灵活，肌肉结实有韧性，且大脑控制系统经常受到动作指令的刺激也将变得特别灵敏，眼、手、脚协调能力增强。

疾病与异常情况处理

细菌性痢疾

细菌性痢疾是由痢疾杆菌引起的肠道传染病，是宝宝常见的肠道传染病，在幼儿和学龄前儿童中发病率较高。一年四季均可发病，夏、秋季发病最多。

发病症状

急性菌痢起病急骤，发热，体温可达39℃，腹痛，大便次数多，每天10～30次，大便带有脓血，宝宝想拉又拉不多，总有没拉完的感觉，同时伴有恶心、呕吐、食欲减退、全身无力等症状。

如果发生中毒型痢疾，尚未见拉脓血便，有的宝宝就会出现高热、抽搐、面色苍白、血压下降、四肢发青等循环衰竭的症状，病情变化快，往往48小时内迅速恶化，死亡率极高。

治疗方案

在医生指导下服药7～10天，以免痢疾迁延或复发。治疗细菌性菌痢多数情况下医生要选择两种抗生素，以提高疗效，降低耐药性。

父母还要配合使用物理或药物降温的方法控制高热，注意调节饮食结构，患儿要卧床休息。

不同阶段的饮食调理方案

急性期。开始时腹泻频繁，要禁食，接着可以补充米汤、藕粉、淡果汁、菜汁等流质饮食，目的是补足水分；忌食牛乳、豆浆等。如果由于呕吐影响到进食，要选择静脉输液以维持机体内水与电解质的平衡。

稳定期。病情稳定，腹泻次数减少，可以增加牛乳、豆浆、米汤、蛋花、蒸嫩蛋等低脂流质饮食，这类食物的特点是无渣、少油，但因营养不足不宜延续太久。

恢复期。恢复期腹泻停止，可以吃粥、烩软面片或面条、无油肉松、鱼片、炒嫩蛋、豆制品等低脂半流质饮食。随着病情好转，可以进食清蒸鱼、碎嫩瘦肉、软饭、挂面等，要少食多餐。如果宝宝食欲良好，症状消失，就可以恢复一般的正常饮食。

如何预防细菌性痢疾

1. 首要把好饮食关，以防病从口入。
2. 从小培养宝宝饭前、便后洗手的好习惯，要用流动水洗手。
3. 要确保食品及水不被污染，不吃不洁食物及腐烂瓜果蔬菜，生吃瓜果要洗烫。宝宝餐具要消毒，一般煮沸15分钟即可。
4. 要注意厕所卫生，消灭苍蝇。
5. 幼儿的尿布、内裤先浸泡煮沸后再清洗。
6. 宝宝如出现细菌性痢疾的表现应及早去医院诊断、及早治疗和及早隔离。

营养不良性贫血

如果宝宝表现出精神状态不好、心不在焉、反应迟钝、表情呆滞等症状时，妈妈要加强关注了，宝宝可能患上了营养不良性贫血。妈妈或许感到奇怪，好吃好喝的，怎么可能会营养不良呢。其实，问题可能就出在这“好吃好喝”上了。

贫血症状有哪些

轻度贫血。表现为脸色苍白、精神稍有低迷、爱缠人、食欲不振、体质弱、时常发热感冒等，会被父母误认为是情绪问题，从而忽略。

中度贫血。脸色煞白，精神萎靡、烦躁不安，有的患儿还有异食癖，常喜欢吃墙皮、煤渣、火柴、纸等异物，并出现腹泻、呕吐等消化不良症状，同时伴随呼吸、脉搏加快，肝脏增大等。

重度贫血。出现手脚水肿、胸闷气短等症状。还有的患儿体力、智力上出现严重倒退现象，本来会说话、会站、会走路，病后都不会了。而且头发变得枯黄、稀疏，哭时无眼泪，大便干燥。

饮食误区导致贫血

“高级营养品”导致贫血。有些妈妈热衷于给宝宝购买“高级”营养品，这些营养品往往缺乏铁元素或者含量极微。以牛奶为例，每100毫升牛奶含铁0.1～0.5毫克。儿童每日需铁10毫克，若仅靠牛奶来提供铁，得喝上2～10升才能满足需要，显然，宝宝是喝不下这么多牛奶的。

高热量饮食导致贫血。有一部分宝宝偏食、挑食，造成了营养素摄入的不平衡。如常吃巧克力、奶油点心等一类高热量食品，会使宝宝缺乏饥饿感，减少进食量而无法得到其他必需营养素，这类食品一般所含蛋白质和铁很少。

蔬菜进食少导致贫血。铁的吸收常需要一定的酸度，而维生素C是酸性的，它能促进机体对铁的吸收。如果妈妈不注意给宝宝搭配一定量的绿叶蔬菜，即使有蔬菜上桌，也没有注意劝导宝宝多吃点蔬菜，使维生素C摄取不足，从而影响了铁的吸收。维生素C缺乏时，体内叶酸常代替它参与核酸代谢，而叶酸和维生素B_{12}是细胞核中脱氧核糖核酸（DNA）合成必不可少的成分，若缺乏了，就会严重影响红细胞核的成熟，导致另一种贫血——营养性大细胞贫血。

此外，宝宝长期不吃早餐，空腹喝冰牛奶、水果汁等不良习惯都会造成营养不良性贫血。

加强预防

家长可以在宝宝的软食中添加一些含铁丰富且吸收率较高的食物，如动物肝、瘦猪肉、大豆及大豆制品等。其中，动物肝中铁含量较高，每100克含铁高达25毫克，吸收率为22%左右；大豆及大豆制品中铁含量也不低，每100克大豆含铁11毫克，吸收率达到7%，这些都是能预防营养不良性贫血的食物。

1岁10个月发育监测

生长

你的宝宝	男宝宝参考值	女宝宝参考值
22月末时体重	9.4～14.7千克	8.7～14.3千克
22月末时身高	80.2～91.9厘米	78.4～90.8厘米
22月末时头围	(48.2±1.2）厘米	(47.1±1.2）厘米

发育监测

监测项目	发育状况
大动作发育	能够自如地跑步，能从高的物体上跳下来，还能原地跳远。能够自由上下楼梯。能够自如地弯腰捡东西，而不会向前摔倒 宝宝可以借助双臂或身体前倾使自己从坐着的地方站起来，这时的宝宝很少因为平衡不好而摔倒
精细动作发育	开始练习使用儿童安全剪刀来剪纸 宝宝开始对橡皮泥产生浓厚的兴趣，用彩色橡皮泥捏出各种形状，但宝宝还不能捏出实物样的物体，只是凭着自己的想象，捏出成人猜不出来的物体，宝宝通常会告诉你他捏的是什么 宝宝握笔写字、画画的姿势已经很标准了，宝宝最喜欢画的是太阳和太阳放射出来的光芒
感知觉发育	仍然不愿意和小朋友分享玩具和饮食，但开始学着谦让比自己小的宝宝了 开始对父母表达爱意，当父母出门时，宝宝会不高兴 开始知道白天和黑夜的区别，更喜欢白天。认识晴天、阴天、刮风、下雨和下雪 几乎能够认识所有看过的动物，并能叫出它们的名字，还能模仿某些动物的叫声，能凭着自己的想象画出某些动物的形象 注意力集中的时间逐渐延长
语言与交流	宝宝开始理解妈妈的语言，产生联想并做出相应的动作。喜欢看图说话，父母要当好听众 发音开始丰富起来，会通过语调表示发怒、伤心与兴奋。会学爸爸的咳嗽声，会哼哼一两句歌词 宝宝能够叫出他熟悉的小朋友的名字。“占有欲”开始减弱，能够把自己的东西给他喜欢的人

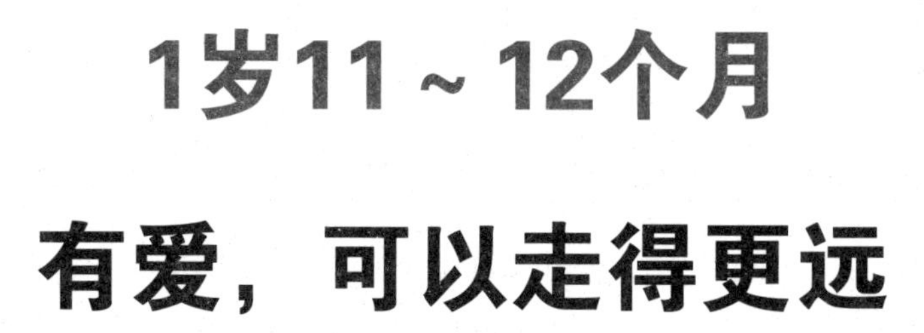

1岁11～12个月

有爱，可以走得更远

生活&饮食&护理

长高有窍门

宝宝的正常生长发育受多种因素的影响，如先天遗传因素、营养、生活条件、体育锻炼以及各种疾病等。除先天遗传因素外，其他几种都在妈妈的控制之下。妈妈最好了解一下有助于宝宝长高的方法，平日可多向这个方向努力。

保证饮食合理

食物的摄入，不仅要与日常生活的消耗保持平衡，还要满足生长发育的需求，所以要给宝宝安排充足合理的饮食。其中蛋白质是身体必需的营养素，蛋类、肉类、鱼类、乳类制品的蛋白质含量较高而且优质，每天应有选择地保证供给。此外，钙的补充也非常重要，因为钙是组成骨骼的主要成分，是宝宝生长发育过程中不可缺少的无机盐。幼儿时期仍要保证足够的户外活动，以促进维生素D的自身合成，同时注意补钙，日晒不足者要补充维生素D以促进钙的吸收。

春季注重补钙，也有利于宝宝长高。每年3~5月是儿童加速生长期，长高速度明显高于其他季节。大一点的宝宝这个时期会说腿痛，尤其晚上睡觉时痛感更强，这是生长性骨痛，是该给宝宝补钙的信号。春季饮食上要多选用豆制品、骨头汤、鱼虾、芝麻和海产品等食物。还要注意不要给宝宝进食过多的糖或甜食，以免消耗体内的钙和维生素D，导致身体缺钙。

睡眠要充足

充足的睡眠对人体长高很有帮助，因为生长激素一般在入睡后2小时分泌最高，第3个小时分泌开始减少。在睡眠的其他时间，还会出现第二个高峰，而醒着的时候生长激素分泌得极少，所以要想宝宝长高一定要保证充足的睡眠。

加强体育锻炼

宝宝的身高发育与运动有密切关系。适当的运动可以加速全身的血液循环，促进新陈代谢，使骨骼得到充足的营养而生长旺盛，个子自然就会长高了。

现阶段，宝宝可以选择的运动有跑步、上下台阶、跳跃，不宜做负重运动。

科学进食蔬菜

蔬菜的重要性在之前都有提及，妈妈不仅要督促宝宝多吃蔬菜，还要掌握一些保持蔬菜营养的方法，不使蔬菜中有益的营养丢失或遭到破坏，使宝宝对蔬菜的营养吸收最大化。

生吃蔬菜要有选择

西方国家生吃蔬菜现象很普遍，我们则以莴苣（又名生菜）为生吃菜的首选。莴苣略有苦味，它能增进食欲，有镇痛的作用，还有降血糖的功效。近期有研究表明，吃莴苣还有抗病毒感染和抗癌的作用。如果宝宝不愿意生吃莴苣，妈妈可以用莴苣叶卷起水果条或蘸甜面酱，激起宝宝进食的兴趣。黄瓜也是可以生吃的一种蔬菜。

胡萝卜中的胡萝卜素是脂溶性维生素，这种物质可溶于油脂不溶于水，所以不宜生吃。

炒菜，要把握火候

营养学家告诫，蔬菜炒的时间越长，维生素C流失得越多。一些妈妈为了蔬菜的味道好些，以吸引宝宝进食，会把炒菜时间拉得长一些，这种做法不可取。

研究发现，芹菜炒5分钟，维生素C损失12%，炒8分钟损失21%，如果炒上12分钟就会损失35%；青椒炒6分钟损失13%，炒10分钟损失18%，如果再焖15分钟，损失就会高达44%。

每一种蔬菜需要在锅里炒的时间是不同的，妈妈实践中要细细体会，积累经验。

保留菜汁有窍门

妈妈做馅料时需要将大白菜、小白菜、芥菜、韭菜等切碎拌馅，如果在这个过程中将菜汁挤掉，蔬菜中丰富的维生素将流失 60%~70%。

妈妈在剁蔬菜馅时特殊处理一下，就可以保存蔬菜中的营养了，具体方法有以下几种：一是将蔬菜与豆腐干、蘑菇及肉放在一起剁切，此时蔬菜中的汁液可以渗透到馅中；二是不要挤得太干，还可适当加少许淀粉收菜汁；三是将挤出的菜汁代替水来和面，或者用来做汤喝。

请育儿嫂看护宝宝

妈妈一定是照料宝宝的最佳人选，如果妈妈因工作等原因不能带宝宝而家里又没有老人帮忙时，就得考虑雇一个育儿嫂了。合适的育儿嫂可遇不可求，不要迷信高价格，口碑好的育儿嫂往往是值得信赖的。

寻找合适的育儿嫂

一般来说可以通过以下渠道来寻找育儿嫂：通过亲友介绍，询问邻居或者认识的医护人员，从各地区的人才市场或保姆机构查询。

从前两个渠道找到的育儿嫂成功率更高，对于从第三个渠道找到的育儿嫂，妈妈就需通过深入的沟通来确定对方是否符合自己的要求。好的育儿嫂不单纯只带宝宝，还应该会引导家长照顾宝宝。

现阶段的宝宝充满好奇心，经常喜欢发问，最好找接受宝宝不停发问且知识丰富、能热心回答的育儿嫂。另外此时期的宝宝有无限的创意和想象力，好育儿嫂应该懂得带着宝宝从游戏中学习新的技巧、新的概念。

育儿嫂好特质

乐观温和。由于育儿嫂要长时间和宝宝相处，所以要特别关注其人格特质。亲切友善、积极乐观、温和幽默是好的特质，会对宝宝的个性产生好影响。

生活习惯好。生活习惯好，才能给予宝宝周到的照料，更重要的是可以潜移默化地影响到宝宝。身体健康、作息规律、重视饮食营养的育儿嫂，才能有耐心和体力去应对宝宝的问题，也能更好地培养宝宝良好的生活习惯。

应对好过渡期

育儿嫂选择好以后，父母还有一系列的工作要做，不仅要准备好宝宝的相关物品以便保姆熟悉使用，也不要忽略了宝宝的心理建设，免得宝宝出现认生、大哭等表现，要帮助宝宝尽快适应新的照料者。

经常在网络上看到育儿嫂虐待宝宝的消息，这使我难以对育儿嫂产生信赖，不敢单独把宝宝交到她们手里。

这种情况只是少数，妈妈不必过于担忧。妈妈实在不放心，可以请老人过来帮忙，从侧面观察育儿嫂一段时间。

暑热，合理使用空调

多数宝宝的皮肤在酷暑时节会遭受汗湿与痱子的侵扰，在3岁之前的每一个夏天，这都是妈妈要用心应对的问题。空调可以帮助宝宝度过最难捱的酷暑时光，但空调同时也很容易致病。

空调使用注意事项

与户外温差不超过5℃。通常，室内外的温差应保持在5℃左右，对于体温调节系统尚不完善的宝宝来说，超过这个温差容易生病。出入空调房，要随时给宝宝增减衣服。

注意室内保湿。空调没有调节湿度的作用，身体中的水分会随着冷气流失，宝宝的皮肤水分调节能力远不如成年人，所以要多给宝宝喝水，同时要人为适当增加室内的湿度。

睡眠时，温度要适宜。宝宝睡眠中，要将空调温度调高一些，如28℃左右，或定时2～3小时。宝宝熟睡时可采用微风循环，最好适当开窗透气。还可以购买一种负氧离子发生器，保证室内空气质量。

不宜久留空调房。不要长久待在凉爽的空调房间里。每天白天除了最热的几个小时，其他时间都应关闭空调或到户外活动。

冷风不直吹宝宝。可将空调的风向朝上，尽量避免宝宝被冷风扫到。

慎防着凉。开空调睡觉时，要给宝宝盖上薄厚适中的毛毯，还要带上肚兜。

不要铺竹凉席。在空调房里，宝宝的小床上不要铺竹席，而应该用麻的席子。

注意空调卫生

使用过一段时间后，空调内的空气过滤网上布满了毛屑、灰尘等杂质，这些杂质会被吹进室内，散布在空气中，宝宝吸入后会引起咳等呼吸道过敏症状。

所以要定期把过滤网拆下来冲洗干净。此外，空调器中的冷却盘也要定期清洗，清洗方法需要向维修人员咨询。

多吃健脑食物

所有的父母都有一个共同的愿望，就是让自己的宝宝更加聪明伶俐。宝宝的大脑发育除了先天因素外，后天的营养也与智力发育有着密切的关系。宝宝从出生到2岁是大脑发育的关键时期，要保证宝宝在这个阶段营养充足。

健脑食物有哪些

水果。水果不但含有多种维生素、矿物质和糖类等构成大脑所必需的营养成分，而且含有丰富的锌，锌与增强宝宝记忆力物质的形成有密切的关系。所以常吃水果，不仅有助于宝宝身体的生长发育，还可以促进智力的发育。

坚果。坚果类食物含脂质比较丰富，如核桃、花生、杏仁、南瓜子、葵花子、松子等均含有对大脑思维、记忆和智力活动有益的脑磷脂和卵磷脂等成分。

豆类及其制品。豆类及其制品含有丰富的蛋白质、脂肪、碳水化合物及维生素A、B族维生素等，而且必需氨基酸的含量较高，尤其以赖氨酸的含量最为丰富，它是大脑赖以活动的物质基础。

此外，动物内脏、瘦肉、鱼等含有较多不饱和脂肪酸及丰富的维生素和矿物质，也是健脑的理想食物。

吃健脑食物的注意事项

健脑食物应适宜于宝宝的消化吸收，只有能够消化吸收，才能使大脑得到营养。否则，不但达不到健脑的目的，反而易损伤宝宝的消化功能。

健脑食物应适量、全面，不能偏重于某一种或是以健脑食物替代其他食物。食物摄取要广泛，否则容易导致宝宝营养不全，甚至营养不良。

均衡食用酸性食物和碱性食品，酸性食物有谷物类、肉类、鱼贝类、蛋黄等，长期偏食易导致记忆力和思维能力减弱。所以，应与碱性食品如蔬菜、水果、牛奶、蛋清等科学搭配，均衡食用。

儿童食品的广告上经常会提到“DHA”“ARA”能够促进孩子脑部的发育，这两种物质是什么？

DHA，学名二十二碳六烯酸，俗称“脑黄金”，对脑神经传导和突触的建立有着极其重要的作用。ARA学名花生四烯酸，是构成、制造细胞膜的磷脂质中的一种脂肪酸，与脑部关系特别密切，关系到宝宝的学习及认知应答能力，深海鱼类、瘦肉、鸡蛋及猪肝等食物富含这两种物质。

冬寒，慎用羽绒被、电热毯

北方居民楼每年3月、11月是室内温度最低的时候，这个时段父母会给宝宝盖厚被子。羽绒被、电热毯等保暖用品也常被用到，这些物品虽然能暂时使宝宝免受严寒侵扰，但也存在一定的健康和安全隐患。

羽绒被、电热毯的健康隐患

羽绒被可致荨麻疹。羽绒被轻而暖，晚睡时盖上会比较舒服，但却是荨麻疹的致敏原。有人盖上羽绒被会发生全身过敏，出现红斑和荨麻疹团块；也有人会发生哮喘和喉头水肿，医学上称为羽绒过敏症。现阶段的宝宝属于易过敏人群，最好不要使用。

电热毯会引致宝宝内热。电热毯如果使用不当会引起过敏性皮炎，原因是热源体本身对皮肤的刺激，使人体皮肤过敏、瘙痒，或身上出现大小不等的小丘疹。宝宝使用电热毯时间久了易脱水，宝宝会有口干、喉痛、便秘、尿短赤等内热现象。因此，小宝宝尽量不要使用电热毯。

如果因寒冷必须使用，要在身体与电热毯之间夹一层被子，睡前打开“高温”开关预热，睡时关闭，同时要增加晚餐后的饮水量。

宜选用蚕丝被

蚕丝的丝胶成分含有18种氨基酸，能散发出细微分子“睡眠因子”，可安定宝宝情绪，增进宝宝睡眠质量；天然蚕丝有很好的透气性，能吸收人体排出的水分，维持被子内干爽舒适，防止宝宝因闷湿、瘙痒造成翻身蹬被而着凉。

天然蚕丝被中的蚕丝蛋白可以帮助皮肤保持水分，防止宝宝因长久使用空调而皮肤干燥。天然蚕丝所含的特殊丝胶成分具有抗过敏、亲肤等作用，能防止螨虫滋生，抗菌抗静电。

妈妈可以将蚕丝被制作成睡袋，这样更实用。

宝宝晕车怎么办

晕车的宝宝会在乘车远行途中哭闹，爸爸妈妈不得已只能放弃远行，这会使宝宝的活动范围大大受限。宝宝晕车的实质是大脑接收了有冲突的信号，眼睛向大脑发送的信息和内耳中的精密平衡机制向大脑报告的信息有所不同，这会导致宝宝身体出现不适症状。

如何判断晕车

对于无法准确表达身体不适的宝宝来说，妈妈的细心观察很重要。研究人员发现宝宝晕车时会头晕、头痛甚至全身不舒服，表现出来的症状包括流口水、发热、脸色苍白，严重的会呕吐。

车移动是导致宝宝晕车的重要因素，车内的气味、头部的频繁运动、弯道或宝宝盯着路边的东西也有可能导致晕车。

妈妈明白这些，有助于在出行前及行进途中合理安排，即便不能完全规避宝宝晕车，至少能减少宝宝因晕车带来的不适症状。

如何预防晕车

睡眠时间出发。处于睡眠状态时，宝宝的眼睛不会接收任何信息，因此就不会晕车。尽量让宝宝在出发前睡着，午睡时间就是不错的选择，可以带着睡着的宝宝乘车。对于多数宝宝来说，在乘车时很容易入睡。

适度通风。乘坐长途客车或小轿车在高速公路上行驶时，并不适合开窗通风。妈妈可以带把扇子经常给宝宝扇一扇。此外，少穿一点也有作用。

避免气味重。尽量避免车上有刺鼻的味道，禁止抽烟，不宜有香水味道，最好不用汽车清新剂。如果乘坐长途客车出行，要选择通风好、乘客少的客车。

不让宝宝从侧面窗户向外看。在宝宝一侧的窗户上放一个遮光板，这样既能让他向前看，也能防止太阳晒。

妈妈要将塑料袋放在身边。再给宝宝准备一套备用的衣服，拿些湿巾和纸巾，如果宝宝晕车呕吐，可以派上用场。

放弃旅行不可取

研究表明，经常旅行可以减少晕车次数。宝宝现在晕车并不代表会永远晕车，随着逐渐长大，晕车症状会消失。在这之前，出行前妈妈都要作好充分的准备。直接放弃旅行不可取，宝宝会因此失去体验社会与自然的机会。

灾难应急物品准备清单

灾难有可能在任何时间、任何地点突然降临，灾难有可能是自然的，也可能是人为的。要尽量为可能发生的灾难或其他紧急状况作好准备，家有宝宝的妈妈，更应该关注。

灾难应急物品清单

应急物品	明细
水	每人每天4升水，如果需要撤离，你应准备好3天的水。如果是在家避难，则要准备够2周用的水
食物	选择不容易变质、方便加工或者不需要再加工的食品。如果需要撤离，你应准备好3天的食物。如果是在家避难，则要准备够2周吃的食物
手电筒	最好是使用电池的，停电时方便使用
收音机	使用电池的，以便在停电时收听与灾难相关的信息
手机	别忘记带充电器
工具	包括螺丝刀、锤子、剪刀等多种用途的工具
药物	准备7天的量，包括纱布、创口贴、红药水等
家庭及个人卫生用品	包括牙膏、牙刷、卫生纸、卫生巾、香皂、湿纸巾等
备用眼镜	包括近视镜、花镜以及隐形眼镜等
重要文件的副本	包括全家人的医疗证、病历、常用药物清单、家庭地址、身份证、出生证、保险证明等
通讯录	家人以及紧急联系人的信息
备用现金	尽量多准备一些现金
塑料布、毯子、睡袋	按家中人数准备
备用衣物	包括帽子、鞋、雨衣等，根据天气状况决定衣服的厚薄，但无论什么季节，鞋子一定要适合走路
游戏和图书	既能帮你打发时间，也能让你增添信心，静待平安来临
宝宝的名字和生日牌	缝在他的衣服上
你的名字和联系方式牌	缝在宝宝的衣服上
宝宝的疾病信息	包括他去过的医院，需要特殊说明的健康和药物信息等
宝宝的食物	包括配方奶、辅食
其他宝宝用品	备用奶瓶、水杯、纸尿裤、纸巾等生活用品

注：以上物品至少要备足一家人需要的基本量，要把这些物品放在一个方便携带的应急箱里，方便平时使用的同时，需要撤离时也能拎起来就走。

水果不能代替蔬菜

生活中，有很多宝宝喜欢水果而不喜欢蔬菜，这种行为很大程度上是因为水果要比蔬菜好吃。面对这种行为，很多父母却默许了。他们认为，水果、蔬菜的营养价值差不多。实际上，这是一个认识上的误区。

蔬菜的营养高于水果

从营养学角度看，水果所含的营养在很多方面比不上蔬菜。绿叶菜中维生素C、胡萝卜素、膳食纤维以及铁、钙等矿物质的含量丰富，而水果中除鲜枣、山楂、柑橘、猕猴桃含较多维生素C外，像苹果、梨、桃、香蕉、菠萝等一般水果的维生素C含量都较绿叶蔬菜低。此外，水果中铁、钙等矿物质和膳食纤维的含量也都比蔬菜低。

蔬菜清除毒物，水果积蓄毒物

蔬菜中的膳食纤维是不可溶性纤维，能促进肠道蠕动、清除肠道内蓄积的有毒物质，可防治便秘、痔疮、大肠癌等，这是水果难以达到的。水果中所含的膳食纤维主要是可溶性纤维——果胶，它不易被人体吸收，会减慢胃肠排空速度。因此，食用过量会导致便秘。

水果会使血糖快速升高

大多数蔬菜所含的糖类是淀粉类多糖，不会引起血糖大幅波动。而水果中所含的糖类主要是单糖和双糖，它们进入人体后会使血糖快速升高，还容易转变成脂肪，使人发胖。因此，患有糖尿病的宝宝和超重的宝宝应严格控制水果的摄入量，而对蔬菜无须严格控制。

饭前给宝宝吃水果会导致宝宝不爱吃饭，所以，我会将水果放到宝宝看不到的地方，只在两餐之间给他吃一点儿。

营养专家建议蔬菜和水果的合理摄入比例为3：1，最多不超过3：2。因此，一定要从小培养宝宝的蔬菜情结，尤其是对黄绿色蔬菜的喜爱。对于那些不喜欢吃蔬菜的宝宝，妈妈一定要多动脑筋，变化蔬菜的烹煮方式，激发宝宝对蔬菜的兴趣。

调养粥解暑热

在炎夏酷暑时节，很多宝宝容易发生夏季热。这与宝宝现阶段的发育特征有关。宝宝神经系统发育尚不完善，体温调节功能差，排汗功能不健全，散热慢，这些都是造成发热持久不退的直接原因。妈妈可以在饮食调养方面多下点功夫，帮助宝宝安度暑热期。

酷暑调养粥三例

荷叶冬瓜粥。取新鲜的荷叶两张，洗净后煎汤500毫升，滤后取汁备用。冬瓜250克，去皮，切成小块，加入荷叶汁及粳米30克，煮成稀粥，加白糖适量，早晚服用。冬瓜可清热生津、利水止渴；荷叶清热解暑。宝宝在发热不退、口渴、尿少时食用此粥，解暑热效果良好。

蚕茧山药粥。用蚕茧10只，红枣10个，山药30克，糯米30克，白糖适量。先将蚕茧煎汤500毫升，滤液去渣，再将红枣去核，山药、粳米加入煮成稀粥。蚕茧止渴解毒；山药、红枣健脾和胃。宝宝在低热、神疲乏力、胃纳减退、大便溏薄时宜食用此粥。

益气清暑粥。取西洋参1克，北沙参10克，石斛10克，知母5克，粳米30克。先将北沙参、石斛、知母用布包加水煎30分钟，去渣留汁备用。再将西洋参研成粉末，与粳米加入药汁中煮成粥，加白糖调味。西洋参益气养阴；北沙参、石斛、知母养阴清热止渴。宝宝在发热持续不退、口渴、无汗或少汗时可进食此粥，早晚各一次。

解暑好食材

苦味菜。苦味食物中含有氨基酸、苦味素、生物碱等，具有抗菌消炎、解热祛暑、提神醒脑、消除疲劳等多种功效。常见的“苦”味食物有苦瓜、苦菜、芥蓝等。妈妈要注意给宝宝适量进食，以免使其产生恶心、呕吐等不适反应。

多喝粥类。最好喝绿豆粥，绿豆性凉，有清热解暑的功效。用于防暑的粥还有荷叶粥、鲜藕粥、生芦根粥等。

家庭教养

随时进行安全教育

对宝宝的安全教育是时刻都要进行的。如果发现宝宝有危险行为存在有安全隐患，妈妈要及时提醒。意外的发生往往有着很大的偶然性，平日的安全教育不一定会涉及。比如宝宝手里拿着木棍到处乱跑时，要告诉他木棍可能会捅到眼睛；嘴里含着糖果蹦蹦跳跳并且大笑时，就要提醒他等糖吃完了以后再蹦，以免被噎住。

安全防护意识

宝宝在自我意识领域方面的发展包括了解安全和健康的生活方式以及练习各种自我保护技能。在对宝宝的安全教育方面，父母首先要帮助宝宝认识危险存在，可以通过积极的身体体验形式帮助宝宝认识；其次，要帮助宝宝掌握应对危险的处理技巧，包括身体和心理两方面。

对于近2岁的宝宝，妈妈可以利用日常生活时间，注意一点一点地教给宝宝一些有关水、火、电的安全常识。让宝宝对安全有所了解，有些事虽然不用宝宝做，但要让宝宝知道正确的过程，遇到紧急情况，宝宝同样能发出警告。

生活中的安全教育

1. 随手关水龙头，用完电器随手拔掉插头；不用煤气时要把总开关关掉，开、关煤气要由大人来做。

2. 使用电器前，必须擦干双手。有漏电情况时要及时拔掉插头，或以木棍等绝缘物品把插头松脱开，避免用手触碰电源。

3. 闻到煤气味时，应该马上关闭煤气总开关，并打开门窗通风，绝不可以开关任何电器，以免引发火灾。

4. 平时还可以通过讲故事、做游戏和看电视节目、听新闻等途径，教给宝宝应对紧急状况的方法。

冲突解决之道

在宝宝们相互之间冲突频发的这个年龄段，妈妈要引导宝宝勇敢应对冲突，自己处理矛盾，积累交往经验。宝宝们之间发生冲突，父母往往会因担心宝宝受到伤害而忍不住要干预；回到家里，强势的妈妈甚至会教宝宝怎么反击。其实，最佳的方式是让宝宝通过观察及实践寻找解决问题的方法。

谦让宝宝，鼓励捍卫权利

谦让的宝宝对人友好，从不会主动抢别人的玩具；在别人抢他东西的时候，他也不思守护，直接拱手相让，自己把注意力转移到其他物品之上。

这样的宝宝常常会令家长对其未来担忧，忧心他未来会因不懂得捍卫自己的权利而吃亏。其实这种想法大可不必，宝宝或许会因此有很好的人缘，所谓吃亏是福，只要他自己的情绪不受此影响，看着别人高兴他自己也高兴，就随他去；如果宝宝不情愿，妈妈可以鼓励宝宝保护自己的玩具，捍卫自己的权利，以保持宝宝对社会交往的兴趣。同时要逐渐教会宝宝一些社会交往的技巧，例如，可以和小朋友交换玩具，小朋友抢自己的玩具时给他一个替代品等。

当宝宝的玩具遭抢时，妈妈不要因为成人的礼貌而强迫他放弃自己心爱的玩具，要让宝宝有机会捍卫自己的权利，这是社会交往的基本原则。

霸道宝宝，转移注意力

霸道宝宝要控制一切东西，不允许别人染指。在这种情况下，父母要帮助宝宝发掘另一件玩具的乐趣，转移宝宝的注意力，从而放弃监管其他玩具，让其他小宝宝玩。但这种方法只能解一时之急。

长远来看，妈妈要把精力放在让宝宝体会到大家都玩所带来的乐趣要比独自玩多。让宝宝体会到他把玩具交给别人时那种给予的快乐，只有这样，才能将宝宝霸道的个性扭转过来。

如果同伴比宝宝小一点，可以把宝宝的感觉引导到大哥哥、大姐姐的位置上来，这样宝宝就会自愿把玩具分给小弟弟、小妹妹了。

一直在教育宝宝不要和小朋友打架，这会不会使他形成软弱的性格？

妈妈不必为此担心。一个沉静而内心强大的人，他自然会有一个强大的能量场，去感染他周围的人。那些试图攻击他的人也会很自然地败在这种气势之下。软弱与否，不在出手不出手，懂得谦让、进退有度才是更重要的品质。

孤僻宝宝的教养

没有妈妈希望自己的宝宝性格孤僻，尽管妈妈已尽力让宝宝融入宝宝群体，宝宝还是形成了孤僻的个性。宝宝是一面镜子，折射出来的正是父母为人处事的样子：家庭成员彼此之间是怎样进行交流的，宝宝便认为所有人都是如此的。所以，想要宝宝改变孤僻，首先要从自己处事的方式上做一些调整。

孤僻有因

生活中缺乏爱。父母离异或病故，生活在单亲家庭，缺少应有的家庭温暖，会造成冷漠的个性。

父母严厉。父母常会因一点小事而严厉斥责宝宝，使宝宝的情绪总处在压抑状态，对父母心生畏惧，也会逐渐变得冷漠。

看电视。经常看电视，少与人交流。甚至还会有宝宝把广告词背得滚瓜烂熟，却常常文不对题地应用于日常生活中，甚至发展到自言自语的反常状态。

改善孤僻有方法

倾注关爱。爸爸妈妈要在态度上对宝宝亲近，生活上对宝宝体贴。宝宝才能在感受爱的同时，悄然改变孤僻的性格。妈妈要重视，爱是改变孤僻的前提，生活中无爱，再好的方法也不可能奏效。

从兴趣点切入。宝宝多贪玩，当妈妈以他喜欢玩的东西作为交流话题时，就能触动他心灵的“热点”，进而产生语言上的共鸣。

给予理解。孤僻宝宝有着较强的自尊心，他们在生活中遇到不顺心的小事，如系不上鞋带、穿不上衣服时，很容易钻牛角尖。妈妈应给予理解并耐心帮助他。

积极评价。应从满足宝宝正当心理需要出发，把握时间，多运用表扬、鼓励的方式，使他产生语言交流的欲望。

户外活动。对于性格孤僻、不合群的宝宝，要多让他和其他宝宝一起锻炼，一起做游戏，通过共同活动来培养宝宝热爱集体的品质。

溺爱行为种种

爸爸妈妈知道溺爱对宝宝有害，但却因爱太泛滥而丧失了基本的判断能力，对自己种种溺爱行为孰视无睹。以下10种典型溺爱行为应引起家长注意。

特殊待遇。地位高人一等，处处特殊照顾，如吃“独食”，好的食品放在他面前供他一人享用；做“独生”，爷爷奶奶可以不过生日，宝宝过生日得买大蛋糕，送礼物……这将直接导致宝宝不懂得关心他人。

过分注意。一家人时刻关照他，陪伴他，以他为活动中心，变成了“小太阳”。这种宝宝“人来疯”特别严重，严重影响家庭秩序。

轻易满足。孩子要什么就给什么。有的父母给幼儿很多零花钱，这种孩子容易养成不珍惜物品、讲究物质享受、浪费金钱和不体贴他人的坏性格，并且毫无忍耐和吃苦精神。

生活懒散。家长允许宝宝饮食起居、玩耍学习没有规律，要怎样就怎样。这样的宝宝长大后会形成得过且过的生活或工作态度。

祈求央告。吃饭、睡觉都得哄。

包办代替。3~4岁需要喂饭，5~6岁不做家务，这样的宝宝未来与能干、上进无缘。

大惊小怪。宝宝本来不怕水，不怕黑，不怕摔跤，不怕病痛。后来逐渐变得胆小爱哭，这多是由于父母或老人在宝宝病痛时表现惊慌失措，这直接导致了宝宝的懦弱。

剥夺独立。为了绝对安全，父母时刻看着宝宝。这样的宝宝会变得胆小无能、自卑。

害怕哭闹。宝宝用哭闹、睡地打滚、不吃饭来要挟父母时，父母以哄骗、投降、依从及迁就来应对。这样会导致宝宝形成自私、无情、任性和缺乏自制力的特点。

当面袒护。不管孩子对错，父母都充当“保护伞”和“避难所”的角色，直接导致宝宝性格扭曲，有时还会造成家庭不睦。

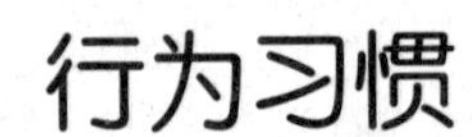

行为习惯

注意力难以集中

宝宝表现得注意力涣散，新买的玩具玩了不到10分钟就烦了，图画书才翻了三四页就扔下。看到同龄宝宝们已经在专心玩拼图或搭积木了，而自家的宝宝却总在四处乱跑，妈妈不由得会担忧。

育儿态度导致注意力涣散

排除天性如此的因素，多数宝宝注意力不容易集中的问题与父母的育儿态度有关，太过宽容往往是直接诱因。宽容虽然有利于培养宝宝的自律性，但掌握不好尺度，宝宝会因为分不清什么该做什么不该做而感到不安，表现在情绪上就是易激动、不稳定。

父母的干涉太多也会导致宝宝注意力不集中。宝宝好好玩着，妈妈非要他中断去玩其他的东西，经常这样不可避免地会导致宝宝注意力涣散。

给一个良好的环境

制定生活中的规矩，可以减轻宝宝注意力涣散的程度。这样的规矩可以是玩具要收拾好、书要放到书架上等。即使是微不足道的规矩，也要严格遵守，这样可以消除因注意力涣散而产生的不安情绪。

此外，还要创造安静的室内环境。杂乱的室内环境很容易分散宝宝的注意力。

妈妈要经常收拾屋子，并控制宝宝的玩具数量。在家里说话时，父母要保持平缓安定的语气，还要尽可能少带宝宝去超市或商场等人群密集的场所。

我请一个拼图玩得很好的宝宝来我家玩，试图让宝宝受其影响安静下来。宝宝看到对方安静地摆拼图，也学着摆弄，在看到对方成功摆了几块，而自己却怎么也摆不出时，开始情绪不稳定。

宝宝有了嫉妒心，看到别的孩子做得比自己好会出现情绪上的不稳定，主要原因还是注意力涣散。宝宝的注意力还会受限于当下身体的状态，妈妈要保证宝宝有丰富的营养摄入和充分的休息，身体虚弱的宝宝很难集中注意力，情绪问题也会比较严重。

不雅行为：抠鼻孔

宝宝爱抠鼻牛儿，这个行为实在是不雅观。遇到抠完鼻牛儿后没洗手接着又去吃东西的情况，妈妈简直是忍无可忍了。妈妈干涉时，宝宝会有所收敛，但在妈妈不注意的时候，他又开始抠了。当把鼻牛儿成功抠出来时，宝宝甚至很有成就感。

爱抠鼻子有原因

生理兴趣。宝宝会用他自己的方式去探索任何事物，抠鼻子就是宝宝体验自己身体器官的一种行为。

缓解压力。在探索过程中，往往会有一些让宝宝感到困惑不解的事情。这种时候需要缓解内心的压力、安抚焦躁的情绪。此时，抠鼻子所起到的作用与咬手指同样。

病理原因。因为季节变化、环境卫生等因素，宝宝的鼻子会出现过敏症状，又干又痒很难受，让宝宝忍不住去抠；还可能因为感冒流鼻涕，鼻涕凝固在鼻孔里，用手指去抠以摆脱不适。

如何应对

要冷静。宝宝抠鼻子多数时候是下意识的行为，妈妈对此大惊小怪反而会让宝宝找到了引起妈妈关注的方法。呵斥、打骂会伤害宝宝的自尊心，也不可取。妈妈可以巧妙地将宝宝的手从抠鼻子的行为上转移到玩玩具上。

少点空闲。宝宝一闲下来，难免会习惯性地抠鼻子，多安排一些亲子游戏，让宝宝在玩积木、捏面团的游戏中，慢慢忘记自己的小动作。

及时叫停。玩游戏的过程中，宝宝也会不自觉地去抠鼻子，及时地抓住小手，把它放在玩具上面，自然而然地化解“问题”。

做好卫生

保证鼻腔洁净。鼻子里有脏东西，当然不舒服。要时常给宝宝进行清洁，注意生活环境的改善，保证鼻腔的通畅，也是改掉坏习惯的途径之一。

保证空气湿润。天气干燥的季节，要保证生活环境的湿润，给宝宝多吃水果多喝水，必要时可以请加湿器来帮忙。

勤剪指甲，勤洗手。做好个人卫生避免细菌的快速传播。

也会“害怕”

随着宝宝的发育成长，宝宝知道“害怕”了。宝宝很多的“怕”来自大自然，如怕闪电、打雷；有时怕是由于不懂，如宝宝到医院看病，对于医生使用的诊疗工具感到害怕。有时会怕狗、怕高、怕声响大的电动玩具等。

引导很重要

面对宝宝的害怕表现，妈妈要好好引导，让宝宝逐渐接受闪电、打雷等自然现象；而医生给宝宝治病是为了让宝宝更加强壮。在具体应对时，要掌握一定的技巧：

怕医生。为了减轻宝宝惧怕医生的心理，要事先告诉宝宝在医生看病时可能遇到的情况，如试体温表、看嗓子、验耳血等，告诉他打针可能会疼，但不是很疼，很快就结束。医生治疗后病就会好得很快，宝宝就能继续出去玩了。

怕小动物。宝宝在1岁之内对小动物很好奇，没有害怕的意识。2岁左右反而开始害怕了，这是因为宝宝知道这些小动物可能会凶人或伤人。妈妈要教育宝宝尽量远离小动物，不要轻易惹它们，它们一般是不会伤人的。

怕生人。宝宝怕生人有阶段性，妈妈要经常带着宝宝外出见生人，这是帮助宝宝适应环境的一个好方法。

吓唬不可取

妈妈要尽量避免让宝宝产生恐惧的心理，一些不恰当的管教方法，比如吓唬，尽量不要用到宝宝身上。

为了让宝宝听话而讲一些恐怖故事，这样暂时能够达到管教的目的。宝宝还处在不辨真伪的阶段，把妈妈的每一句话都当真话，长远来看，吓唬的做法对宝宝幼小的心灵却是摧残。宝宝在轻松愉快的状态下生活比在紧张压抑的状态下生活效果好。

有时候宝宝闹得太厉害，为了能让他平静下来，我吓他说如果再闹下去，警察叔叔就把他抓走。但是，过后却有些后悔，担心自己的做法会对宝宝产生不良影响。

妈妈要创造轻松愉快的环境，如果宝宝不听话，可以用引导的教育方式，也可以讲一些有寓意的小故事，这些故事的内容要积极向上。千万别把吓唬宝宝当成一种教育方法。

把妈妈的话当耳旁风

宝宝把妈妈的话当耳旁风的情况经常发生，这种不把妈妈放在眼里的行为多少会令妈妈感觉沮丧。不满2岁就这样了，以后不一定会有什么令妈妈无法应对的反叛行为出现呢。妈妈无须上火，宝宝太专注于手上的事情了，并不是不在乎妈妈。

发出指令要适时

宝宝的注意力是智力和思维能力发育的基础，对某种事物产生兴趣的宝宝注意力会非常集中，这个时候尽量不要打断他。比如，宝宝玩游戏正酣时，妈妈以洗澡、读书或购物这些每日活动安排之外的活动为由中断宝宝的游戏并不恰当。

如果非打断不可，要提前告诉他："我们几分钟之后就要走了，宝贝，赶快和小朋友把游戏做完。"

指令合理，表达清楚

明确、可行。请顾及宝宝的理解力，不要提出笼统的、不易理解的指令，比如说"收拾好房间""把鞋子放在鞋柜里"这样的指令更适合；也不要说"准备吃饭了"，可以带着宝宝去洗手，再坐到饭桌前。

分解指令。宝宝不理妈妈可能是没明白妈妈的意思，妈妈要尽可能细化指令。比如"到你的房间去，把你的鞋子和袜子拿过来"就不如直接带宝宝到房间里，让他拿鞋和袜子更合理。

坚持执行。在公园里玩时，回家前要提前几分钟提醒宝宝，然后带宝宝走；同样，在进食时间结束时，不要因为宝宝边吃边玩而没有按时吃完就等着，要果断撤餐点收拾桌子。

"替代"代替"拒绝"

把"你现在不能吃糖"替换成"先吃午饭，然后再吃糖"，给宝宝一种选择，这也等于宝宝坚持了他自己的权利，同时也是妈妈能够接受的方式。

要尽可能对他说"可以"，而不是"不行"，只是要巧妙地给"可以"加上附加条件。

早期教育

亲子时光：在哪只手里

一家人在一起的快乐时光中，可以开发的项目有很多，像这种“在哪只手里”的游戏，就是属于宝宝和爸爸的好项目。虽然现在宝宝会被爸爸玩得团团转，以至于恼羞成怒，玩一段时间，占主动的可能就是宝宝了。这个游戏有助于加强宝宝的注意力。

爸爸和宝宝玩，妈妈辅助

准备工作。妈妈准备一个宝宝能轻易放进手掌里的小玩意儿，可以是纽扣或硬币。

过程。爸爸在宝宝面前摊开手掌，让宝宝看见掌心里的硬币，提示宝宝：“仔细看，硬币在哪只手里？”宝宝用手指有硬币的那只手。爸爸双手藏到背后，接着再将攥成拳头的双手伸到宝宝面前，问宝宝硬币在哪只手里。宝宝会选择最初选择的那只手，爸爸为配合宝宝玩乐的兴致，不宜刚开始就给宝宝挫折。

玩过两次以后，就可以试着让宝宝体验猜错的感觉了，这同时也是宝宝掌握游戏原理与规则的时候。几次以后，宝宝就知道这个游戏的精髓在哪里了。

每次猜中了，他会兴奋地尖叫；猜错了，也会对下一次满怀期待。

对换角色。玩过一段时间以后，宝宝就可以做这个游戏的主角了。宝宝藏，爸爸、妈妈猜。最初时，宝宝很实在，不会将硬币换手，硬币总在一只手里，爸爸、妈妈可以配合着故意猜错，让宝宝体验把大人难倒了的快乐。

虽然已经习惯了一家三口的生活，但比起有老人常住的家庭来说，欢声笑语还是少了些。我们付出的努力与宝宝得到的快乐成正比，所以，只要有时间，还是尽量和宝宝在一起玩。

宝宝的好奇心很强，但如果每天的生活没有多大变化，时间长了，他们便失去了新鲜感和好奇心，注意力也会减弱。因此，家长应加以引导，让他们感到每天都有新鲜事儿。但是，父母切记不要给宝宝“观察的成果”以外的奖励，因为，那样反而会影响宝宝观察力的培养。

学习自己洗漱

让宝宝养成讲卫生的习惯很重要。现在，宝宝开始对手上或脸上的污物表示出明显的厌恶情绪，并产生了爱干净的愿望，让宝宝学习自己洗漱的时机到了。

每天早、晚宝宝同大人一起洗脸、漱口、擦油，坚持下去很快就能养成自觉的清洁习惯。

参与洗手

先打开水龙头，用清水将双手全部打湿，取适量肥皂或洗手液涂抹于宝宝双手上，充分揉擦30秒左右，至泡沫能够覆盖整个手掌、手指和指间。洗手时妈妈、宝宝一起做，妈妈做示范，宝宝会学着做。重点要清洁手指缝与指尖。

揉搓时间足够久了，就可以用流水将手上的泡沫冲干净，最后用干燥的毛巾擦掉手上的水分。

为方便宝宝使用流水，妈妈要在洗脸池边放一把小椅子，让宝宝站上去。整个过程妈妈不要离开，以免宝宝踩翻椅子摔倒了。结束后要把椅子收起来，禁止宝宝单独站上去。

参与洗脸

先以手捧少许清水，将整个脸部弄湿，包括脖子与耳后。让宝宝闭上眼睛，妈妈用手指轻轻揉搓脸、脖子及耳后裸露的皮肤，后再蘸清水揉搓一遍，最后用干毛巾擦干。现在，妈妈可以引导宝宝自己用水清洗脸蛋、脖子、额头、下巴等容易清洗的地方，其余不易清洗的位置由妈妈代劳。注意洗脸要用温水，在宝宝5岁前，都无须使用洗面奶。

宝宝的毛巾挂在卫生间墙壁的挂钩上，方便宝宝拿取。宝宝的毛巾妈妈可以每周清洁消毒一次，平日尽量不要弄湿。

擦护肤霜

宝宝喜欢学妈妈在脸上涂护肤霜的动作，可以让他对着镜子涂。妈妈要提醒宝宝要把护肤霜涂在前额、下巴和脸上，再用手掌心在整个面部涂一遍，尽量抹匀。把剩下的涂在手背上。

开始学习刷牙

现在，宝宝对刷牙产生了兴趣，这是教他自己刷牙的好时机。要为宝宝准备专用的牙刷、牙膏、漱口杯。从现在开始，就要将这项自我清洁项目坚持下去，让它成为日常生活中必备的一项。

教宝宝刷牙细节

将一个塑料盆放在卫生间地上，母子俩蹲在盆边。妈妈边示范边讲解。将刷毛放在牙齿靠近牙龈部位，刷毛和牙面呈45° 倾斜。刷上牙时，牙刷从上往下刷；刷下牙时，牙刷从下往上刷。每个牙面要刷8～10次。按一定顺序刷，先从左到右，再从右到左。牙齿咬合面要横着左右刷。

宝宝学着刷

让宝宝跟着妈妈的示范做，妈妈要慢慢刷。习惯用右手的宝宝刷左侧的牙齿比较顺手，刷右侧的牙齿时需要反着手腕，会有难度。要给宝宝时间逐渐适应。目前重点刷牙齿外侧面和咬合面。刷牙时不能用太大力气，要仔细认真刷，才能把牙菌斑刷除。刷完以后还要漱几次口。

当宝宝塞牙取不出嵌塞食物时，妈妈可以用牙线帮助他剔除嵌入的食物。

一个偶然的机会，我带宝宝去了口腔医院。宝宝对口腔医院的宣传册产生了兴趣，我正好借机给宝宝讲了清洁牙齿的重要性。虽然宝宝对此一知半解，但是那些坏掉牙齿的图片对他有一定的冲击作用。回家以后，对于我要求他不吃甜食、勤刷牙的问题，抵触情绪小了很多。

这么大的宝宝对一些事物有了好与坏的分辨能力，妈妈应多给宝宝讲道理。在刷牙的问题上，很多宝宝刷几次便不愿意坚持了。这时，妈妈准备一个可爱的漱口杯、造型有趣的牙刷及有水果味道的牙膏，会令刷牙过程更为有趣。宝宝在与这些可爱物件亲密接触的过程中，将充分享受到刷牙带来的乐趣。

了解涂鸦，做好引导

宝宝的涂鸦行为已有一年有余，这一年来，涂鸦的水平已有了长足的进步。有心的妈妈可将宝宝最初与现在的涂鸦作品做一番比对，一定能从中找到令妈妈高兴的进步来。宝宝涂鸦时，妈妈的介入不宜太多，但也不要错入无作为的状态。

涂鸦的4个阶段

第一阶段。无序、无控制地画，画面常较混乱。

第二阶段。线形涂鸦，重复动作，建立起一些动作活动的协调性和控制感。

第三阶段。圆形涂鸦，对动作表现出更高的控制能力，这需要手部更好的运动能力和更复杂的动作。

第四阶段。命名涂鸦，宝宝把动作与想象经验联系起来，从单纯的肌肉运动转向想象思维。

留出想象的空间

画点。在宝宝小肌肉控制能力比较弱的阶段，只能用笔敲出小点点来。此时，妈妈可以在小点点前画几只小鸡，画面就成了小鸡啄米图。妈妈无须告诉宝宝这是什么，宝宝自己会观察。妈妈还可以在小点点前面加几朵花，就像一副雨中开着的花。

画线。逐渐地，小点点开始延长为线，歪歪扭扭的线更有发挥的空间。可以在曲线上增加一些元素，使其成为蛇、花枝、冰糖葫芦、气球等。

画圆圈。再接着，宝宝能画出圆圈了，开始不是封闭的，而且也不圆。多练习一段时间，宝宝就能把圆画得很好了。在圆圈的基础上，妈妈可以把它变成一个小宝宝、月亮、太阳、眼睛等。

意愿画。这个阶段，宝宝开始通过绘画表达自己的想法了，涂鸦同时也成为一种情感的宣泄。妈妈尽量让宝宝自由发挥，多些观察，少些干预。

我发现宝宝涂鸦的技能与他手部精细动作的发育有着很大关系。宝宝的画逐渐不再那么凌乱的同时，他的手能做的事情也越来越多。

在涂鸦的过程中，宝宝身体不同部位的控制能力同时得到了锻炼。妈妈要在日常活动中加入一些穿珠、捡豆子等游戏活动，促进宝宝手眼协调发展。

儿歌总动员

经过一段时间的积累，宝宝在心里能够默念的儿歌已经不少了，并且能用语言将部分儿歌中的押韵字或多个连在一起的字背诵出来。

现在，妈妈要将这项活动向更深的层次推进，让宝宝将整首儿歌背诵出来。

一起背诵儿歌

宝宝喜欢与别人一起背诵儿歌，也能自己背诵。如果有1～2句还不太熟，在共同背诵时可以得到别人的提醒而慢慢学会。已经背会一首，就喜欢再背一首新的。妈妈可以有计划地每天都安排背诵儿歌的时间，让宝宝把已经掌握的儿歌都背诵一次，接着再教给宝宝一首新儿歌。等这首新的也背会以后，每天背诵的儿歌序列中就增加了新成员。

背诵的儿歌越多，宝宝越自信，这对于语言发育有好处。

谨慎的宝宝，特殊对待

有些宝宝不愿意配合妈妈在人多的时候背诵儿歌，但私下里却可以背得很好；还有些宝宝早已在心里背熟了，只是不轻易通过语言的方式表达出来。这样宝宝的语言发育会表现出这样的状态：一直没有明显的改善，突然之间会进入吐字清晰、语言连贯的状态。

宝宝语言的发育表现出了很强的后劲儿。之前背诵儿歌押韵字的时候明显落后于其他宝宝，现在不但赶上来并且超过了几个常在一起玩的宝宝。

不同宝宝的发育有着很大的差异，语言发育受心理因素的影响很大。尽量不要把宝宝发育的弱项与其他宝宝的强项相比较，更不要当着宝宝的面做这样的比较，如果妈妈经常说："看小溪早会了，咱家宝宝就是不会！"宝宝在这样的暗示下，会逐渐失去学习的信心。

玩积木，让想象力飞翔

积木对于宝宝的智力发育所起的作用很大，这种作用在不同的发育阶段会有不同。现阶段，宝宝人脑中已有了具体的造型，搭积木是在把想象中的造型实现的过程。妈妈无须干涉太多，只需为宝宝准备好合适的积木。

什么积木好

简单的最实用。一套简单的单色块几何形状积木，从宝宝1～6岁都能挖掘出新的玩法，在整个童年都不会过时。这种积木可以互相拼装出其他图形，比如两个半圆正好对成一个整圆，两块短积木加起来的长度正好等于一块长积木，两个直角三角形能拼成一个正方形等。

大型积木模组。一套包含有汽车、滑梯、旋转木马等特殊功能的积木模组，这样的积木需要更加细致的手部操作能力。宝宝可以依照图纸拼装，也可以依照宝宝的想象力组装出独特模型。

杯状积木。杯状积木的侧面写有数字，因此在堆砌积木的同时，还能自然地学会数字。一般情况下，必须依照一定的顺序重叠摆放杯状积木，这样还能培养宝宝整理玩具的习惯，也可以用来训练宝宝按照颜色分类。

自制积木。饮料瓶盖、鱼肝油盒、钙片盒、奶粉罐甚至大人的鞋盒，都是安全又经济的积木组合。

积木的种类越多，宝宝获得的经验越丰富，将来面对生活中的难题，他的解决方案也会更多。

形块积木分类

妈妈可以将形块积木中相同的形块让宝宝一一挑出来，归类分别放置。正方形放在一起，三角形放在一起，圆形的放在一起，圆柱体放在一起等，可以是妈妈说宝宝挑选，也可以让宝宝自己玩这个游戏。

这样的游戏只要进行过一次，宝宝就会不时自己去玩了，妈妈可以在他挑选的时候，说出积木的形状“三角形、圆形、正方形……”这样做可以帮助他认识形状。

保证积木的清洁

经常玩的积木很容易藏污纳垢，没有漆的积木要定期用纱布或手帕蘸取75%的酒精、3%来苏水或5%漂白粉溶液擦拭。涂了漆的积木要用厨具专用清洁剂擦拭后再用大量清水冲洗，最后分开摆放在通风处晾干即可。

学骑儿童自行车

儿童自行车对宝宝的诱惑力，不亚于汽车对成人的诱惑。作为妈妈迟早要为宝宝配备的用品之一，现在就该考虑买了。大动作发育好的宝宝现在可以骑着自行车往前走了，也有胆小的宝宝暂时还不敢骑。

如何选择单车

尺码。儿童自行车最常见的有12寸、14寸及16寸可选，现阶段可选择12寸。

车把。主要看车把的灵活性和稳定性，不能有涩、卡的感觉，扭转的角度不能太大也不能太小。还要关注车闸的灵活性和制动性能。宝宝握力小，如果车闸过紧、闸把尺寸过大，车闸就成了摆设。一般来说，在使用辅轮期间无须用到车闸，但最终要去掉辅轮，那时车闸的制动性及灵活性就必须要合适了。

车座。车座的高度要和宝宝的身高相符，车座的高低要可调式的。链条要外侧全包。辅轮的高低要合适，这直接关系到行进途中的稳定性，同时也要避免增加不必要的行车摩擦，使宝宝蹬起来很费劲。

脚蹬。脚蹬和地面的距离不能太短，否则车子拐弯时脚蹬会与地面接触，形成阻力，容易使宝宝摔倒。

好的品牌也是妈妈应该考虑的一个因素。

学骑，妈妈要扶着

刚开始骑车时，宝宝会比较害怕，可以先让宝宝熟悉停止状态的童车。等宝宝不再害怕了，就可以试着在小区里蹬着走了。最初，妈妈要一手扶着车把一手扶着车座向前推。胆大的宝宝会试着蹬踏板，逐渐就能凭自己的力量让车运行起来了；而胆小的宝宝也会在同伴的示范过程中逐渐掌握骑车技能。

妈妈要尽量让宝宝蹬满圈，这并不容易，最初妈妈可以协助宝宝完成。在不懈的练习过程中，宝宝自己会掌握满圈蹬踏板的方法。

卖场大课堂

有的妈妈担心常带孩子去卖场会使孩子养成爱花钱的毛病，但不能否认卖场对于宝宝接触社会所能起到的积极作用。琳琅满目的商品是学习认知的好素材，再加上商品都经过陈列规划，又是建立分类概念的好教室。

学习分类好环境

在饼干区，同样都是饼干，但却有着不同的外盒包装、不同的口味、不同的重量，而饼干盒拆开后，饼干的形状更是丰富多样。

在蔬果区有五颜六色的蔬菜、水果，是认识颜色的好素材，妈妈可一一指给宝宝认识："甜椒有红色、黄色，空心菜是绿的，胡萝卜是红的。"如果可以的话，就让宝宝亲自摸一摸蔬果，获得更直观、更丰富的感官体验。

不同的商品摆在不同的陈列架上，可借此认识"上下""左右"等方位概念，并让宝宝自己找出东西摆在哪里。

在拿取商品时，可带着宝宝数数，对小一点的宝宝，就带着他念"宝贝一个、妈妈一个、爸爸一个、奶奶一个……"让他依序说出家中成员的称谓。

有拿有放有规矩

宝宝看到那么多新奇有趣的东西，想摸一摸，抱一抱，研究一下，这是没问题的，只要研究好了以后放回去就好。要让宝宝明白"自己的"和"别人的"区别，明白不是所有自己喜欢的东西都必须占为己有，要懂得守规矩。

宝宝拿着商品玩，很容易把货品弄错了，遇到超市员工调整宝宝放错位置的商品时，要让宝宝表示歉意。

在超市里，宝宝的注意力都集中在零食区，我要买一些居家用品时，宝宝就会哭闹，拉着我去零食区。

妈妈在进超市之初，要把自己要购买的物品告诉宝宝，并鼓励宝宝与妈妈一起选择。让宝宝养成热心家事的习惯。在排队结账时，让宝宝知道"买了东西一定要付钱"，只有付钱后，商品才归自己所有。宝宝需要一段时间明白一个道理：还没有付钱的东西，是不能随便打开包装吃的。

自己穿衣细节

从1岁半开始，妈妈就可以让宝宝学着自己穿衣了。这个过程对小手的锻炼作用不可忽视，尤其是拉拉链、系扣子等行为。

穿衣技巧

系扣子。把上衣平铺在床上，将扣子和对应的扣眼指给宝宝看，再告诉他如何将扣子穿到相应的扣眼中，把扣子的一半塞进扣孔，让宝宝从扣孔里拉出来；也可以和他玩帮娃娃扣纽扣的游戏。

拉拉链。目前拉拉链的第一步需要妈妈完成，妈妈把拉链装好以后，由宝宝来完成拉拉链的步骤。宝宝对用力方向把握不好，把拉链拉上去也不容易。

打蝴蝶结。这一项技能对于上幼儿园的宝宝来说也有难度，如果要打得恰到好处、漂亮，就更难了。妈妈最好少选需要打蝴蝶结的衣服。对于动手意愿很强烈的宝宝来说，做不好却非要做，这会成为宝宝穿衣的瓶颈，常常引致一场哭闹。

学穿衣穿鞋要点

开衫。妈妈双手拽着开衫的领子两端，将开衫罩在宝宝背上，再让宝宝一只手拽着内衣袖子，握成拳头，将胳膊伸入袖内，将拳头从袖口伸出。接着以同样的方法将另一只胳膊伸入袖内。最后，系好扣子或拉好拉锁。最后这一步可以由宝宝自己来完成，妈妈在旁协助。

套头衫。穿时先将衣服套在颈部，父母帮忙拿着一只袖子，协助宝宝把手伸进袖管里，随后将另一只手伸进另一只袖管里。

裤子。妈妈将裤子正面朝上平摆在宝宝面前。让宝宝双手拽着裤腰位置，两条腿分别伸进裤管里，再用双手从下往上撸裤腿，直至双脚都露出来。最后站起来拉直，就穿好了。

鞋。将脚伸入鞋内后，脚尖儿使劲儿朝前顶，再把后跟拉起来、将粘扣轻轻一按就好了。

宝宝不知什么时候学会了穿鞋时分清左右，还会看标志找衣服的前后，我并没有刻意去教他，完全是他自己观察的结果。

一般上衣的标签在领口后面，裤子的标签也在后面，有缝衣线的是反面。这是宝宝分清正反、前后的标志。妈妈还可以告诉宝宝根据服装上面的花饰来判断前后。

穿珠子

宝宝手眼协调能力的训练与手部精细动作的发育紧密联系在一起，有很多游戏可以训练手眼协调能力，穿珠子游戏就是其中之一。这是一项宝宝很喜欢的活动，在宝宝穿珠子的过程中，妈妈要帮助他复习颜色、形状和数数等知识。

串一个项链

1. 妈妈准备直径大于2厘米，中间的孔径约0.5厘米的彩色珠子。可以用就旧的算盘珠子或用包裹电线的彩色粗塑料管剪成2厘米的小段当作珠子供宝宝练习。

2. 妈妈教宝宝学会把绳子穿入珠孔，由妈妈帮忙拉出。接着妈妈把绳子穿入珠孔，由宝宝拉出。最后由宝宝试着完成两个动作。

3. 把绳子的另一端打一个大于0.5厘米的结，使珠子不会这头穿那头掉。

4. 宝宝每穿过一个珠子，妈妈就表扬一次并数一次数，宝宝穿了一大串珠子，妈妈告诉宝宝这串珠子是宝宝的项链，把两头连在一起，给宝宝套在脖子上。

5. 让宝宝去照照镜子，看看自己的作品。

不同阶段，要求不同

现在要求宝宝分颜色或分形状把珠子串上就好，妈妈要告诉宝宝不同颜色及形状的名称，让宝宝对颜色与形状也有所感知。两岁半要求穿珠数数，按颜色或形状边穿边数数。3岁前后可以按不同的要求（如按颜色或形状）穿珠，可以按着样本穿出特殊形态的珠子，也可以自己创造新的方法穿出好看的珠子来。

亲戚送给宝宝一套很好的串珠玩具，珠子分不同颜色、不同形状。这套玩具不仅能练串珠子，在不玩了要装盒时，还可以让宝宝练习按形状配对。

玩具不是重点，重点是如何利用玩具，妈妈可以和宝宝一起将很普通的玩具玩出新花样来，也可以母子一起制作玩具。

疾病与异常情况处理

防治中暑

每年的7～9月是中暑的高发期，尤其当宝宝在阳光下时间过久时，很容易中暑。导致中暑的原因除了气温高外，还与宝宝自身的健康状况有关。长时间处于高温和热辐射的作用下，机体体温调节功能紊乱，会直接导致中暑。

中暑症状

1. 看起来焦躁不安，哭闹不停，接着可能发生抽搐或昏迷。

2. 活动力变差，食欲减退或呕吐。

3. 体温明显升高，甚至可高达40℃以上。

4. 肤色红润，但是没有出汗，皮肤干燥。

5. 呼吸频率及脉搏加快。

中暑应急处理

一旦发现宝宝有中暑的症状，只要采取了适当的护理措施，情况就会好转。

1. 立即将宝宝移到通风、阴凉、干燥的地方，如走廊、树荫下。

2. 让宝宝仰卧，解开衣扣，脱去或松开衣服。如宝宝的衣服已被汗水湿透，应及时给宝宝更换干衣服，同时打开电扇或空调，以便尽快散热，但风不要直接朝宝宝身上吹。

3. 湿毛巾冷敷头部或洗温水浴快速降温，使宝宝的体温降至38℃以下。

4. 在宝宝意识清醒前不要让其进食或喝水，意识清醒后可让宝宝饮服绿豆汤、淡盐水等解暑。

有效预防中暑

关注气温预报。按照天气预报合理安排作息时间。遇高温天气在11～14时减少外出，并适当增加宝宝午睡的时间。夏季饮食宜清淡，多喝些淡盐开水、绿豆汤，每天勤洗澡、擦身。

野外活动，做好防暑。参加野外活动、外出旅游或观看露天体育比赛时，要带上防暑工具，如遮阳伞、太阳镜；还要带上防中暑药物如清凉油、人丹、十滴水、风油精等。保证充足的供水量，不要长时间曝晒，及时到阴凉下休息。

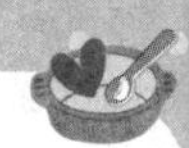

夜间磨牙问题

约有一半宝宝夜间会有磨牙症状。宝宝磨牙通常开始于10个月左右，那个时期正值出牙期（多数宝宝长出了上下各两颗乳牙），磨牙会一直持续到宝宝2～3岁甚至更大时。有的宝宝整夜都在磨牙，也有的只是断断续续地磨。

磨牙危害健康

影响情绪。磨牙会使宝宝的面部过度疲劳，吃饭、说话时会引起下颌关节和局部肌肉酸痛，张口时下颌关节还会发出响声，宝宝会感到不舒服，影响到情绪。

牙痛。夜间磨牙由于属于“干磨牙”，牙齿得不到润滑，时间久了会对牙齿造成一定的磨损，磨损了的牙齿会发酸或疼痛，有时还会形成下颌关节紊乱症。

脸型变化。磨牙时咀嚼肌会不停地收缩，久而久之，咀嚼肌增粗，下端变大，宝宝的脸型会发生变化，影响了美观。

影响睡眠。磨牙会伴随身体移动，也会使心跳加快，睡眠中的宝宝会有觉醒迹象，影响到睡眠品质。

磨牙的原因

晚餐吃得过饱。晚餐吃得过饱，或者临睡前加餐，入睡后胃肠道里还积存着大量没有被消化的食物，整个消化系统就需“加夜班”，咀嚼肌也被动员起来，不时收缩，表现为磨牙。妈妈要尽量避免宝宝入睡前大量进食。可在入睡前给宝宝按摩肚子，方法如下：手心搓热，放在宝宝肚脐处顺时针、逆时针各转2～3分钟，一天两次。

精神因素。神经系统过于兴奋或压力大也会导致磨牙。此外，白天过度活跃的宝宝也会发生夜间磨牙。

佝偻病。由于体内钙、磷代谢紊乱，会引起骨骼脱钙，肌肉酸痛和自主神经紊乱，宝宝常常会出现多汗、夜惊、烦躁不安和夜间磨牙。

蛔虫。蛔虫寄生在小肠内，会刺激肠壁，分泌毒素，引起消化不良。宝宝肚子痛，就会造成失眠、烦躁和夜间磨牙。现代人的卫生条件好了很多，由于蛔虫导致的磨牙越来越少。

牙齿排列不齐。牙齿排列不整齐的宝宝，其咀嚼肌的位置也往往不正常，晚上睡眠时，咀嚼肌常常会无意识地收缩，引起磨牙。

营养不均衡。有的宝宝不爱吃蔬菜，营养不均衡，导致钙、磷、各种维生素和微量元素缺乏，引起晚间面部咀嚼肌的不自主收缩，表现出磨牙症状。

2岁发育监测

生长

你的宝宝	男宝宝参考值	女宝宝参考值
2周岁时体重	9.7～15.3千克	9.0～14.8千克
2周岁时身高	81.7～93.9厘米	80.0～92.9厘米
2周岁时头围	(48.4±1.2) 厘米	(47.4±1.2) 厘米

发育监测

监测项目	发育状况
大动作发育	会双脚交替上台阶了。走路时，双腿之间的缝隙变小了，两只胳膊可以垂在身体两侧规律地摆动了
精细动作发育	手眼协调能力越来越好了，会用心去做自己想做的事。能打开门插销，会画简单的图形，能搭多层积木，能玩拼插图，会在大人的指导下折纸，还会创造性地折一个小动物。会给玩具娃娃穿衣服，为将来宝宝自己穿衣服打基础
感知觉发育	独立性不断增强，开始有了自律性，并特别在意自己的感受。宝宝开始尝试着做自己喜欢的事情，开始感受父母对他的情感。但妈妈从安全的角度出发禁止他做某事时，由于认识能力的不足，会认为是妈妈不爱他了 模仿能力很强。会数数了
语言与交流	可以与父母互动对话了。也喜欢自己嘟嘟囔囔，说谁也听不懂的话。开始出现口吃，这是因为宝宝的思想总是先于语言的缘故 宝宝开始喜欢和小朋友玩耍，但还缺乏合作精神，还不懂得和小朋友分享快乐。没有必要劝导宝宝慷慨解囊，把他喜爱的玩具或食物送给小朋友

2～3岁

宝宝养育面面观

本阶段发育要点提示

心智发育

2岁至2岁半，能与大人沟通得很好了。只关注现在，但先后次序观念初步萌芽。在训练的基础上，能顺着数字序列从1念到10了。凡事要自己来的意愿更加强烈。2岁半至3岁，能与大人进行无障碍沟通。依然有情绪问题，不过开始自我控制了。有了次序感、空间感，对规矩有所了解。

睡眠规律

2岁至2岁半，上床后不安分，总觉得没玩够，不想睡，家长要用睡前程序引导宝宝自然入睡。2岁半至3岁，晚睡与午睡都面临着入睡难题，可将午睡时间控制在2小时左右。

2～3岁，睡前都要讲故事。

饮食习惯

2岁至2岁半，经常使用餐具的宝宝能够自己进食了，吃饭时很容易被大人的聊天或身边的其他事情吸引，不能专心进食；2岁半至3岁，部分宝宝养成了挑食、偏食的坏习惯，爱吃零食，不吃正餐。

2～3岁，家长要尽量避免孩子形成不良饮食习惯，如果已经形成，就要想办法纠正。

排便训练

大便时间比较固定，有的在早晨，有的在晚上，基本上一天一次。自己会主动去卫生间排便。家长要专为宝宝准备一个小马桶。

穿衣、整理玩具

2岁至2岁半，部分容易穿脱的衣服不用大人帮忙，能够自己穿脱了。经常会醉心于玩具或游戏中，不理会妈妈的要求。因为贪玩，不愿意收拾玩具，但是如果他愿意，也能把玩具收拾得很好；2岁半至3岁，开始挑衣服穿，为此，甚至会挑战妈妈的权威。可以巧妙设计选择的机会，暗示宝宝选择合时宜的衣服。家长要保证周围环境整洁，宝宝也会模仿妈妈的样子整理物品。

相处技巧

2岁至2岁半，为一些沟通难的事情定下规矩，并长期坚持。接受宝宝对于“一致”的要求，并尽量满足他，如果需要打破常规，要先和他商量好。如果一件物品不想让宝宝拿到，就要收起来。

2岁半至3岁，可以让宝宝选择，前提是要有正确引导，确保他的选择是合适的。尽量不要创造宝宝可以直接给出否定回答的机会。适时送入幼儿园。

心理行为和语言发育

活泼、好斗是天性

部分宝宝会表现出好斗的迹象来，这种特点会使宝宝陷入麻烦不断的境地。这个阶段所表现出的暴力倾向是无意识的，在与其他宝宝发生争执时，不能将其视为暴力，这只是一种天性而已。

爸爸妈妈对待宝宝这种行为的方式会影响到宝宝的心理发育。爸爸妈妈要把握好管教的度，严加指责会使宝宝在逆反情绪的影响下，向暴力方向发展。

开始自己调整情绪了

宝宝在3周岁时已经明白自己和别人不一样，他们开始用各种方法来了解自己，并开始有了自我控制力。这一点与2岁时因为达不到目的就通过发脾气或做出攻击性行为来发泄有很大差别。爸爸妈妈可以带宝宝做一些调整情绪的游戏，游戏的重点是要帮宝宝培养自控能力。

如果宝宝在这个阶段获得了正确的引导，情绪发育良好，将来就会成为能很好控制自己情绪的高情商宝宝。

社会性在增强

宝宝已经开始有了自己的习惯和主张，这种能力是在周围环境的影响下及与人相处的过程中逐渐完善的，也是宝宝社会性在增强的表现。家长要以身作则，逐渐将正确的是非观与处事态度教给宝宝，让他懂得遵守规则，明白什么该做什么不该做。

还可以通过“过家家”等游戏让宝宝在玩中学会与人和平相处，得到处理人际关系的经验。父母可以尽量为他提供玩的条件，让他多和其他孩子们接触，使他能短期离开父母和监护人，同孩子们一起做游戏，为顺利进入幼儿园作准备。

关注宝宝健康问题

健康最重要

对于2~3岁的宝宝来说，健康依然很最重要。家长还是要把主要精力放在维护孩子的健康上。

如果宝宝多动，坐不住，注意力不能很好地集中，妈妈们往往把这种反常现象归结为宝宝的个性使然。实际上，很可能是宝宝的健康出了问题。妈妈应注意观察，及时发现问题。

2~3岁，宝宝在饮食上已经形成了一定的爱好与习惯，家长要调整其不好的习惯，并要把正确的理念传达给孩子，让他逐渐接受。

纠正不良饮食习惯

如果宝宝已经养成了不良饮食习惯，妈妈就要想办法加以纠正了。妈妈可以在宝宝对食物的喜好与进食的态度上下点功夫，要想办法让宝宝接受有益健康的食物，可以通过强化环境的影响来帮助他改掉不良进食态度。

还要注意观察宝宝是否有食欲不佳的表现，如果有，就要带宝宝去看中医调理脾胃，以达到增进食欲的效果。

按时接种疫苗

目前，常规预防接种所能预防的疾病包括：结核病、乙型肝炎、白喉、破伤风、脊髓灰质炎（小儿麻痹）、B型流感嗜血杆菌引起的脑炎、麻疹、腮腺炎、风疹、水痘、甲型肝炎、乙型脑炎、流行性脑脊髓膜炎、流感等。

家长要重视疫苗的常规接种，严格按照儿童保健医生给出的接种时间表给孩子接种疫苗。

妈妈日常照料提示

生活照料

2岁以上的宝宝已经开始自己吃饭，尝试自己穿衣服了。宝宝的自我意识抬头，不愿意乖乖按照家长的安排来，因此沟通时要注意技巧，不能强迫。父母除了要合理安排宝宝的饮食与生活之外，还要将正确的理念灌输给他，他理解了父母这样的做的理由后，会主动去遵循。

相对于1~2岁时，2~3岁的宝宝要好照顾多了。

个性培养

这个阶段的宝宝行动上有了更强的目的性，这是一个好现象。

宝宝处于该好好调教的年龄段了，调教不是管教，而是父母要以身作则，给宝宝作好榜样，使他对是非对错逐渐产生自己的看法。

父母还是要注意观察宝宝，根据其特点来安排合适的教育计划。

面对变化，随时作好准备

有时温和懂事，有时固执蛮横

2岁宝宝的生活技能、运动技能和语言能力已经有了明显提高，情绪也相对稳定，显得温和而友善，相处起来比1岁时容易多了。但俗语中却有“可怕的两岁”一说，足以说明2岁的宝宝会有一段时间是相当难缠的。

实际上，宝宝在2～3岁阶段，在心智上会有一个飞跃，前半年要比后半年好带，所谓的“可怕”，是专留给后半年的。父母在宝宝心目中的地位是不会改变的，只要坚信这一点，就无须在这个阶段到来时心生畏惧。

动作与语言同步发育

宝宝的动作发育已经比较协调了，他比以前对自己更有把握和信心。这个阶段，宝宝可以跑起来而不轻易摔倒，可以上下楼梯，并以蹦跳为乐；宝宝两只手的技巧也比之前有了很大进步。

与动作共同发育的还有语言能力的进步。2岁以后，很多宝宝已能用丰富的词汇表达意思了。而有的宝宝已经三岁多了，却还不能很好地说话，这种现象在男孩身上比较常见。这都是正常的，不代表宝宝有智力上的差异。家长尽量不要拿自己的宝宝与某方面发育较好的宝宝相比较，因为每个宝宝的发育都有其独特性。

一般来说，动作发育好的宝宝，其他方面智能的发育也会更好。

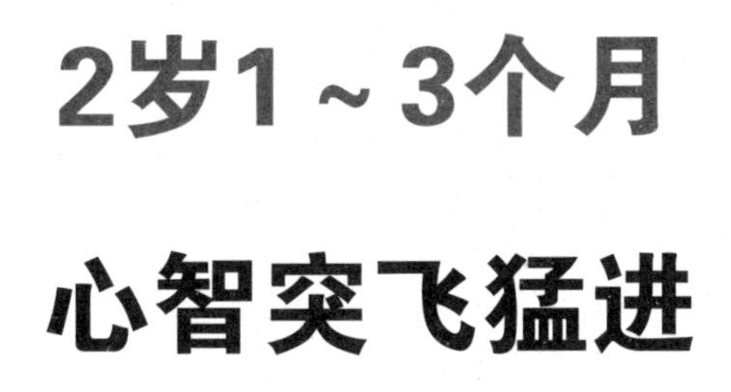

2岁1～3个月

心智突飞猛进

生活&饮食&护理

适量补充无机盐

无机盐也就是矿物质。人体内含有多种无机盐，虽然需要的数量不多，每天只有几克、几毫克甚至几微克，但这些盐类在体液中解离出的各种离子都有独特的功能，无机盐不供给热量，却是维持人体正常生理功能不可缺少的物质。

无机盐种类

人体内的无机盐分为常量元素和微量元素两类，常量元素有钙、磷、钠、钾、镁、氯、硫；微量元素有碘、锌、铁、硒、铜、锰、氟、钼、铬、钴。每种元素在调节生理功能方面都有着极其重要的作用，它们的缺乏或者太多都会引起人体功能失调，影响健康。

常量元素的作用

食盐的主要成分是钠和氯，体液需要保持比较稳定的渗透压力，钠离子和氯离子起着决定性的作用。渗透压过高或过低都会发生机体功能紊乱甚至影响生命。缺乏钠会造成渗透压过低，出现尿多、水肿、乏力、恶心、心力衰竭等；当钠过多造成体液渗透压升高时，发生口渴、少尿、肌肉僵硬或抽搐、昏迷甚至死亡。

体内钾离子过多或过少可能会引发全身肌肉无力、瘫软、心跳无力、精神萎靡不振、嗜睡、昏迷甚至死亡。幼儿期发生严重呕吐、腹泻现象，常导致钠、钾离子的失常。

钙是骨骼和牙齿的主要成分，如果供应不足或钙的吸收不良均会发生佝偻病，严重者发生抽搐、肌肉震颤或心跳停止。

微量元素的作用

铁是人体血红蛋白和肌红蛋白的重要原料。铁摄入不足，就会发生缺铁性贫血，影响生长发育。

锌在人体内可构成50多种酶，还构成胰岛素，促进蛋白质合成，有益于生长发育。缺锌会患矮小症、贫血，出现生长停滞、皮肤损伤。

碘能维持甲状腺的正常生理功能，制造甲状腺素，缺乏时导致甲状腺功能低下。

了解宝宝的饮食偏好

宝宝在饮食上会有特殊的“固执”表现，比如不吃土豆片，但炒成丝却很喜欢；花生米非要用勺子盛着送进嘴里，妈妈用筷子夹着喂就会哭闹。

宝宝对食物有偏好是这个阶段的共性。这是秩序感的表现之一，妈妈要了解宝宝的饮食偏好。

顺从宝宝对食物的偏好

多数宝宝对于食物会有十分强烈的探知欲，他们普遍对新食物跃跃欲试；也有一部分宝宝则恰恰相反，他们只接受自己曾经吃过的食物，对于新食物没有尝试的兴趣。不同孩子的饮食习惯也会有异，有的宝宝喜欢把所有食物混起来吃，有的却喜欢单独一样样地分着吃。

妈妈要了解宝宝对食物有什么样的偏好，不要试图把你自己认为是正确的选择强加给宝宝，而是要尽快适应宝宝的偏好。宝宝正在进入自我意识的巅峰时期，顺从他的喜好，让他尽情吃自己喜欢的食物，有助于他更顺利地度过这一时期。

妈妈要把握一个前提：给宝宝提供健康的饮食环境，让他自由选择。

容忍他的小任性

2岁的宝宝多数能自己吃饭了，可是在妈妈面前，也忍不住会撒娇，要妈妈喂，这是他在享受自己的特权，妈妈不妨满足他的要求。

宝宝有时会食欲不好，不愿意吃饭，妈妈不免会为此担心。其实，妈妈如果把宝宝每天的饮食状况记录下来，坚持一段时间，从记录的结果中就能发现，宝宝的坏胃口呈现一定的周期性，多数时候胃口是不错的。

妈妈越是顺从宝宝对食物的选择，他便越容易顺从；相反，妈妈对某种食物的约束越多，宝宝就越喜欢这种食物。所以，聪明妈妈的做法是给宝宝的一定的饮食自由。

选择牙膏

刚开始给宝宝选择牙膏时，妈妈往往是一头雾水。没有任何经验可循，只认一个贵则好的死理儿，专从超市里买贵的。但是买回来以后，宝宝未必喜欢，他常把牙膏吐出来，又说不明白为什么。

如何选择牙膏

含氟不能高。使用含氟牙膏可提高牙齿的抗龋能力，但是由于宝宝在刷牙过程中会吞咽部分牙膏，同时日常饮食中也会摄入一定量的氟，容易使体内氟过多，会有发生氟斑牙的危险。所以，宜选用含氟量较低的儿童牙膏。

不含薄荷。含有薄荷添加剂的牙膏辛辣，儿童不易接受，故不宜选用。

水果味牙膏慎选。约1/4的儿童会直接把水果味的牙膏吞吃了，妈妈要注意加以教育和预防。

不选多泡沫牙膏。牙膏中泡沫的多少取决于含皂量的多少。皂质在口腔唾液中容易分解，其产物会刺激口腔黏膜、破坏唾液酶。此外，含皂量大会降低洁齿的效果。因此，宜选择少泡沫的牙膏。

药物牙膏不宜久用。药物牙膏对口腔疾病虽有一定的治疗作用，但长期滥用却会产生反作用。如消炎护齿类牙膏会杀灭口腔中的正常细菌，使口腔发生新感染；而含有生物碱和强刺激性物质的牙膏会损害口腔黏膜，并会引发口腔炎症。

刚开始用牙膏刷牙时，宝宝用舌头添了一下就把头扭开了，不愿意放到嘴里，后来通过看电视中这种牙膏的广告，宝宝逐渐接受了。随之而来的就是要每次刷牙都要多多的量。

给宝宝刷牙每次只需豌豆大小的量即可，量大无益。刷完以后，即便是可以吞咽的牙膏，也要让宝宝把牙膏吐出来。尽量不选样式或风味很特别的牙膏，比如樱桃味的或泡沫糖形状的牙膏，宝宝容易将这种牙膏吞下去。

胖宝宝，要适当控制

这个阶段，宝宝胖乎些比较惹人疼爱，妈妈也很享受宝宝的胖所带来的愉快。符合体重标准的胖无须担忧，但如果宝宝已经超重，妈妈就要特别留意了。肥胖的主因是营养摄入过多，而日常活动不足以消耗全部热量从而转化为脂肪。此外，家族遗传也是一个原因。

过度肥胖的危害

宝宝过度肥胖会引起许多疾病，如糖尿病。据统计，肥胖儿童患非胰岛素依赖型糖尿病的概率是一般儿童的10倍；另外，他们患高血压、心脏肥大、缺氧性心脏病、猝死的概率也比一般儿童高出许多。

判断肥胖的标准

宝宝体重的超标=(实测体重／标准体重－1)×100%，计算出的结果超过10%可判断为超重；这个结果超过20%，就可被认定为肥胖。

家长参与，预防肥胖

加强运动。适当的运动可以加快机体的新陈代谢，消耗身体中多余的热量，并能使宝宝的呼吸系统及骨骼、肌肉得到锻炼，体质增强。

胖宝宝多数不爱运动，爸爸妈妈要把运动作为一项家庭活动并以身作则，引导宝宝积极参与。这样的运动可以是饭后散步、骑自行车出游、徒步登山等。

健康饮食。胖宝宝首先要从逐步改变饮食习惯开始，在保证营养均衡的基础上，戒掉垃圾食品（在本书第73页已经详细介绍了世界卫生组织规定的十类垃圾食品）；其次，可以让宝宝适当多吃一些脂肪转化率低或有饱腹感的食物，如瘦肉、鱼、豆制品、芹菜、韭菜、胡萝卜等；第三，早餐一定要吃，不吃早餐会使宝宝感到饥饿疲倦，这会大大增加午餐的进食量，造成更为严重的脂肪堆积。

该关注幼儿园了

宝宝过了2周岁，就该考虑未来入园的问题了。如果所住小区内有不错的幼儿园，妈妈就无须在这方面费心太多了。近处的幼儿园内玩伴都是平日熟识的宝宝，入园焦虑要小些。如果本小区没有幼儿园，现在就该开始考察了。

需要考虑的因素

距离与路况。可以选择的幼儿园首先距离不能远，接送要方便。在这个前提下在居住地周围划出区域，在这个区域内寻找幼儿园。还要考虑去幼儿园途中的安全问题，如必经大型立交桥就会增加接送途中的危险性，而且这样的路途也不适宜老人接送。

找好同伴。在选择之初，最好从小区内选好结伴入园的对象，这样做的原因有以下几个：相伴着一起寻找幼儿园，妈妈们可以互相商量，入园后出现什么问题，也能增加谈判的筹码；入园后，互相之间可以有个照应，一家不方便接送时，其他人可以帮助接送；有助于减轻入园焦虑，这几个宝宝在生活中可以成为很要好的朋友，使其成长不孤单。

挑选幼儿园的渠道

借鉴他人经验。多听听身边已入园宝宝家长的反映，从他们那里可以得到第一手资料，还可以找邻居、街道甚至慕名前去向那些家长诚恳咨询。

行内人。如果身边有在幼儿园工作的朋友或亲人，可以请他帮忙判断、出主意。

亲自走访。一个幼儿园总有其成熟或不成熟的方面，择园时不必以一弊而概全。要选最合适的幼儿园，不可盲目贪好。

我和其他几位宝宝妈妈已经开始给孩子找幼儿园了。多番考察之后，终于选定了一家幼儿园，距离居住的小区步行需要20分钟左右。确定之后，我们几位妈妈就开始带着宝宝不定期到这家幼儿园玩，让宝宝们尽早适应这里的环境。

妈妈这样的做法是正确的。如果选定的幼儿园内有亲子班，可以给宝宝报名，让宝宝更早介入园内生活。

宝宝不吃饭，妙招应对

宝宝不好好吃饭恐怕是多数父母都头疼的问题，威逼利诱都没用。妈妈首先要判断宝宝不爱吃饭的原因是什么，在排除了宝宝食积或感冒等原因后，就要归结到生活习惯不良。如果是这样，妈妈可以通过精心烹制佳肴把宝宝的注意力吸引过来。

改变食物外观

宝宝会记得之前进食的不愉快经历，并把这种看法延续下去。比如，妈妈把芹菜炒老了，宝宝吃得不香，之后就会拒绝再吃芹菜。这时妈妈可以将芹菜切碎、磨泥、打汁或以模型切割等方式改变形状，再加入其他食物一起烹调。

菜肴可爱化

在菜上做点小装饰，就能吸引宝宝进食的兴趣。比如，将炒饭中加入青菜、炒鸡蛋片、胡萝卜；用蔬菜把饭装点成Kitty猫或维尼小熊；花朵样的拼盘菜；蔬菜用模型处理成小动物形状。这些处理都会使宝宝食欲大增。

除去不佳味道

青椒、红萝卜、羊肉、海鲜等都有特殊的味道，虽然营养丰富，宝宝却不喜欢。妈妈可用柠檬汁或姜片去除鱼腥味；处理青椒时，要把里面清洗干净并用水充分浸泡，以使宝宝更容易接受。

慎重增加新口味

宝宝多会排斥新食物，要慎重对待宝宝与新食物的第一次接触。可以将新食物搭配宝宝喜爱的食物一起吃；宝宝肚子饿时，先上新菜色，他更容易接受；不要在宝宝生病时介绍新食物；妈妈要用自己的行动来鼓励宝宝多尝试。

宝宝有时会莫名其妙地对平素喜欢吃的菜不感兴趣了。

在宝宝拒绝某种食物时，妈妈不能因为这种拒绝很没道理就大发其火，要接受宝宝对食物的选择。在这个前提下，再去找原因想办法解决。妈妈不高兴会让宝宝更加不喜欢这种食物。

出汗多找原因

一般来说，运动因素导致的多汗是正常现象，但安静或睡觉时，全身或局部出汗多甚至大汗淋漓，那就与身体虚弱有关了。妈妈要注意给宝宝补一补了。

自汗与盗汗

自汗。白天平白无故出汗是自汗，出汗部位以头部、躯干为主，并伴有精神疲惫、食欲下降、大便稀溏、小便清长、周身无力、少气懒言、面黄肌瘦、手脚冰冷等症，自汗多属于气虚不固，治疗上宜补虚敛汗。平日的饮食注意不要多吃生冷的食物。

盗汗。盗汗是夜间睡眠出汗，醒后汗止。汗出部位常在胸背及手脚心，并伴有心烦易怒、睡眠不安、五心烦热、两颧红赤、大便干结、小便黄赤、午后低热等症。盗汗多属于阴虚，治疗上宜清热养阴敛汗。平时饮食应注意避开刺激性和煎炒的食物。

辅助食疗

核桃莲子山药羹，可治疗自汗。核桃仁300克、莲子300克、黑豆150克、山药粉150克，分别打成粉后均匀混合，加入适量米粉，每次吃1～2勺，拌在牛奶或稀饭中煮熟也可以，每天吃两次。

百合蜂蜜饮，可治疗盗汗。鲜百合100克、蜂蜜100克，拌在一起，蒸1小时后晾凉，每天早晚各吃1小勺。开水冲服或用百合煮粥，吃时加些蜂蜜也可以。

妈妈平时还可以让宝宝多吃一些糯米、小麦、红枣、核桃、莲子、山药、百合、蜂蜜、泥鳅、黑豆、胡萝卜等食物，这些食物对减轻出汗会有所帮助。

宝宝从今年开春开始，出汗就特别厉害，白天一有活动就全身是汗，晚上熟睡之后也常大汗淋漓，同时还伴有日渐消瘦的迹象。听说吃六味地黄丸管用，是吗？

宝宝容易出汗说明宝宝的机体代谢快，但是有病理因素如缺钙、缺锌，宝宝也容易出汗。白天穿多了，晚上盖多了，也会出汗，这是正常现象。可以带宝宝去医院查一下，听听医生的建议。不推荐自行给宝宝吃滋补的药物，如六味地黄丸。宝宝出汗多容易受风感冒，妈妈要及时帮宝宝擦干。

冬季暖胃食谱

冬天，干燥寒冷的气候特点使宝宝更容易生病，如呼吸道疾病、皮肤问题、缺钙等，这和寒冷使人体摄入的营养更多地转化为热量有关。摄入的营养多用于抵御寒冷，如果热量摄入不增加，那么补给身体活动所需的能量就会减少。这会使血钙降低，免疫系统功能下降，以致上呼吸道感染、胃肠问题等频频发作。

因此，冬天更应摄入足够的蛋白质、脂肪、碳水化合物、维生素和矿物质，以抵抗严寒。

进食宜选择温补

冬季，妈妈给宝宝挑选的食物应以温热性的为主。适于冬季吃的水果有苹果、梨、猕猴桃、香蕉、柚子、橘子等；适于冬季吃的动物性食品有猪肉、牛肉、羊肉、鸡肉、鱼、虾等。

特别推荐豆制品，豆制品是冬季菜肴很好的原料。如，豆腐干与红烧肉同煮，内酯豆腐做肉羹或鱼羹、白菜猪肉豆腐煲等，都是适合宝宝的营养佳肴。

另外，冬天的食物应以热食为主。教给妈妈们一个小窍门，用勾芡的方法可以使菜肴的温度不会降得太快。可以多做羹糊类菜肴。与夏天的清淡不同，冬季的菜肴可以做得厚重一些。

多食蔬菜防感冒

冬天，寒冷的气候使体弱的小宝宝很容易患感冒，而且也是各种传染病的多发期。要从饮食入手，增强宝宝的身体抗寒和抗病力。冬季，宝宝尤其要多吃蔬菜，以预防感冒。

可以从扩大蔬菜品种着手，让宝宝愿意吃蔬菜。从绿叶菜（青菜、菠菜、豆苗等）、甘蓝族蔬菜（卷心菜、包心菜、花菜等）、根茎类菜（土豆、萝卜、冬笋、胡萝卜等）、菌菇类等各种蔬菜中去挑选宝宝爱吃的蔬菜。有的宝宝不爱吃蔬菜，对此妈妈要有耐心。

冬季暖胃食谱两例

小米金瓜鸡肉末粥。选取小米20克、糯米20克、南瓜30克、带壳板栗30克、鸡肉末30克、红枣10克。将糯米、小米、红枣洗净待用；南瓜洗净、去皮、切小块；板栗煮熟、去壳，压碎成泥。将淘好的糯米及小米、鸡肉末、红枣和南瓜放入锅里，大火烧开后改小火，煮30分钟左右；起锅前放入板栗泥，拌匀即可食用。

土豆山药泥肉丸子。土豆25克，山药25克，肉末100克，胡萝卜10克，香菇3朵，姜5克，盐、酱油各少量。土豆、山药去皮蒸熟，压碎成泥；胡萝卜、香菇、姜切成碎末；肉末放盐和酱油调出味道。把土豆山药泥，胡萝卜碎末、香菇碎末、姜碎末一起放到肉末里，搅拌均匀后捏成丸子，上锅蒸熟即可。

家庭教养

将时间融入生活

想要培养宝宝良好的时间观念，大人首先要建立自己良好的时间观念，才好要求宝宝遵守。正确利用时间，也可以使管教宝宝的过程更加顺利。

让宝宝遵守时间

从这时起，父母应该逐步给宝宝树立时间观念了。2岁多宝宝的时间概念总是借助于生活中具体事情或周围的现象作为指标的，如早上应该起床，晚上应该睡觉，从小就应该给宝宝养成有规律的生活习惯。虽不必让宝宝知道确切时间，但可经常使用“吃完午饭后”“等爸爸回来后”“睡醒觉后”等话作为时间的概念传递给宝宝。

另外，宝宝虽然不认识钟表所代表的含义，但还得要宝宝明白表走到几点就可以做哪些事情了。比如，用形象化的语言告诉宝宝，如说：“看，那是表，那两个长棍合在一起，我们就吃饭了。”给宝宝在手腕上画个表，问：“宝宝几点了？我们该干什么了？”这样不断地问宝宝 ，让宝宝有看时间的意识。

以身作则做榜样

培养宝宝的时间观念是一件循序渐进的事，父母首先要重视，态度要平和，行为要耐心。

教育宝宝时，最重要是要以身作则、言行一致，定下了规矩就不能找借口变动。答应宝宝的事也一定要在说好的时间内做到，这样才能在宝宝心目中树立守时的观念。

父母还要培养宝宝节约时间的习惯，父母自己要树立榜样，不拖拉，常常在讲故事、做游戏等时间里告诉宝宝要抓紧时间，不能浪费时间。要善用智慧，讲究方法，日积月累，使宝宝形成规律、有效、稳定的时间观念。

国外的餐桌文化值得借鉴

作为家庭生活中非常重要的活动——吃饭，不能仅把它看作填饱肚子的活动。前文详细介绍了全家人的餐桌时间应怎么度过。在有宝宝的家庭里，围绕餐桌所产生的家庭教养有很多项。国外家庭的餐桌文化往往值得我们借鉴。

英国的餐桌及其衍生文化

餐桌时间。英国父母们认为，自己餐桌上的习惯会直接影响到宝宝的饮食习惯，他们会有意识地保持健康的饮食习惯并同时把这些习惯传递给宝宝。

拒绝偏食、挑食。英国人认为，偏食、挑食的坏习惯多是幼儿时期家长迁就造成的，因而如果孩子只吃某种菜而对其他菜不屑一顾时，就会把这种菜收起来。在英国家长看来，餐桌上对孩子的迁就，除了会影响营养的摄入，还会使孩子养成任性、自私、难以自控等人见人厌的性格。

重视用餐礼仪。孩子在2~4岁学会用餐的所有礼仪，5岁左右坐在餐前摆好餐具、在餐后收拾餐具等力所能及的杂事。这不仅减轻了家长的负担，也让宝宝享受到了参与的快乐。

重视环保教育。5~6岁的宝宝知道哪些是经再生制造的环保餐具，哪些塑料袋可能成为污染环境的永久垃圾。外出时，孩子会在家长的指导下自制饮料，尽量少买易拉罐等现成食品，并注意节约用水用电。

美国的餐桌时间

美国父母认为，坚持与宝宝共同进餐不仅有助于增进双方的食欲，还能借此机会向宝宝推荐一些他从未尝试过的新食品。美国父母应对偏食宝宝的办法是：不另做饭菜，如果他这顿饭不吃，在下顿饭之前，坚决不提供任何食物；父母不当着宝宝的面评论自己不喜欢的菜肴。

日本的餐桌时间

日本父母很重视全家人一起用餐，他们认为餐桌上的愉悦情绪，能将父母的爱传递给宝宝，宝宝也由此得到满足感、信赖感，有助于健康成长。

好奇捣乱，最好接受

宝宝对周围的事物报有强烈的好奇心，这在妈妈眼里，有时简直是无法忍受的。凡是被宝宝“染指”的区域，都乱得一塌糊涂，甚至在公共场合也不会停下他破坏的脚步。

这“讨人嫌”的宝宝，究竟该怎么管教呢?

探索世界的本能使然

宝宝的捣乱行为其实是成长过程中很自然的现象。宝宝是在不断尝试按自己的意愿行事，试探着被否定或被肯定，逐渐积累起自己的认知，并在这个过程中形成自己的处世经验。所以，这种捣乱行为完全是本能。在大人的世界里，宝宝这种本能的表现多数是不被理解的。

要尊重并且接受

宝宝的行为总是和大人的意愿相反，这会令妈妈不高兴。细细想来，宝宝并没有做错什么事，不过是没有满足妈妈的期待。妈妈最好把不快抛开，接受宝宝这种自然的本能表现，并密切关注宝宝的一举一动。

为了迎合而顺从妈妈，并按照妈妈的意愿行事，反而会使宝宝出现心理问题。宝宝因为怕妈妈生气、失望，想说的话不敢说，想做的事不敢做，而内心的不满却会积累，宝宝会因此而产生说谎或暴力等不良倾向。

为了应对宝宝的捣乱行为，同时也为了能照顾到他的好奇心，我会把危险的物品收起来，不让他拿到手里，其他物品则任他玩。我把抽屉、橱柜等宝宝最爱翻的储物空间做了调整，以方便他在保证安全的基础上更好地施展身手。

给予太多的自由，有可能转化为纵容。过分自由会让这个阶段的宝宝越来越以自我为中心，变得越来越固执。妈妈要明确告诉宝宝什么可以做，什么不能做。适度的控制也是宝宝社会性发展的需要。

结成统一战线

家庭中所有成员对宝宝的教育应保持一致，包括对待宝宝的态度、对他的要求上，都要互相维护，即使有矛盾、有冲突，也要避开宝宝，共同商量以求一致。做到这一点并不容易，这也往往是家庭纠纷的原因之一。

有分歧是常态

在现代的家庭中，由于家庭成员的教育背景、生活习惯、幼时家庭环境不同，以及每个成年人的思想、性格、教育水平的差异，对宝宝的要求、教育态度多数是有分歧的。这一点在三代同堂的家庭里显得尤为突出。具体表现如下：父亲提倡宝宝要衣着俭朴，母亲喜欢宝宝穿得华丽有气质；爷爷、奶奶提倡宝宝要多吃肉，爸爸、妈妈认为宝宝要多吃蔬菜、水果。

分歧导致混乱

家庭教育的分歧会使宝宝无法判断谁是谁非。如：在爸爸想对宝宝严加管教时，妈妈却提供温柔的保护伞。一个管教，一个袒护；一个批评，一个安抚，容易造成宝宝亲近偏爱自己的妈妈，疏远严格要求的爸爸。

这个结果不仅使教育力量抵消，也会使父母的威信受到损害，最严重的是会使宝宝形成两面性，利用父母的矛盾达到自己的目的；还会给宝宝的不合理欲望、坏习惯及错误提供保护伞，掩盖了真正需要纠正的错误，使宝宝在错误的心理路途上越走越偏。

走偏了，要纠正

去掉保护伞。一般来说，出现分歧时，要以主要照料人的处理意见为主。即便妈妈当时怒不可遏地揍了宝宝，家里的其他成员都要旁观，不宜插手，要让习惯在老人身上寻求帮助的宝宝逐渐失望。

私下商量。家庭成员对妈妈的处理方法有意见，可以在宝宝不在场时共同商量更好的对策。

我有时被宝宝气得想发火，孩子爸爸除了不帮我，还对我横加指责，这是我最难忍受的事情。

夫妻在教育宝宝的过程中互相指责是最不可取的行为，吵架的结果会使其中一方将怒气转移到宝宝身上。尤其是被指责的一方，更容易做出伤害宝宝心理的举动。

行为习惯

阶段性地害羞

宝宝在亲戚靠近他时会躲到妈妈身后，仅露出一个小脑袋，还不愿意参加团体活动，这种状态很令妈妈担忧。在这个年龄段，这种行为是正常的。有的宝宝与小伙伴玩得很好，见到陌生人却不由得要退缩；还有的宝宝在任何新的环境中都会感到焦虑。

害羞不是缺点

此阶段的宝宝开始频繁接触新环境、新人群，可以分辨出熟悉或陌生，而每个宝宝对新环境的反应是不一样的，有的宝宝对新的事物、环境和活动反应相当热烈；有的宝宝却是退缩的，不愿意接触他不熟悉的事物。这两种反应是天生的，是宝宝性格特点的一部分。宝宝在这个时期害羞是很正常的，随着年龄增长，害羞的情况也会慢慢改善。为了避免宝宝害羞，你可以积极去营造宝宝与人相处的机会，并建立愉快的经验，减少宝宝出现害羞气质的机会。

鼓励害羞宝宝

妈妈要带头。在新环境中，妈妈需要主动参与想让宝宝加入的活动，直到宝宝觉得玩耍自如了为止。在感觉妈妈不参与宝宝也能够玩得很好的情况下，试着悄悄地、逐渐地退场，并观察宝宝对于这一变化的表现。

接受宝宝的状态。让宝宝知道妈妈很理解他的心理。可以通过与宝宝更多的拥抱与眼神沟通来传达这种意识。

给予鼓励。两三岁宝宝的特点是独自玩，同时观察别人。所以，即便宝宝对团体活动只表现出一点点的参与意愿，妈妈也要给予足够的鼓励与支持。

参与集体活动。妈妈可选择带宝宝参加人不多且环境安静或熟悉的活动。如果儿童游乐场是宝宝最爱去的地方之一，就挑人相对少的时段去。

凡事一窝蜂

宝宝们在玩到兴起时，会一个学一个，一个做什么，其他人一窝蜂也跟着一起做。如果常在一起玩耍的伙伴有三个以上，就会形成一定的群体效应。这个群体还会呈现一个有趣的现象，就是排斥群体外的成员。

喜欢随大溜

这时的宝宝喜欢随大溜，例如大家都在搭积木，其中一个宝宝拿起两块积木敲起来，会引起所有的宝宝都拿起积木来敲。如果一个宝宝站起来大叫一声，其他宝宝也会跟着站起来大声喊叫。

此时出现的随大溜现象是在“平行游戏”之后的“联合游戏”。一个宝宝出一点儿新鲜事，大家都会跟着模仿，有了群体活动的雏形，宝宝们开始享受群体活动的乐趣。随大溜的现象是宝宝进入群体的开始，要让宝宝进入群体才能出现。如果宝宝仍然留在家中，就不可能出现随大溜现象。有了同伴的吸引力，宝宝就不再像2岁以前那样黏人了。宝宝跑来跑去，有时甚至会离开妈妈的视线，这时妈妈要把注意力更多放在宝宝的安全问题上。

要进入团体

现在，多数宝宝已经有了交往的需求，他们需要有小伙伴围在身边。在这个团体中，宝宝能产生归属感，可以随心所欲，身心得到最大限度的释放，就像在自己家里一样自由。妈妈在帮助宝宝建立这样一个圈子的过程中所起到的作用会非常大。

宝宝在一个和谐的家庭环境中，获得了最初的人际交往技能，其中以情绪的自控能力最为关键。之后，宝宝在小团体中获得了社会交往的技能，为更大范围的社会交往打下基础，以能更快适应未来幼儿园的生活。

宝宝在小团体中很放得开，他的状态令我欣慰，可一旦进入陌生的环境及团体，宝宝又表现出拘谨的神情，不敢多迈一步，不敢多说一句话。

妈妈如果想一想自己在陌生环境中的状态，就不难理解宝宝当时的心理了。除非宝宝是人来疯的个性，否则多数宝宝都会对陌生的环境及团体犯怵。妈妈不必为此担忧。

爱摸生殖器怎么办

探索身体是成长过程中的一部分内容，在宝宝学会跑、跳、扔、画及在便盆里排便的过程中，就像对他的手指、脚趾、肚脐等产生兴趣一样，宝宝也会对生殖器官感到好奇。所以当宝宝抚摸生殖器时，妈妈不必感觉难堪。

泰然处之

接受这种行为。摸生殖器是一件很正常的事，不会产生健康风险。对大一些的孩子来说，明确的性游戏可能是接触了跟性有关的书、电视节目、电影等资料。以上情形不可能出现在现阶段的宝宝身上。

别管他。即便妈妈已经告诉过宝宝，他身体上的某些部位是隐私的，除了他自己和父母、医生，别人都不能碰的。目前这套说辞不会产生作用，因为宝宝没办法理解何为隐私。在宝宝玩弄生殖器时，妈妈可用别的事情转移他的注意力。

分散注意力。宝宝当着别人的面摸自己的生殖器时，也是妈妈的尴尬时刻。可以找个玩具或其他手边的替代品递给他，让他拼拼图、玩积木或扔球等，任何可以把他的手利用起来的活动都可以。

不要过激。妈妈对宝宝摸生殖器的不当反应反而会伤害宝宝。如果宝宝在摸生殖器时妈妈大怒，宝宝会感觉到探索自己的身体是罪恶的，或者感到他做的事是肮脏、下流的，这会导致他将愉悦的感觉与罪恶或耻辱联系起来。

是心理不适的反应

有的宝宝出现心理问题或者所处的环境很恶劣，除了玩性器官之外，没有其他事情能让他提起兴趣。这样的宝宝如果经常玩性器官，长大后有可能会出现严重的自慰行为。

在宝宝得不到妈妈充分关爱的情况下，也会暂时痴迷于玩性器官。

保持外阴清洁

妈妈要仔细观察一下宝宝的外阴，看有没有异物和炎症，外阴不舒服也会导致宝宝抚摸生殖器。

妈妈平时要注意定期给宝宝清洁生殖器，还要保证手的清洁。另外不要给宝宝穿开裆裤了。

坐不住，可能是病

宝宝注意力分散，没办法安静下来，妈妈怀疑宝宝是不是患了多动症。宝宝有这种问题，妈妈要重视。

多动症，是大脑患病了

宝宝没办法安静下来，妈妈会认为是宝宝不听话而对宝宝横加呵斥和打骂，这只会陷入恶性循环。研究表明，多动症是宝宝的大脑功能出现了问题，确确实实是一种病。在多动症儿童中，患儿的大脑额叶的大小平均比正常孩子小10%，小脑蚓部是多巴胺集中部位，其大小也比正常的小10%。多动症和其他疾病一样，需要通过正确的诊断来进行治疗。

多动症，要早发现

数据表明，多动症宝宝在4岁以前就出现过症状或者已经患病，但多数是在上幼儿园或小学以后才能发现。多动症如果不及时治疗，会发展成慢性病，平均30%左右的孩子在成年后还会出现多动症状。因此，对于注意力分散严重的宝宝，要及时就诊。妈妈可按下表给宝宝做个测试。

多动症检查表

注意力障碍判断标准	活动过多的判断标准
上课或参与其他活动时注意力不集中，经常出错	手脚一会儿也不老实，总乱动
在完成任务和游戏时，不能持续集中注意力	必须待在自己的位置时总是随意离开
别人面对面和他说话时，不能注意听讲	不合时宜地到处乱跑
不能按照大人的要求完成自己应该做的事	不能安静地玩耍或娱乐
很难制订计划并按照计划有步骤地进行活动	一刻不停地活动身体
不喜欢做一些需要集中注意力的事情	妨碍并干涉他人
易受外界刺激而转移注意力	没听完问题就着急回答

注：以上注意力障碍和活动过多的判断标准中，有6项符合且持续半年以上，宝宝就有可能患有多动症。

早期教育

说完整的句子

虽然宝宝已经可以完整地说出整个句子了，还是会受限于习惯，只用几个词来表达自己的意思。虽然这样的表述也不影响正常沟通，但是却对宝宝的语言发育不利。妈妈要尽量引导宝宝使用完整的句子来进行日常沟通。

引导宝宝使用全句

教宝宝用完整的语句讲话是十分必要的，这直接关系到宝宝口语表达能力的提高，还有利于促进宝宝思维发展、长大后成为一个思维清晰的人。现在，妈妈应鼓励宝宝尽量说出完整的句子了。比如，表达吃饭这个意思时，要说“我要吃饭”，而不是简单地说“吃饭”二字。

一个完整的句子至少要包括两部分，前一部分是“谁”或者“什么”，后一部分是对前一部分的说明，表示“是什么”或者“怎么样”。因此，“谁干什么”“什么怎么样”“谁是什么”“谁像什么”等都是完整的句子。

在日常生活中，应尽量用完整的句子跟宝宝说话。例如，不要说“喜欢吃苹果”，而应说“宝宝喜欢吃苹果”。“饿吗？”可以变成新句子“宝宝，你饿吗？”此外，随时随地教宝宝一些完整的句子，比如看到一只猫，不要简单地说“有一只猫”，而要说“树下面有一只猫”，把看到的情景完整表达出来。这样的情景很多，随时随地都可以进行。

多听，才能正确使用

一些父母怕宝宝听不清楚而经常用短语跟宝宝交流，其实这是一个误区。科学研究表明，宝宝的听觉能力是很强的，他听明白肯定没问题，只是暂时还不能用语言表达出来而已，他会说话时就能说完整的话甚至很长的句子了。若意识到这一点，越早有计划地正确训练自己的宝宝，对宝宝智力的发育越有益。

与宝宝一起看图画书，讲他喜欢听的故事，在讲的过程中经常问他：画的左边有什么？画右边又有什么？引导宝宝用完整的句子回答，如“画的左边有树”“画的右边有小鸟”。

能很好地控制身体了

现在，宝宝能够运动自如了，基本上可以很好他控制自己的身体。他熟练地奔跑而且不会轻易跌倒；自如地双脚交替上下楼梯；他还可以用脚尖走路；还可以随着音乐的节奏摆动身体，脚步基本不会乱；跳下较低的台阶更是经常做的事。

这些变化使他更有信心进行自己的探索行为。

还是有小瑕疵

大动作。宝宝的手臂、腿、整个身体或手指的动作相互之间的协调性仍然还有欠缺。踝关节和膝关节的灵活性还差点，行动起来会受到一定的限制。脚腿之间运动的连贯性略差。不过，不久以后，这种情况就可以得到改善，他们会走得更好更稳健。

精细动作。宝宝双手之间只会协作，却不能很好地分工。在完成有点难度的任务时，不要指望他能双手各做一件事，往往是双手合作，要上一起上。

拿东西的时候，他的十个手指会全部被派上用场。如果你想给他戴拇指与其他手指分开的手套，那他不是全部伸开十个指头，就是把它们全部蜷起来。不管以后他习惯用哪只手，这时候一般都是双手并用。

团体中，“胡作非为”

宝宝探索的脚步越走越远，仍然需要妈妈在视线里。宝宝会尝试做一些有危险性的探险行为，比如爬到健身器械的顶端尖叫；跑到湖边试探着将脚探入水里；故意走进路边的水坑踩水玩等。这种行为在小团体中会得到更大程度的强化。宝宝们在一起疯玩的时候，丝毫不管妈妈们在一边的阻止与呵斥。

从这以后，妈妈要度过很长时间的纠结时期，一方面看着宝宝灵活自如的身形感到欣慰，在宝宝做出高难度动作时尤其开心；另一方面时时会担心，怕宝宝出意外，于是会寸步不离地跟着宝宝，随时准备救助。

宝宝喜欢给玩具车排队、滑滑梯和小动物。但除了这三件事情，他对别的东西热情都不持久。

宝宝还小、玩伴不多，有些游戏或活动玩不下去也很自然。不过他能够专注于几样活动的特点也很可贵，有探索求知的热情，有丰富的想象力，以这个特点为基础，对将来的学习会有好处。

要学会等待

对于宝宝来说，等待是难熬的。很少有宝宝能耐心等妈妈处理好自己的事情才去响应他。宝宝不愿等完全是从自己的角度来考虑，别指望他能理解这份迟迟等不来的结果很多情况下并非人力可为，比如等公交车迟迟不来，桃花迟迟不开等。

耐心等待有益

美国的一项实验结果表明，能够耐心等待的宝宝，长大后在社会适应能力、自信、处理人际关系、能面对挫折、积极迎接挑战、不轻言放弃等心理品质方面，远远高于那些不能等待的宝宝。

人类欲望的满足可以分为延迟满足、适当不满足、超前满足、即时满足、超量满足。这几种满足方式中提倡“延迟满足”和“适当不满足”。“超前满足”是愚蠢的行为，“超量满足”则是浪费的举动。

目前，中国家庭中多以“即时满足”为主要满足方式。这种满足对宝宝的心理发育是有害的。

逐渐延迟满足

宝宝在家庭中的地位如众星捧月，只要宝宝有要求，如果父母办得到，都会忙不迭地满足他。当这样的及时响应成为应对宝宝的常态时，会让宝宝变得没有耐心，自控力变差。实际上，妈妈应该偶尔延迟一会儿再满足宝宝的要求，让宝宝学会等待，培养他的耐心、毅力、自制力，给他独立思考的机会。一般来说，延迟满足，通常用在宝宝日常生活中一些不必马上满足的要求上，比如让宝宝等待正在蒸制的蛋糕，等做完游戏再吃糖等。

对于非人力可为的非分要求，妈妈要认真向宝宝做解释：有些事需要在合适的时机才会有结果。虽然这很难，但是时机成熟后，等待的事情出现了，妈妈再次重提，宝宝逐渐就会理解了。

榜样的作用

父母首先要起到一个榜样的作用，如果父母性格就很急躁，宝宝是不可能学会耐心等待的。其次，要引导宝宝做一些他能做的事，比如自己吃饭，自己收拾玩过的玩具等，通过自己动手培养他积极应对问题的能力，而不是消极等待。

一旦不立即满足宝宝的要求他就会尖叫哭闹，如要出门就必须立刻去，等不及换衣服；要吃水果等不及洗干净。

宝宝性急跟气质类型有关，也跟家长与其互动的模式有关。如果孩子有要求，家长在回应的同时多几句“废话”，或辅以一些动作，引导孩子去观察你正在做的一切，孩子的注意力被转移，自然就不会那么急了。

做个自我介绍

宝宝学会自我介绍，能促进他在接待客人、与老师或小朋友初次见面时发挥人际交往的能力，而且如果不幸走丢了，还可以通过自我介绍及时得到帮助。

做自我介绍是亲子班活动中重要的一项学习内容，这项任务的完成情况对于不同的宝宝而言大相径庭。平时在家里也要经常进行这样的互动问答。

教宝宝做自我介绍

设计问题及答案。想让宝宝能够做自我介绍，妈妈首先需要设计一些问题答案，让宝宝记住与问题相关的答案。设计的问题应该包括姓名、年龄、家庭住址、父母名字、父母电话号码、父母工作单位等。

怎样教。一开始训练的时候，妈妈先自问自答，回答的时候，让宝宝跟着说几遍答案。之后妈妈逐渐只问问题，让宝宝自己回答，一时忘记可以稍作提醒。可以一段时间只针对一个问题，过段时间再增加新的问题，增加新问题时还要重复提起前一个或几个问题，这样有助于强化记忆。

经常重复。宝宝即便已经掌握得很好了，在陌生人面前或新环境中还是会紧张，以至于不能流利地说出来。因此，要经常和宝宝做自我介绍的游戏，加深记忆。

复杂的答案

家庭住址。可以将家庭住址断开逐个提醒，比如在什么城市，住在哪个区，小区叫什么，几号楼，门牌号是多少，按顺序提问，按顺序让宝宝记住答案。一开始宝宝想不起来先说什么，可以提醒一两个字，也可以设计一些手势来进行提示。家庭住址在日常生活中经常会被提及，相对要好记些。

工作单位。将爸爸、妈妈工作单位的关键字提取出来告诉宝宝，这一项只凭宝宝的机械记忆来进行就可以了。

恰当应用

做自我介绍的目的不单纯是为了背诵，而是为了运用，重点是对陌生人说。妈妈要把握好机会，家里来了首次做客的陌生人，要让宝宝实践。这种本领不但交往时很重要，在预防走失时也很重要。

宝宝爱问“为什么”

现阶段，宝宝开始对外界的纷繁复杂产生疑问了。他们会不厌其烦地问妈妈“为什么”。妈妈的回答结束以后，宝宝针对答案又会产生新的为什么。看起来，宝宝更关注的不是妈妈给出的答案，而是更多可以提出“为什么”的机会，并对此兴趣盎然。即便如此，妈妈也要认真对待。

问题总比答案多

宝宝对很多简单的事情会产生疑问，这些问题不难回答，只是提问的频率太高了，严重影响妈妈的思路。宝宝才不管妈妈在干什么，他只关注自己的提问妈妈有没有给出答案。如果回答不及时，宝宝会生气地冲妈妈嚷。

但是有些问题妈妈实在是不知该怎么回答，真要回答，那肯定也是敷衍，因为问题根本就不是问题，没有丝毫逻辑可言，只是在一个句子上加了“为什么”三个字。有时妈妈难免会被问烦了，简单搪塞可以，但不要训斥宝宝并把他撵走。在向妈妈提问时，经常被训斥会影响宝宝勤于思考的积极性。

即便不懂，也要多讲解

母子俩在一起的时光，妈妈要做个唠叨的妈妈，只要宝宝不是在专注于玩具或游戏中，妈妈就要将正在进行的活动的细节说给宝宝听。宝宝不一定能懂，但是经常听，逐渐就能懂了。

这个过程还可以用来进行安全教育，引导宝宝提出一些关于安全的问题，妈妈再做详细的解释。

宝宝经常在我和其客人聊天的时候，要求我把注意力放在他身上，回答他的问题，这样令我在客人面前很尴尬。

宝宝还小，自我调试能力还不强，大人只顾谈话而冷落了他，他自然受不了，这很正常。以后在和他人进行较长的谈话前，可先安排好宝宝的游戏活动，让他不会有被冷落的感觉。

成功转述

生活中家庭成员之间常需要相互帮忙，比如正在洗澡的爸爸让妈妈拿干净内衣，正在工作的爸爸让妈妈准备饮料等，如果声音已经很大对方还听不清楚，就可以让宝宝来当传话筒，间接达到沟通的目的。

生活的小游戏

耳语传话。妈妈先在宝宝耳边小声地说一句话，让他传给爸爸，再由爸爸传给妈妈。看看宝宝是否能听懂并正确地传话。开始先说两三个字的短句，逐渐加长句子，增加难度。

协调。宝宝们在一起玩的时候，请宝宝把妈妈请其他小宝宝们来家做客的意愿表达给小伙伴们。这需要一定的技巧，首先是宝宝弄明白妈妈的意思，再把这个意思抓转述给宝宝们，还要让伙伴们接受宝宝的邀请。如果宝宝做不到，妈妈可以示范给宝宝该怎么做。

生活小帮手。这一项训练可以逐渐增加难度，爸爸、妈妈可以让宝宝按指导完成在父母之间传话的任务。比如爸爸让宝宝告诉妈妈自己需要一本书，并把这本书从妈妈手里拿来再转交给爸爸。如果宝宝顺利完成任务，爸爸要夸奖宝宝；如果拿回来的是错误的，要重新告诉宝宝，再拿一次。

游戏要注意由易到难，多给宝宝成功的机会。刚开始时，可以将要求多重复一两遍，让宝宝听明白。

有助于交际能力发展

转述游戏有助于宝宝听力的训练，另一方面，将听到的指令记住并传递给别人，又是一个强化记忆力的过程，能提高宝宝有意记忆的能力。将听到的指令用语言传递给别人，是一个较为复杂的思维表达过程，对宝宝语言的发展、与人交往能力的提高都是很好的锻炼。给宝宝讲故事的时候，妈妈可以通过提问，让宝宝回答故事中的小动物说了什么，以增强其记忆和表述能力。

藏猫猫，加入新伙伴

妈妈应该对自己年少时与伙伴们玩藏猫猫的游戏记忆犹新。现在，藏猫猫同样是宝宝百玩不厌的游戏。妈妈可以将之前限于家里与父母之间的玩法扩展一下，拿到户外与小伙伴们一起玩。

小伙伴们参与

爸爸妈妈们带着宝宝在小区里宽阔的区域，让小伙伴们藏在爸爸妈妈身后，由宝宝来把他们找出来。刚开始宝宝还不知道该怎么玩，妈妈要先示范一下，等宝宝们进入状态以后，让他们轮换着充当寻人的角色。

宝宝们即便是藏在爸爸妈妈身后，也会下意识地捂住自己的眼睛，这是一个有趣的现象。他们往往认为捂住自己的眼睛后什么也看不见了，别人也就看不见他们了。

开始不要让宝宝感到太困难，由易到难宝宝会更爱玩。

藏猫猫，不要挑战心理极限

妈妈要把握好藏猫猫的度，在公共场合妈妈突然玩失踪绝对称不上是藏猫猫。这样做，会吓到宝宝，他会认为是妈妈不要自己了。如果某一天有这样的事情发生过一次，那么这一天宝宝都会很紧张，他的眼睛会紧紧跟着妈妈，一刻也不敢离开。有的宝宝甚至会黏在妈妈身上几天，直到这份伤痛完全复原了，才能再次从妈妈身上下来。

注意危险

玩捉迷藏能培养宝宝的想象力，宝宝要考虑到别人能不能很快找到自己，有无回旋余地，能否再转移等。

在家里玩时，注意不要让宝宝把自己反锁进卫生间或者大衣柜里，因为宝宝在着急时难以自己出来，而妈妈有时也难以进入，容易发生危险。

平日在家里，只要我歪着头对宝宝说“开始藏猫猫啦”，宝宝就会配合我或捂眼睛或匆忙寻找藏身之所。我故意装作看不见他，他会异常兴奋。

这是母子之间的快乐时光，随着宝宝逐渐长大，这样的温馨时刻会越来越多。

想跑就跑，想跳就跳

正在学习蹦跳的宝宝基本上闲不下来，一有机会就想试试身手，尤其看到其他宝宝在蹦跳时。

现阶段跑跳的发育

宝宝喜欢跑和跳，2岁多的宝宝双脚并跳时，能双脚同时离地和同时落地两次以上；30个月的宝宝能双脚向前连续跳1~2米远；3岁的宝宝能双脚向前连续跳3~4米远，原地双脚跳10~20次，还能从20厘米高处跳下。妈妈可以让宝宝在床上跳或拉着他的双手在低矮的蹦床上跳，或者在地上放几个枕头，让他从某个低处（沙发或宝宝的脚凳）往上跳，也会有帮助。

带宝宝去公园，鼓励他练习来回跑，如果在每次玩完后给他一个大大的拥抱，并把他抛一抛做为奖励，他会跑得更快、更远。另外，通过在地上画出跑道，或者画几个方块或圆圈，让宝宝从一个跳到另一个里面，对训练宝宝的跑跳能力也有帮助。

家庭训练方法

让宝宝两只脚同时离开地面，远比妈妈认为的难，对于一个想这样做却做不到的宝宝说，更是令人担心。妈妈先做示范，在家里测试一下宝宝的跑跳能力，先做出双脚同时离开地面跳起的动作，然后鼓励宝宝模仿，观察他能否双脚同时离开地面跳起。2岁的宝宝能双脚同时离开地面，并同时落地2次以上即达到标准了。然后妈妈先跳过16开白纸(大约20厘米宽)，或者双脚在原地交替跳起，如果30个月的宝宝能模仿你双脚同时离开地面跳起，并跃过白纸但不踩到白纸上；36个月的宝宝能双脚交替跳起，高度在5厘米以上即为达到标准。只要你鼓励并和他一起跑跳，宝宝一定能通过测试的。

逛逛图书馆

虽然在家里也可以随意看书，但相对于到处都是书与读书人的图书馆，宝宝能学到的要更多。专供宝宝阅读的书多数纸质上乘、页码不多、价格高昂，阅读时间短，大量购买也是一笔不菲的支出。此外，还得专门辟出空间收藏，增加了妈妈的收拾难度。

定期去图书馆阅读，宝宝的阅读视角更大，受阅读氛围的影响，也会使宝宝逐渐形成稳定沉静的性格。

目前，国内特别开设、面向低幼儿童阅读的图书馆远不及国外普及，但在不少城市都有面向儿童开放的少儿图书馆。有的图书馆里有专门的儿童绘本区，和成人的书籍区是分开的，在那里可以带着宝宝随心所欲地选书、读书，也不怕宝宝的吵闹会影响了其他读者。

如果妈妈留心，也能在当地找到一些私立的儿童馆，那里也会为宝宝们提供丰富的阅读活动。关注图书类广告宣传册，一般也能找到一些儿童阅读俱乐部的宣传。时间允许的话，妈妈不妨带着宝宝去参加俱乐部举办的读书会。

由于宝宝小，还涉及出行难题，所以最好选择离家近些的阅读馆，以便于宝宝经常去，养成良好的阅读习惯。

我们每次去图书馆宝宝都很高兴。去了几次以后就没有再去了，原因是太远了，去一次非常不容易。后来在家附近找了一家书店，店内专设有收费阅读区，很便宜，还可以随意翻阅店内图书。于是这家书店成为我们周末常去的地方。

去公共图书馆或书店，妈妈要督促宝宝形成良好的习惯：维护环境卫生、自己挑选图书、图书哪里拿哪里放、小心翻阅图书。

开始上亲子班了

关于要不要给宝宝报亲子班的问题，妈妈可能会纠结很久。听到小区里有的妈妈给宝宝上一节价格几百元的早教课，妈妈有点坐不住了。究竟有没有必要上亲子课？如果准备上，该怎样选择亲子班呢？

不要期望太高

妈妈让宝宝上亲子班的目的不宜功利，不要抱着要看到宝宝马上有大进步的态度，而是让他去感受那种气氛，让他多接触外界，多认识小朋友，这也是提前进入社会的一个很好的平台。妈妈陪同一起上，可以从中学到不少育儿方法。

相对于妈妈从书上或网上学到的育儿知识，上亲子班更大的意义在于团体活动及互动性，这是妈妈独自一人给不了的。

选择早教机构

品牌亲子班。大型早教机构办的早教班费用昂贵，收费条件苛刻（多是按套餐推出，上课费一交就是1年的，如果中途不上了也不给退，只能选择转让）。这样的机构往往设在相对繁华的地段，带着才满2周岁的宝宝在规定的时间到达课堂本身就是一项挑战，妈妈要对能否长期坚持打个问号。一旦宝宝不配合，昂贵的费用可能就打水漂了。

幼儿园的亲子班。一般来说，幼儿园办亲子班目的是为了让宝宝能早一些接触未来要踏入的环境，避免入园焦虑严重。亲子班价格相对低一些，多是按月收费，距离家也不会太远。已经准备结伴入园的宝宝们可以相约着一起上亲子课。有同伴参与，宝宝更容易坚持下去。

刚开始上亲子班时，宝宝的抵触情绪很严重，先是不愿意参与，只站在一边观察。逐渐能参与进去了，但与老师的互动情况不是很好。看着其他表现活泼的宝宝，我很失望。

妈妈不必着急。有的宝宝属于慢热类型，表现为不容易接受新环境，需要妈妈坚持不懈的努力。妈妈要接受这种情况，给宝宝时间适应。

疾病与异常情况处理

出现口吃了

一般来说，宝宝在2～5岁整个学说话阶段都会出现口吃现象，这与口吃病是两回事。对这期间宝宝说话时出现的口吃现象，不要刻意去矫正。妈妈切忌轻率地给宝宝贴上口吃标签，因为这种做法只会把宝宝引到真正的口吃病上去。

口吃是暂时的

宝宝的词汇和心理迅速发展，对周围事物的兴趣也在逐渐扩大，语言功能还不成熟，不善于选择词汇，声音互相连接不太流利，因此，说话有时表现为迟疑不决、重复。这是生长发育的一个自然现象，随着发育的推进逐渐会消失，不能就此判断宝宝患口吃病了。

可能转为真正口吃的因素

精神因素及不良的生活条件可能导致真正的口吃，包括以下几种。

1. 突然的精神因素，如受惊、突然变换环境、父母死亡、严厉的惩罚等；较长期的精神刺激因素，如与父母分离等。

2. 突然而强烈的声音刺激。

3. 模仿其他口吃的人而引起。

4. 在百日咳、流行性感冒、麻疹、猩红热或大脑创伤之后，大脑功能活动削弱，容易紧张过度，也会发生口吃，且日久后变成习惯。口吃常见于身体较差或特别易兴奋的宝宝。

父母的态度很重要

在宝宝语言发育的关键阶段，父母的倾听态度很重要。在宝宝讲话时父母要耐心，鼓励宝宝慢点说，或先想好了再说，使宝宝养成从容不迫的讲话习惯。培养宝宝的胆略、勇气和自信，多与小朋友及他人交往，多教宝宝练习朗诵、讲故事，使宝宝语言逐步流利。

宝宝2岁3个月了，在他很兴奋地想向我描述他看到的趣事时，语序就会混乱不连贯。

不要担心，过一段时间就好了，这个年龄段的宝宝很多都会有这样的现象，他思考的速度比表达的速度快得多。妈妈千万不要说他，也不要试图去纠正，最好也别流露出焦急、责备的脸色。

宝宝患了荨麻疹

宝宝的皮肤可能突然出现大片大片的突起现象；凡挠过或蹭过的地方，很快会鼓起来，宝宝会感觉刺痒难耐，就要反复抓挠；宝宝进食时咀嚼肌用了力，在嘴两侧就会出现发红的印迹。宝宝因浑身痒而哭闹，不停地央求妈妈帮忙挠一挠。这可能是荨麻疹。

荨麻疹致病原因

荨麻疹俗称“风团”“风疹块”，是一种常见而病因较为复杂的皮肤血管反应性皮肤病。这种病常在秋天发作，食物过敏和感染也是发作原因。易引起过敏的食物包括鱼、虾、贝类等海产品。

荨麻疹症状

常先有皮肤瘙痒，然后出现红或白色皮肤局部突起，部位不定，大小形态不一，可时重时轻，时隐时现，皮损略高起于周围的皮肤。开始时皮损较稀疏，周围稍红，中央稍白，境界清晰，通常为圆形或椭圆形，之后向周围扩散，可以彼此融合成片，表现为不规则的地图状，能泛发全身。

预防荨麻疹

1. 营养均衡，辛辣和海鲜类的食物要少吃，含蛋白质高的食物不宜多吃。
2. 避免接触花粉类物质，少去户外活动。
3. 天气寒冷多穿衣服，避免皮肤裸露在外，以免引起寒冷性荨麻疹。
4. 注意卫生，家庭防螨和防尘很重要。
5. 注意休息，防止免疫功能紊乱，引发皮肤病。

宝宝荨麻疹发作那几天，全家度日如年。宝宝忍不住要抓挠，抓过的皮肤起团现象更严重，也更痒了。整个过程持续了三天，自然痊愈。

宝宝患荨麻疹一般由过敏所致，如果能及时治疗是可以治愈的，很多人皮肤用手划后都会有肿痕的，如果宝宝现在是正常的，没有什么症状，那么建议您先观察，不必过于担心，如果的确过敏了要及时带宝宝到医院诊治。另外，要定期给宝宝做健康体检。

听力障碍，早发现早治疗

据调查，我国每200名儿童中有1人重听。宝宝的听力障碍会直接影响到语言能力的发展，而语言发育滞后还会影响宝宝心理、行为的发展，以后出现注意力不集中、学习困难和交往障碍等。

家庭自测听力

宝宝在1岁半时不能很好地发出“爸”“妈”等经常要用到的词，或者一直学不会妈妈曾经教过的动作；宝宝在2岁后，如果不用眼睛看，就不能很好地按照妈妈的提示做简单动作。这些都是听力变弱的迹象。一旦怀疑宝宝听力出现问题，就要尽快去医院或专门的听力机构做专业的听力检查，以便及早干预。早期发现是听力康复的前提。

听力障碍的原因

造成宝宝听力障碍的原因依次为中耳炎、高热疾病、药物中毒、家庭遗传、发育畸形、妊娠期疾病、产钳外伤等，这些原因近半数是可以避免的。因此，当宝宝显得与众不同，对声音的反应不敏感甚至无动于衷时，家长需及早带宝宝到医院检查。

不放弃沟通，积极治疗

2～3岁是对宝宝进行语言训练的最佳时期，家长应多与他交流，还要鼓励他与健康的宝宝一起活动，巩固会话能力。

略有障碍，要靠助听器。妈妈应给有听力缺陷的宝宝配戴助听器，让他听到声音，以帮助他学习语言，尽量恢复到接近正常的听力水平。对双侧性感觉神经性耳聋，可将双耳放大器放在耳廓后或用耳内助听器以获得最大听力。2岁以上听力极度丧失的宝宝，可将助听器植入耳蜗内，使听力定位发育。

严重障碍，要学习手语。这种情况仅靠说话难以达到有效的沟通，妈妈和宝宝都要学习手语，以增加沟通能力。应用可视性符号语言，能为以后口头语言发育提供基础。

积极治疗。针灸治疗对早期耳聋也有较好的效果，应配合其他治疗同时进行。

常见食物中毒及预防

食物中毒现象在生活中很常见，有些中毒的因素可以在采购、存储环节规避，但是对于制作过程中出现的中毒因素，却容易被忽略。对于肠胃娇弱的宝宝来说，妈妈更应该注意。

豆浆要煮熟了喝

生豆浆有毒。喝豆浆是给宝宝补充蛋白质的好方法之一。但生豆浆中含有可以使人中毒、难以消化吸收的皂苷和抗胰蛋白酶等有害成分。这些有害成分在烧煮至90℃以上时就被逐渐分解破坏，所以煮沸的豆浆可以放心食用。

但豆浆在烧煮过程中很容易产生煮不透的现象。豆浆在被煮到80℃左右时就会产生浮沫，造成假沸，而此时豆浆内的皂苷等有害成分尚未被破坏。

中毒症状。豆浆中毒的潜伏期很短，一般为30分钟至1小时，主要表现为恶心、呕吐、腹胀、腹泻，可伴有腹痛、头晕、乏力等症状，一般不发热。宝宝喝豆浆中毒要及时到医院治疗。

煮豆浆，把握火候。要把豆浆彻底煮开后再饮用。在煮豆浆的过程中在豆浆出现泡沫时，应继续加热至泡沫消失，豆浆沸腾后，再持续加热5～10分钟。注意锅内盛得不宜太满，加热时要不断搅拌。

秋扁豆，最好先氽烫

豆角中的毒素。夏秋之季上市的四季豆、刀豆、扁豆中含有两种有毒物质，即皂苷和生物碱；菜豆中还含有红细胞凝聚素，这种物质具有凝血作用；有些扁豆的豆荚内还含有一种溶血素。

中毒症状。一般在吃后1～5小时发病，有恶心、头晕、头痛等表现，有时有腹痛。重者要送医院抢救。

适当处置，预防中毒。做豆角菜时，要特殊处理，一种方式是氽烫，另一种是干煸。氽烫处理是将掰成段儿或切成丝的豆角放入开水锅内煮一下，再捞出爆炒或直接凉拌（用作凉拌的豆角丝氽烫的时间要相对久一些）；干煸是将掰成段儿的豆角倒入高温油（油量比平时稍多些）中爆炒至豆角变色。延长烹制时间，可将豆角煸透焖软。给宝宝吃，建议选用第一种处理方式。

2岁3个月发育监测

生长

你的宝宝	男宝宝参考值	女宝宝参考值
27月末时体重	10.1～16.1千克	9.5～15.7千克
27月末时身高	83.1～96.1厘米	81.5～95.0厘米
27月末时头围	(48.7±1.2) 厘米	(47.8±1.2) 厘米

发育监测

监测项目	发育状况
大动作发育	能够独自跨越障碍物了。能独自或一手扶着栏杆上楼梯，很轻松就能双脚交替上下楼梯 能自由地蹲下做事，能够比较快速地从蹲位变成站立位，而不再需要一只手撑地或两只手扶着膝盖了。敢登上滑梯自己从滑梯上滑下来
精细动作发育	宝宝的自理能力加强了，能自己穿脱开领衣服，并且知道一些日常用品的用途，还会自己洗手、洗脸，但还洗不干净。喜欢把所有能够拆卸的玩具都拆得七零八落，探究内部结构；对发声玩具，宝宝更是希望探究它为什么会发声
感知觉发育	宝宝开始有了自我意识和权利意识，开始坚持自己的意见，并主动要求做事。宝宝对空间的理解力加强，搭积木时能砌3层金字塔。宝宝已经能辨认出1，2，3；能分清楚内和外、前和后、长和短等概念；对圆形、方形、三角形等几何图形有了认识
语言与交流	宝宝已经能用200～300个字、组成不同的语句。宝宝词汇增长很快，几乎每天都能说出新词

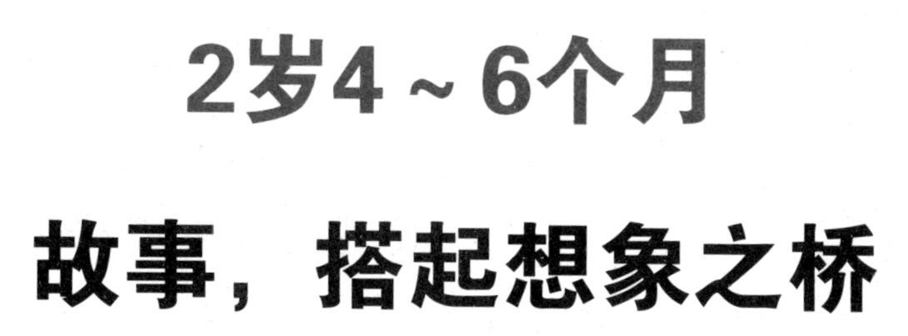

2岁4～6个月

故事，搭起想象之桥

生活&饮食&护理

春季清淡饮食，夏季注意补水

统计资料表明，一年四季，宝宝在春季的生长速度是最快的。为了满足宝宝在这一时期对多种营养素需求量大大增加的特点，妈妈应该对宝宝进行科学合理的春补。整体上，宝宝在春季的饮食应以清淡为主。而夏季气温高，宝宝易发生中署、脱水等问题，及时补水很重要。

春补有原则

选滋补佳品。可以选用一些药食同源的食物，如大枣、蘑菇、香菇、木耳等。

补钙。宝宝生长发育迅速，身体对钙的需求也相应增加，饮食上应给宝宝多吃豆制品、鱼虾、芝麻和海产品等食物。此外还要多去户外晒太阳，补充含维生素D较丰富的饮食，如蛋、奶、动物肝、海产品等。

优质蛋白质。宝宝生长发育快，器官组织对优质蛋白质的需求也随之增长。因此，应适当地增加鸡蛋、鱼虾、鸡肉、牛肉、奶制品及豆制品等。牛、羊肉不宜在春季进食。

提供必要的脂肪。脑组织中含有两种不饱和脂肪酸，它们是大脑的主要组织成分，缺乏将会影响宝宝的智力发育。做菜时尽量用植物油，其不饱和脂肪酸含量高。

维生素和矿物质。宝宝的维生素摄入量不足时，易发生“春季易感症”，如口角经常发炎，齿龈易出血，皮肤变得粗糙等。因此，春季要给宝宝多吃蔬菜。

夏季饮食原则

多喝白开水。补水宜少量多次，不宜多喝饮料，否则易患胃肠炎、消化不良、厌食症。

口味清淡，兼顾营养。用豆腐、牛奶、蔬果等食物可以做各种花色粥，避免给宝宝吃口味过重、太油腻的菜肴。

注意补钙。因为天气炎热食欲差，宝宝摄取的钙质也相应减少，加上出汗多，钙丢失也多。饮食上要注意多吃含钙高的食物。

多喝粥汤，补充电解质。应供给宝宝足够多的含水分食品，更重要的是补充出汗时损失的各种矿物质，尤其是钠和钾。

少食多餐。高温环境中消化酶分泌减少，消化功能下降。在调味上的原则是少用油，多用醋；在进餐的次数上不妨少量多餐，在天气凉爽的时段可适当加餐。当然，不能忽略的一点是保证食品卫生。

秋季宜进补，冬季注重提高免疫力

秋天适宜的气候会使宝宝的机体逐渐恢复到良好的功能状态，食欲与消化功能自动调节到正常的水平，要抓住这个机会强化宝宝的日常营养，把在夏季的损失补回来。冬天是收藏的季节，也是各种传染病的多发期，宝宝容易患感冒和传染性疾病，饮食方案要从增强身体的抗寒能力和抗病力着手。

秋季饮食原则

早秋重养胃。如果宝宝夏季常吃冰冻食品，脾胃功能减弱，秋季进补之前，脾胃应有一个调整适应的阶段，宜进食鱼、动物瘦肉、禽蛋以及山药、红枣、莲藕等。

此外，奶制品、豆类及新鲜蔬菜、水果均宜多吃，药食兼优的菱角、板栗也是调理脾胃的佳品，它们均含有碳水化合物、蛋白质及多种维生素，具有补中益气、开胃止渴等功效。

中秋重润肺。中秋时节气候干燥，很容易伤及肺阴，饮食应注意养肺。秋季滋阴润燥的食物有银耳、甘蔗、梨、芝麻、藕、菠菜、乌骨鸡、猪肺、豆浆、饴糖、鸭蛋、蜂蜜、龟肉、橄榄。

此外还可适当食用一些药膳，如参麦团鱼、蜂蜜蒸百合、橄榄酸梅汤等。

深秋重强身。深秋饮食以滋阴润燥为原则，在此基础上，每日中、晚餐喝些健身汤，一方面可以利湿健脾、滋阴防燥，另一方面还可以进补营养、强身健体。

深秋季宜常食的汤类有百合冬瓜汤、猪皮番茄汤、山楂排骨汤、鲤鱼山楂汤、鲢鱼头汤、鳝鱼汤、赤豆鲫鱼汤、鸭架豆腐汤、枸杞叶豆腐汤、平菇豆腐汤、平菇鸡蛋汤、冬菇紫菜汤等。

冬季饮食原则

宜进食高热量食物。冬天可以适当食红枣、莲子、糯米、山药、龙眼肉和藕等；鸡、鸭、鱼、蛋和奶等都是高蛋白、高脂肪的食物，适当食用可以增加热量供给；香菇、木耳（黑、白）、鸽子、黄鳝、大豆和板栗等也适合宝宝吃。同时，要做到荤素搭配，多吃蔬菜和水果。

多蒸、炖、煮。多用蒸、炖、煮等以水为传热介质的烹调方法，少用煎、烤、炸等以油为介质的烹调方法。炖煮肉类食物，其中的有效成分就能充分地析出，而且易于吸收。新鲜蔬菜要用炒、氽等快速的烹调方法。

喝粥健脾胃。粥是特别适合宝宝的食物。宝宝肠胃功能弱，而因为熬煮的时间长，粥里的营养物质析出充分，而且容易吸收。冬季喝热粥，特别有利于供给宝宝热量和营养。

睡眠相关问题

想要宝宝健康发育，首先要吃好睡好。良好的睡眠是保证宝宝健康的重要因素。但在实际生活中，面临睡眠问题的宝宝不在少数。妈妈要细心观察宝宝的症状，找到睡眠不安的原因并想办法消除。

打鼾。正常宝宝的呼吸系统是十分顺畅的，不可能打鼾，打鼾的宝宝多因患了睡眠呼吸疾病，这样的疾病包括扁桃腺反复发炎、呼吸道感染、哮喘和肥胖。扁桃腺发炎后，肿大到一定程度就会产生鼾声，干扰睡眠；肥胖儿童咽部的软组织比较肥厚，易压迫气道，使呼吸不顺畅，容易导致打鼾。

满床滚。晚上翻来覆去，满床乱滚，这是宝宝在浅睡的表现。睡觉时打滚儿是因神经发育不全导致。

说梦话。说梦话部分属于生理现象，与精神紧张等有关。但是梦话多了，就需要进行睡眠监测。

夜间哭闹。哭闹的原因可能是生理性的，也可能是病理性的，妈妈们要注意观察和分辨。做了噩梦、蚊虫叮咬、饿了、尿湿了会导致哭闹；身体不舒服也会导致哭闹。

梦惊。在睡觉时忽然大叫，可能是因为白天受到惊吓，也可能是睡觉时做梦，偶然发生的就无须担心。如果经常出现则可能存在睡眠障碍，妈妈要考虑病理性的原因，要带宝宝上医院检查。

宝宝每天的晚睡让我们很头疼，经常是哄了一两个小时还没睡着。

饿了吃，困了睡，是人类的本能，父母不要太过于纠结此事。建议不跟宝宝提睡觉的事，在他犯困之前就给洗漱完，然后躺在床上以平静的语气、平和的心态给他讲讲故事，聊聊一天发生的事情，当你内心很平静的时候，孩子很有安全感，自然也会内心平静，入睡反而就容易多了。

教宝宝做家务

很多妈妈不舍得让宝宝做家务，但通过做家务，却能帮助宝宝建立自信，并能使宝宝养成良好的生活习惯。妈妈最好先了解宝宝在不同年龄段能做哪些家务活，以免因对宝宝要求太高而伤害到宝宝的自信心。

做家务年龄表

9～24个月。可以给宝宝一些简单易行的指示，比如让宝宝自己把脏的尿不湿扔到垃圾桶里等。

2～3岁。可以在家长的指导下把垃圾扔进垃圾箱，或在家长要求时帮忙拿取东西，如帮妈妈把衣服挂上衣架；使用马桶、刷牙、浇花，晚上睡前整理自己的玩具。

3～4岁。除了以上技能外，还会喂宠物，到信箱取回报纸，睡前帮妈妈铺床，饭后自己把碗盘放到厨房水池里，帮助妈妈把叠好的干净衣服放回衣柜，把自己的脏衣服放到洗衣篮里。

4～5岁。学会准备餐桌，饭后把的餐具放回厨房，准备自己第二天要穿的衣服。

5～6岁。自己准备第二天去幼儿园要用的书包和要穿的鞋，并且学会收拾房间。

7～12岁。能学会做简单的饭，帮忙洗车、擦地，清理洗手间，扫树叶，扫雪，会用洗衣机。

13岁。学换灯泡，换吸尘器里的垃圾袋，清理冰箱、灶台，修剪草坪等繁杂的家务也被列入清单。

指令明确，积极鼓励

做家务能教会宝宝生活中很实际的技能，并从中领悟到人生的道理，帮他们更好地完成从幼年到成年过渡。目前，宝宝可做的家务是整理自己的玩具、给妈妈打打下手等。上幼儿园后，要学会安排第二天要带到幼儿园的物品等。

现在，要宝宝干家务时妈妈给予的指令要明确。比如布置餐桌，妈妈最好将任务分解成几个步骤，从帮妈妈拿筷子开始，逐渐到帮忙摆盘子，这样宝宝才能确切地理解妈妈的要求。

突发意外增多

宝宝的行动能力虽然显著增强，但仍缺乏独立生活能力，各种感知及动作能力发育也没有成熟，识别危险的能力差，更没有自身防卫能力，加上好奇心强、活泼好动等，在玩耍和日常生活中，往往会由于疏忽而导致意外发生。

意外事件种种

1. 宝宝在玩耍中很容易摔伤或扎伤面部、口唇、手、膝盖等部位。

2. 在玩耍中易从高处滑落，从阶梯上翻下来，容易造成头部外伤及四肢骨折。

3. 在水边玩耍时，在看水中倒影时会因父母照顾不周而落水，发生溺水事件。

4. 宝宝好奇心强，在家里喜欢蹬着椅子爬上窗台，看看外面的世界或与楼下小朋友打招呼，容易坠楼。

5. 容易发生药物中毒，有些剧毒药品会由于父母存放不当使宝宝误服引起中毒。

6. 吃整粒花生米、瓜子、豆子、带刺带骨带核的食物，容易发生气管食道异物，特别是边吃边玩时更容易发生危险。

7. 宝宝在好奇心的驱使下，会用手指摸插座插孔或灯泡，这些行为都有可能导致触电。

保护措施要到位

前文介绍了一些居室安全用品，请参照相关内容做好防护。

为了防止宝宝发生意外事故，要根据上述提及的种种危险情况做好相关预防。意外的发生有其偶然性，不一定都与环境相关，妈妈的照顾至关重要，必须做到放手不放眼，放眼不放心。

宝宝有时会嘴里含着糖果在屋子里嬉笑奔跑，每次我都会禁止他这样做，但是屡禁不止。

常常进行安全意识的灌输是生活中的必修课，妈妈要时刻提醒宝宝注意，并向他详细讲解其可怕的后果。宝宝表面上虽然漫不经心，实际上也在吸取这些生活经验。

对抗“春困”

春季里，春风轻拂使人皮肤腠理逐渐舒展，皮肤末梢血液供应增多，流入大脑的血液相对减少，对中枢神经系统产生一种镇静、催眠的作用，使身体困乏、昏沉欲睡，这种情况被称为“春困”。部分宝宝在春困期间甚至出现疲劳、食欲不振、烦躁不安及哭闹增多的现象。

适当增加午睡时间

宝宝的睡眠质量和气压、气温等都有关系，宝宝在春天的生长发育最快，因此需要通过更多的睡眠来让自己成长。如果白天宝宝很困，可以适当增加他的午睡时间，以增加0.5~1小时为宜。妈妈切忌强制宝宝醒来，不让犯困的宝宝睡觉对宝宝的精神、情绪、生长发育都不利。

好睡眠要点

作息规律。最好保证晚上9点前入睡，到午夜12点左右正好是深度睡眠状态，能刺激宝宝体内生长激素的分泌。睡前仪式环节依然要每日进行。

提供良好环境。为宝宝提供良好的睡眠环境，温度和湿度要适宜，室内光线要暗，不要有噪声。要护理好宝宝的夜尿问题。

注意保暖。春天天气变化多端，要格外注意宝宝睡眠时的温度，如果摸宝宝小腿发凉，则表示保暖不足，可加盖被子保温，同时要注意保护好宝宝的小肚子。

不要任由宝宝贪睡。对于宝宝在春天总是睡不醒的状况，妈妈不要让宝宝睡太多，要保持适度的运动和日光照射，既能让宝宝睡得更好又有利于生长激素的分泌。

注意饮食调节

一般情况下，“春困”与人体维生素摄入不足、缺少蛋白质和机体处于偏酸环境有关。可以通过补充维生素和蛋白质等方式缓解春困症状，因此要适当让宝宝多吃些瓜果蔬菜，如樱桃、草莓、辣椒、猕猴桃、鱼类、鸡蛋、牛奶、豆制品、猪肝、鸡肉、花生等食物。多吃些碱性食物，如菠菜、荠菜、香椿、韭菜等。

谨慎选择宝宝用品

父母对宝宝的用品，从衣物到吃饭的器具都是一手操办的。大多数父母将自己的消费观和审美观强加给宝宝，甚至在购买东西时只考虑自己的喜好，不顾宝宝的健康与需求，这些方面妈妈要注意了。

松紧带裤有危害

松紧带是橡胶制品，属于化学物品，而宝宝皮肤很娇嫩，使用松紧带后容易发生接触性过敏，皮肤发痒、荨麻疹、过敏性皮炎等全身过敏反应。

如果松紧带过紧还会压迫肠道，发生消化功能异常，出现腹胀、食欲下降、食量减少等症状。如果松紧带过松，裤子系不住，常会滑脱，容易使宝宝脐部着凉，无论是冬天还是夏天都可能导致腹泻。因此，可多给宝宝选择连体衣裤和背带裤。

餐具铅超标隐患

铅污染对宝宝的危害往往是潜在的。在产生中枢神经系统损害之前，往往因缺乏明显和典型的表现而被忽视，更为严重的是，铅对中枢神经系统的毒性作用是不可逆的。当宝宝血铅水平超过1毫克/升时，即会对智能发育产生不可逆转的损害。铅目前还是国际公认的有毒致癌物质，日常生活中对餐饮用具除应注意清洁、消毒外，还应避免给宝宝使用过于靓丽的彩釉陶瓷和水晶餐具，尤其不宜用其长期储存果汁类或酸性饮料，以免“铅毒”损伤身体。

此外，宝宝的奶瓶、水杯等也不宜用图案艳丽的。日常饮食中可给宝宝多吃一些大蒜、鸡蛋、牛奶、水果、绿豆汤和萝卜汁等，对减除铅污染有一定的好处。由于一般人很难辨别儿童餐具是否安全、卫生，因此最好选择无色透明或颜色浅的餐具。

最早给宝宝买的是吸盘餐具，宝宝进食时不易洒出，省了不少事，所以一直在使用。

用惯了带有吸盘的餐具，宝宝会产生依赖性，不会用手扶着餐具进食了。妈妈要根据宝宝的发育状况，及时去掉吸盘。

妈妈做的零食最好

零食是宝宝童年不可缺失的内容，关于零食的记忆会在未来的岁中尽显温情，但这并不代表就可以任由宝宝吃他喜欢的零食。虽然在超市也可以选购到健康的零食，但最合适给宝宝吃的还是妈妈精心制作的零食。

去壳五香红茶卤蛋

选料：鸡蛋10个，桂皮3片，香叶4片，八角5颗，立顿红茶2小包，花椒30粒，生抽5大匙，老抽2大匙。做法：鸡蛋煮熟去壳；冷水上锅，倒入花椒、八角、桂皮、香叶、红茶包等开中火煮，煮至水开后加入生抽、老抽接着煮，水再次煮开后，放入鸡蛋，卤水的量以淹没鸡蛋为宜；小火煮15分钟后关火，在卤水中浸泡4~6小时后取出食用。

煮卤的水宁少勿多，不够可以再添，水加多了会使调料味偏淡，煮蛋的味道就会受到影响；最好在晚上煮好，让鸡蛋在卤水中浸泡一夜，第二天早晨食用更美味。

虾酥

选取大米750克，黄豆300克，河虾100克，韭菜200克，盐、五香粉适量。大米、黄豆分别淘洗干净，放清水中浸泡2小时，磨成浓浆；虾洗净，剪去长须；韭菜洗净切碎；浓浆盛入大盆中，加入碎韭菜、盐、五香粉拌匀成虾酥浆料；起油锅，放进两把长柄铁勺烧热，取一把铁勺，在勺底放2只河虾，舀入一汤勺浆料盖在河虾上，中间拨开一个洞，放入油锅中炸制；再取另一把铁勺，重复以上操作，炸至虾酥两面呈金黄色，浮出油面，捞出沥干油即可。

手指鸡肉棒

选取鸡胸肉、黄瓜、鸡蛋、面包渣各适量。鸡胸肉洗干净，切成8厘米长条；将盐、烤肉料、料酒、嫩肉粉、蜂蜜、鸡肉条放在一起腌制20分钟；将鸡蛋打散，将腌好的鸡肉条裹上全蛋液，然后粘满面包渣待用；锅上加油，烧到七成热将鸡肉条放入锅里，炸至金黄色即熟。黄瓜切成5厘米长的条，配着鸡肉棒吃。

家庭教养

前后一贯，贵在坚持

在家庭中，父母对宝宝的要求应坚持一贯，不能朝令夕改，更不能忽宽忽严，按自己的情绪来随意发指令。这就要求父母有一定的自控力，首先自己就要做到按家庭规定行事，之后才有资格让宝宝遵守。

习惯成自然

家庭中对待宝宝的态度要有一贯性，而且长期保持也很重要。尽量从适宜宝宝生长与发育的角度来考虑，规避不当对待方式，并将好的措施逐渐发扬。

比如全家人一起上床睡觉。妈妈不可在要求宝宝在固定时间睡觉的同时，自己又想兼顾看电视剧。如果坚持不了，忽然之间变化，宝宝会觉得不正常，反应很大。

吃饭时也是一样的。妈妈不应该在要求宝宝乖乖进食的时候，自己却在看报纸、电视。

长期下来，宝宝也形成习惯了，并非常自觉地按要求去做，从不受外界因素的影响而更改规定。尤其是今天对宝宝提出要求，不能因宝宝没做好就明天取消了，一定要按要求坚持做。

规则很必要

宝宝的良好行为习惯是在反复练习和不断巩固提高的过程中逐渐形成的。在这个过程中，家庭中建立合理的作息制度和必要的规则就显得至关重要。规定要合理并人性化，这有助于长期坚持。

如规定宝宝起床、排便、进餐、游戏、看电视及睡觉的时间。开始时出现冲突是必然的。比如宝宝遇到好的动画片非要看下去，这时妈妈就要坚持要求，不能退让。对于宝宝的哭闹可以不予理睬，进行冷处理，宝宝感到哭也没用，慢慢也就接受了事实。

我在让宝宝坚持家庭规定的时候，通常是按部就班地一项一项地完成每日该做的事情，基本上也就形成了习惯。

要给宝宝灌输时间观念，看电视、进餐、睡觉，都可以通过时间来限定。宝宝还能借此学会看表。

淡化缺点

宝宝的个性呈多样性，这使得他们往往优点明显的同时，也会表现出不好的方面。多数妈妈会把焦点放在宝宝的缺点上，而无视宝宝的优点。这样的关注会伤害到宝宝的自信心。

关注太多会强化缺点

每个人都希望被人关注，被人欣赏，宝宝更是如此。妈妈关注什么行为，这种行为就会逐渐被宝宝强化并固化。

妈妈对宝宝一些好的行为视而不见，甚至认为宝宝做得好是理所当然的，不值得大惊小怪，夸赞更显多余；妈妈对宝宝的一些不良行为更重视，习惯盯着那些负面行为不时提醒宝宝。宝宝会权衡两种行为的后果，妈妈的错误引导使宝宝得出一个错误的结论：不良行为更易把妈妈拴在自己身上。结果就是更加强化了这种坏习惯。

对宝宝来说，妈妈的抱怨与训导更是一种奖励，这也是不少宝宝爱恶作剧的原因所在。

要淡化缺点

淡化缺点要重视方法。不是在发现了宝宝的缺点时，采取大事化小、小事化了的办法替宝宝开脱辩解，而是有策略地对宝宝的行为进行正强化。

要对宝宝表现出来的良好行为给予肯定和表扬，这样做会使宝宝感到高兴，以后也愿意再重复这种良好行为，等于强化了这种行为。生活中，妈妈要把这种态度一贯坚持下去，多关注宝宝好的一面，对良好行为给予及时肯定与奖励。

同时，对宝宝的不良行为漠然处之，使他没有加深印象的机会，反而会有意识地控制自己错误的行为，宝宝会在不知不觉中改掉一些小毛病。

夸赞要注意技巧

赞美有利于培养宝宝良好的行为习惯和道德品质，有助于强化宝宝获得成功的情绪体验，满足其成就欲，激发他继续尝试的兴趣和探索的热情。

正确夸奖的要点

内容要具体。表扬不能作泛泛之谈，要针对宝宝具体的行为进行，这样明确度高，容易强化宝宝好的行为。

态度要真心。表扬应该是真心的，没有诚意的表扬对宝宝效果不大，而且容易使宝宝日后对表扬反应淡漠，不能起到很好的促进作用。

要及时。及时的表扬是最有效的，即时强化对于宝宝来说印象更为深刻。

独特性。常规的口头表扬用得多了，宝宝会觉得索然无味，带不来多大的效果，妈妈要学会使自己的表扬变得独特而新颖。

夸奖，也要选择好时机

在过程中夸奖。这是对宝宝完成某个任务的过程进行夸奖，如“你现在的方法很巧妙，很快解决问题了”。在比较艰难的任务中，可以多采用这种夸奖方法，一步步鼓励和帮助宝宝完成任务。

能力夸奖。这是对宝宝的个人能力或潜力进行的夸奖，如“你真能干”“真聪明”等。这种夸奖可以帮助宝宝建立良好的自我形象，在使用这种表扬的过程中要把握好度，以免宝宝形成过度的自我认知，增加日后的挫折感。一般不宜采取这种夸赞方法。

夸奖结果。在完成任务后对宝宝进行的夸奖，如“这次任务完成非常棒”等。对于宝宝最终顺利完成任务的结果，理应给予夸奖。如果宝宝的做法没有实现好的结果也应给以鼓励，不宜让宝宝形成错误的功利观，只注重结果，不注重过程。

妈妈选择哪种夸奖方式，要根据宝宝的个性来定。对于脆弱的宝宝宜进行过程和能力夸奖，而对于比较稳重自信的宝宝则可以偏重结果夸奖。

保持环境的卫生

宝宝对环境卫生的要求习惯是在幼儿时期养成的，这种要求会延续一生。如果在童年时期没有良好的卫生习惯，未来即使付出再大的努力，也于事无补。所以，妈妈要注意培养宝宝的卫生习惯。

限定卫生的标准

1. 宝宝学会打扫卫生是个渐进、长期坚持的过程，在生活中要随时告诉宝宝哪些卫生习惯是对的，哪些是不对的，帮他建立一个客观的卫生标准。

2. 在家庭教育中，我们可以给宝宝准备一套小型的工具，比如抹布、笤帚和簸箕等，因为宝宝是通过模仿来学习的，经过一段时间的观摩性参与后，可以根据宝宝对动作的掌握情况，逐步让他独立承担某项工作。比如：妈妈擦拭家具，宝宝洗脏抹布；妈妈扫起灰尘杂物，宝宝执簸箕帮助收起来并倒进垃圾桶里。

3. 亲自参与打扫活动的宝宝，都有主动维护环境卫生的意识。在家里，要在需要的位置放垃圾桶，在户外也要随时指导宝宝辨认各种各样的垃圾。

合理安排清洁任务

妈妈要根据宝宝在不同阶段的生理发育水平分配相应的打扫任务，妈妈可以参照以下时间表为宝宝安排清洁任务。

年龄	任务
2岁	可以洗抹布
3岁	能够独立使用抹布清洁自己的橱柜
4岁	可以拖地
5岁	可以叠被子，整理自己的床铺
6岁	能学会洗自己的小衣服等

我在宝宝乱扔垃圾时，忍不住会训斥他，面对大声的训斥，宝宝会不知所措。

妈妈应该明确告诉宝宝该怎么做，而不是制定各种严格的禁令。比如我们不希望宝宝随地吐痰，不能简单地说“禁止随地吐痰”，而应从宝宝的角度出发，告诉他“你要把痰吐在纸巾里，包好，丢进最近的那个垃圾桶”。否则，面对禁令，宝宝会手足无措，甚至因为自己处理不了这个问题而感到自责。

行为习惯

男宝宝，女宝宝

宝宝虽小，他们的表现却已经烙上了明显的性别印迹，这种差异多由社会的期望所导致。比如在男宝宝表现出“男子汉”气质时，人们的夸奖会使他在潜意识中接受这种气质并强化；如果表现出“女孩子”气质时，会受到嘲笑，这会使他摈弃这种气质。

女宝宝社交能力强

一般来说，女宝宝比较温顺、听话、乖巧懂事，她们成长发育快，学会走路、说话、上厕所、吃饭穿衣都要比同龄男宝宝早。女宝宝的说话早不仅表现在更早开口，就连字词她们都比男宝宝会得多。

女宝宝对人比较感兴趣，如果有人用一件玩具去逗引女宝宝，她会专注地看着拿玩具的人而不是玩具。女宝宝天生就会关心、爱护、照看他人，因此她们喜欢对玩具或游戏注入感情，她们会把玩具当成孩子、病人或伙伴，喂它吃东西、给它讲故事、哄它睡觉。相对于男宝宝的直接与激烈，女宝宝则要复杂、婉转得多，也比较听话。

就社会性发育方面，目前阶段，女宝宝要比男宝宝强一些。女宝宝还要比男宝宝安静一些。女宝宝适应环境的能力也要比男宝宝强一些，所以争抢玩具的现象更多发生在男宝宝身上。

这都使女宝宝更受人欢迎，更容易与人相处。

男宝宝行动能力强

在生活中，男宝宝常表现出紧张行为，所以咬手指多是男宝宝的不良行为。男宝宝爱挑衅和冒险，喜欢快速移动的物体，如电子游戏、汽车等；喜欢体现个人技能及可以进行比赛的玩具或游戏，比如射击、开车、使用工具等。

男宝宝的视觉空间感觉普遍比女宝宝强，因此对于组装、搭建堡垒等活动，男宝宝要比女宝宝玩得好。

男宝宝的抽象思维能力也要强于女宝宝，这在玩积木时非常明显，他们常常会把真实的物品用积木表现出来，并且非常像。

骂人、说脏话

随着驾驭语言的能力逐渐增强，在给妈妈带来欣喜的过程中，困扰也随之而来。有时宝宝嘴里会蹦出“找死”“找揍”等骂人的词语。这样的语言一经宝宝的嘴说出来，妈妈如临大敌，谁知越是紧张纠正，宝宝的这种行为越严重。

说脏话的原因

模仿。宝宝都有很强的模仿力，看到什么就会模仿什么。宝宝还缺乏判断是非能力，模仿时不会甄别好坏，如果父母、同伴或电视节目里有不好的语言，这都会成为宝宝拿来模仿的对象。

强化记忆。最初说脏话或骂人，仅仅是好奇学着说而已，他们也不知道这是骂人的或不好的话。在父母对此表示生气并训斥他时，宝宝对自己的这一行为进行了强化记忆。这样一来，倒是父母的不当处理方法导致了宝宝说脏话这一结果。

怎么应对

宝宝正处在以说脏话为乐的阶段，彼此之间笑嘻嘻地互相侮辱，他们以此为荣。对此，妈妈不要表现得太过惊讶，以平常心对待这一问题，更有助于宝宝快速度过这一时期。可以从以下几方面着手来处理。

1. 净化周围的语言环境。

2. 当宝宝说脏话的时候，尽量不要对他投入太多的注意力。

3. 让宝宝学会正确的表达方式。

正确表达情绪

宝宝逐渐习惯了用脏话或骂人等威胁性的语言来表达自己的情绪时，妈妈要用点心思纠正。

这种情况下，宝宝已经知道了骂人的作用，即激怒别人。妈妈要果断坚决地处理这种情况，不能发火，要用平和的语气非常坚决地和宝宝谈话，告诉他这样不好。妈妈可以告诉宝宝，挨骂的人心里会很难过；或者通过讲故事来达到教育的目的。

同时要注意引导宝宝正确表达自己的负面情绪，可以用“我很不高兴”“我很难过”或“我不喜欢你这样做”等语言来代替骂人。

恋物癖

宝宝有时会对玩过的玩具娃娃、用过的枕头、被子等特定物品表现出过分的依恋。宝宝这样的行为不由得会令妈妈担心。其实这是宝宝为了更好适应环境而必经的发育过程。

宝宝表现出这样的行为时，妈妈不宜横加干涉，以免导致宝宝产生真正的病态。

由独立引发

对一件物品，如玩具汽车、玩具娃娃、被子等产生依恋的情况，并不是个别宝宝的个别现象，而是一种共性。在宝宝离开妈妈走向独立的过程中，大部分宝宝身上都会出现这种情况。

宝宝在生命的最早期依赖着妈妈，并把妈妈当成和自己是一体的，妈妈的喜怒联系着自己的喜怒。但是，当宝宝能够离开妈妈走向独立以后，他就会对一件能代表妈妈的物品产生痴迷。这样的阶段不会持续太久，很快就会过去的。

依恋关系不稳固，导致恋物

宝宝的恋物行为也有差异性，有的轻微，有的严重。这与宝宝是否与父母建立了良好的依恋关系有关。

当宝宝与父母没有形成良好的依恋关系时，很容易导致对物品的病态依恋。当宝宝与父母分开或对父母的信任减弱的时候，这种恋物行为会更加严重。

如果宝宝的恋物程度严重，妈妈应带他向专科医生进行咨询。

减轻对物品的依恋

和宝宝一起玩耍。妈妈首先要认可宝宝恋物这个事实。不要因为讨厌看到宝宝对物品的依恋就将物品扔掉或藏起来，这会伤害到宝宝。妈妈可以通过和宝宝一起聊聊宝宝喜欢的物品或者多陪陪宝宝来逐渐重新建立母子之间的依恋关系，减轻宝宝对物品的依恋。

增加身体的接触。被父母足够疼爱的宝宝恋物情况要轻很多，经常抱抱宝宝，告诉他自己对他的爱。在宝宝逐渐相信与妈妈互爱要比对物品的爱更可靠以后，就会逐渐减少对物品的关注了。

不跟人打招呼

宝宝懂得和人打招呼，妈妈会从对方脸上看出赞赏的神色。相互问候是和谐人际关系所必需的，特别是在游乐园或者超市等公共场所遇到熟悉的人时，无论是大人还是孩子，都喜欢满脸笑容并和自己打招呼的宝宝。

不打招呼有因

宝宝不喜欢跟人打招呼有不同的原因，关键是要弄清原因并有针对性地进行处理。原因大致有三种：羞涩；不懂得见了人要打招呼是礼貌行为；可能受过人为的惊吓，不愿意和人打招呼。

宝宝不愿意打招呼，当时可以随他去，事后要下功夫纠正。妈妈绝对不能威逼。

如何纠正

从问候特定的人开始。可以先安排宝宝向特定的成年人打招呼。比如，向外出时经常遇到的同伴的奶奶或妈妈等几个固定的人打招呼。在主动打招呼问候这个问题上，父母一贯的表现对宝宝的影响会很大。如果父母本身就没有这样的习惯却要求宝宝这样做，效果当然不会理想。

多带宝宝外出。让宝宝和成人一起介入社交活动和人际交往，并且鼓励宝宝接触陌生环境。当宝宝不愿招呼人时，不要说“这宝宝不懂礼貌”，这样会伤害宝宝的自尊心，激起宝宝的逆反心理。应该慢慢引导，陪他寻找方法，主动启齿招呼人。比如可以在遇到爸爸的同事时诱导宝宝自己想问候语，可以这样引导：“想想看，他叫什么叔叔，你应该对他说什么呢?”

恰当的问候语。要让宝宝熟知在不同的情况下如何使用不同的问候语。比如“您好”是在初次与人见面时说的，还要视对方的年龄及性别稍作变通，说成“奶奶好”“阿姨好”。此外还有“谢谢”“对不起”“再见”等礼貌用语，要不断让宝宝练习，并让他在问候的过程中得到快乐的体验。

我家宝宝很害羞，见了人让他问好，他总是躲到我身后，让我很没面子。

有时过于强调打招呼本身，总是尽义务似地和别人说致意的话，会令宝宝感到厌烦。这个问题上，不要太功利，自然最好。

早期教育

教宝宝玩折纸

妈妈对儿时玩的折纸游戏应该还记忆犹新。为了锻炼宝宝手指的灵活性，也为了能使亲子时间过得更有意思，折纸游戏就是很好的项目。

目前，别指望宝宝能够做得有多好。只要宝宝是在跟着妈妈一起做折纸，就会对手指的发育有帮助。

折出几何图形

1. 妈妈准备几张大小不等、形状不同的彩纸双份，形状以长方形、正方形、圆形等为宜。

2. 妈妈先选择正方形，经过一次对折，变成矩形，再一次对折，变成正方形。让宝宝仔细观察整个过程并模仿。

3. 开始只需宝宝折出大体形状，妈妈就表扬。逐渐要求宝宝用拇指和食指捏住纸、对齐边，再用拇指和手掌把纸压平。

4. 接着把圆形彩纸折成半圆形，再折成扇形；把长方形对折两次，让宝宝观察能折出什么形状。

刚开始做折纸不要太复杂，不能因太困难不成功而让宝宝产生挫败感，从而不愿意再继续玩下去。

折纸有益大脑发育

通过自己动手，可以使宝宝手部小肌肉得到很好的锻炼，同时还能培养宝宝的创作能力和注意力。

在折纸的过程中，眼睛要观察、校正；大脑要记忆、分析、理解；手的动作要准确、灵活、力度适当。通过视觉信息将折纸过程传递到大脑，又通过大脑对手的动作发出指令，逐渐强化了眼、脑、手之间的协调性。

宝宝在操作中手部小肌肉得到锻炼，大脑对应部位也得到了发展。

玩转七巧板

七巧板的结构很简单，但这种形状简单的玩具却可以拼出1600种以上的图案，从这个意义上来说，它并不简单。七巧板的发源地在我国，从宋朝开始，历经众多朝代的演变，成为现在的形状。

目前，可以当积木用

七巧板的玩法有很多种，以宝宝目前的理解力，还没办法涉入太深，只取其最简单的玩法：

1. 让宝宝认识不同的颜色和形状。
2. 数一数同种颜色的木块有几个，同种形状的木块有几个，学习分类。
3. 锻炼宝宝的手眼协调能力。
4. 把所有形状的木块叠在一起，锻炼宝宝小手的控制力。
5. 理解几何形状、数量多少、薄厚的不同。
6. 让宝宝发挥自己的想象力，拼出各色各样日常所见到的事物。

有助于渗透几何知识

宝宝在玩七巧板的过程中，对图形的认识能够得到明显加深，特别是对于整体图形的分割能力方面。宝宝在玩七巧板到一定程度后，只要看见图形，他就会很自然地进行合理地分割，这种能力是未来学习几何知识的基础。

宝宝每摆出一个图形，妈妈都要请他说出所摆图案的名称，无论摆得如何，都要表扬宝宝。妈妈和宝宝一起玩时，可以试着摆摆以下图案。

1. 在三角形下面摆上半圆，组成台灯。
2. 在梯形的底座上摆两三个正方形，上面再放上三角形成为宝塔。
3. 用圆形做人头，上面加三角形的帽子，用长方形加正方形做身子，两侧用三角形做手臂，下面用两个半圆形做脚，拼成一个人。
4. 鼓励宝宝看着图纸拼成各种东西，练习看图纸的本领。

我给宝宝买的七巧板他只玩了几天，玩不出新意之后，逐渐就不感兴趣了。我给他示范了几次把七巧板完整地放入盒内的玩法，他开始试着琢磨了。因为即便是这最简单的玩法，对于宝宝来说难度也不小。

妈妈对宝宝的要求不要太高。七巧板的魅力就在玩法多变、耐琢磨。妈妈可以陪着宝宝一起对照着说明书的图案拼，逐渐宝宝就会迷上这套玩具了。

识得特点，学会分类

虽然宝宝自己也在细心总结物品的特点，潜意识中也在给它们分类，但是这种最初意义上的分类概念还是模糊的。妈妈在日常生活中要创造机会，让宝宝对类别有更深的体会。

观察特点

妈妈可以经常给宝宝指出小动物之间的区别与特点。比如，拿出兔子与猫的图片，用语言启发宝宝："比一比兔子和猫咪的耳朵，哪个长哪个短呢？"宝宝会回答："兔子耳朵长，猫咪耳朵短。"

同样，宝宝还能说出这两种动物身上其他的特点：兔子的眼睛是红色的，猫咪的眼睛是黑色的；兔子能跳，猫咪会走；兔子的尾巴短，猫咪的尾巴长。

经常进行这样的练习，逐渐增加难度。在宝宝理解力有提升的前提下，妈妈还可以把两种动物不明显的特点告诉宝宝，比如：兔子前脚短后脚长，猫咪的四条腿一样长；兔子吃草，猫咪吃鱼；兔子性格温和，猫咪有时会抓人等。

让宝宝知道每种事物的特点，才容易与接近的事物作比较，有更深刻的认识。

理解分类

宝宝处在求知欲望最旺盛的时期，有爱问的特点。妈妈不但要满足宝宝的要求，还应利用这个容易学习的时期，启发宝宝自己做主动的比较，自己发现问题。

多带宝宝看实物，以发展观察力和注意力。自己发现的特点最容易记住。这时妈妈再替宝宝补充错漏，讲明道理，会给宝宝留下更深的印象。

妈妈还可以准备一些动物、水果、蔬菜的图片，如老虎、猴子、狮子、大象、西瓜、橘子、草莓、苹果、香蕉、白菜、扁豆、辣椒、萝卜等。引导宝宝说出这些物品名称的同时，妈妈要重点提示这些物品所属的类别。比如，在说到老虎时，妈妈要问："老虎是动物、植物还是水果呢？"

最后，还要引导宝宝把图片中的动物、水果、蔬菜分类放在一起。这个游戏玩熟了以后，妈妈可以把所有图片放在一起，随意抽出一张，让宝宝说出该图片所属的类别。

多交谈，可锻炼思维

思维要借助语言来实现，培养宝宝的语言能力可以促进其思维发展。平时爸爸、妈妈要多和宝宝说话，说话时大人要使用正规的语言，要丰富宝宝的词汇，多提供一些表示类别的词汇，如动物、家具、交通工具等。

蝌蚪、青蛙

宝宝对自然界中的小动物与小昆虫有着天生的好奇心，无须特别加以引导，就能很容易进入观察的状态了，妈妈要善用这与生俱来的天赋和好奇心。

夏日，在绿化条件好、有水系的小区里很容易见到小蝌蚪，妈妈可以把小蝌蚪作为教材，给宝宝上一节有趣的自然课。

寻找小蝌蚪

夏日夜晚有蛙声的水系里，一般都能找到蝌蚪。妈妈们可以结伴一起带着宝宝们去找小蝌蚪。这个阶段，宝宝们早已从书上见过了小蝌蚪，并对《小蝌蚪找妈妈》的故事耳熟能详。

妈妈们要看好自己的宝宝，一起蹲在水边向水里寻找。在这个过程中，妈妈要启发宝宝回答小蝌蚪长什么样等问题。宝宝们的回答会有差别，如果宝宝回答不上来，妈妈要把蝌蚪的形象描述出来，如大脑袋、长尾巴。

有小蝌蚪游过来以后，妈妈要抓住机会引导宝宝们观察。

蝌蚪与青蛙

在宝宝们观察蝌蚪的时候，妈妈就可以开始自己的自然课了，如问："蝌蚪的妈妈是谁，宝贝们知道吗？"部分宝宝立刻能正确地回答这个问题。

妈妈要及时表扬回答正确的宝宝。并要清楚地解释："蝌蚪的妈妈是青蛙，青蛙和蝌蚪长得不一样，蝌蚪长大以后，就会长出四条腿，尾巴也会消失，就变成了青蛙。"妈妈要不厌其烦地说，这些话需要在每次见到蝌蚪或者青蛙时提起，直到宝宝完全懂了。

在有蝌蚪的水系里不难找到小青蛙，甚至是长了四条腿但是尾巴还没有消失的小青蛙。有的宝宝会害怕小青蛙，妈妈们要鼓励宝宝不害怕，告诉他们青蛙专吃害虫，是人类的好朋友，要爱护青蛙。

最后别忘记带领宝宝们做青蛙蹦蹦跳跳的游戏。

增强平衡感的训练

增强平衡感不仅是指身体上的感觉，也是心理上的感觉。练习平衡有助于锻炼宝宝的勇气，同时可以训练宝宝对危险的预估能力。良好的平衡感指宝宝能在静止、不平坦的地面上行进，且能保持身体的平衡而不会轻易摔倒。

平衡感的作用

平衡感反映了身体的肌肉力量及其协调能力、中枢神经系统处理信息的速度、各种感觉器官的功能及灵敏程度，是人身体综合素质的体现。平衡感差会导致姿势或运动发展迟缓，影响宝宝的认知发育。除了增强体质外，平衡训练还可以促进大脑发育，开发宝宝的智力。

训练平衡感的游戏

端饭端汤。端饭端汤是很好的锻炼机会，但是因为隐藏有风险，一般的家庭尽量避免让宝宝参与。妈妈可以安排宝宝用碗端凉白开水给爸爸妈妈喝，让他坚持“水端平而不洒”，还可以设置端水游戏，让宝宝在这样的活动中提升平衡能力。妈妈注意不能让宝宝端热水，热水烫人、碗摔碎了的瓷片会划伤等安全教育要同时跟上。

倒着走。让宝宝当汽车驾驶员倒着走，爸爸跟在身后保护。开始时要不时向后观察，以免摔倒。倒退时身体更多依靠的是自身的本体感觉，眼睛只起辅助作用。倒退着走时，手、脚和身体都在小心地维持平衡，人在黑暗中摸索着前进时也靠这种感觉。

路沿石。让宝宝双脚一前一后站在路沿石上，拉着妈妈的手试着走走。宝宝为了避免掉下来，大脑就必须协调全身的每一块肌肉，控制好平衡。路沿石是宝宝们很喜欢玩的地方，同时因处处可见，能增加宝宝练习的机会。同样，妈妈要注意宝宝安全。

踩石头过河。可以在小区的水系里玩踩石头过河的游戏，妈妈要保护好宝宝的安全。如果找不到这样的场所，可以用彩色的纸剪成圆形散布在地板上充当石头桥。可以将地板想象成小湖，踩着这些“石头”才能走到湖对面，拿到对面的玩具。刚开始时，可以拉着宝宝的手做这个游戏，熟悉之后再让他自己走。

宝宝最喜欢走路沿石，只要是走路见到了，就要上去踩踩。

要选择宽度适合的路沿石，过于狭窄的路沿石容易踏空跌倒。路沿石不能过高，以离路面10厘米以内为宜。在路沿石上练习平衡时不要跑，妈妈要控制好宝宝的行走速度。

推球入门

有关球的游戏，都是宝宝爱玩的。妈妈可将场景设定得更有新意，趣味性更浓，以使宝宝能更好地参与进来。

爸爸或其他小伙伴的参与能使这个过程更有意思。

做好准备工作

妈妈准备干净、轻便的扫帚一把，红、黄、绿色的球若干，写有数字的纸片若干。先与宝宝一起把写有数字的纸片分别贴在球上（球两侧都要贴上，以使宝宝在不同角度都能看到），让宝宝练习按妈妈说出的数字正确拿取球。

在宝宝能够认识球上的数字并每次都能正确熟练地拿取时，就可以开始这个游戏了。

推球入门游戏

游戏的总则是让宝宝根据妈妈的指令按照数字把球推入球门。

把玩具球放在客厅，用两把椅子摆成一个球门，爸爸先做一次示范，用扫帚将标有妈妈说的标号的球推入球门。

在宝宝拿着扫帚学着爸爸的样子推球入门时，整个过程不会那么顺利。爸爸要及时在后面帮助宝宝，注意掌握好帮助的方法，让宝宝感觉不到爸爸的帮助而是靠自己的努力进了球。爸爸尽量避免喧宾夺主，以免宝宝哭闹，使游戏半途而废。

每次球入门时，爸爸要欢呼庆祝。也可以让宝宝根据妈妈的指令把球推到其他房间去，鼓励宝宝反复尝试。

注意事项

按照指定路线推动小球，不仅能锻炼宝宝的运动协调能力，还能培养宝宝按照指令行事的能力。将认识数字和颜色的活动融入游戏中，可以提高宝宝的学习兴趣。妈妈的指令要清楚，不要给宝宝造成混乱，游戏要一项一项地进行。游戏时间不要过长，当宝宝开始故意不按照指令做时，可能是玩烦了，妈妈要及时结束游戏。

“1个”与“许多个”

宝宝数1，2，3是没有问题了，但宝宝还是不能很清楚地区分这些数字之间的关系。尤其对于大人经常提到的“很多”“许多”“大部分”等一些表示数量的词都没有明确的概念。

妈妈可以利用日常生活中的各种机会巧设场景，让宝宝区分“1”和“许多”。

“1”“2”“3”的含义

宝宝对于“1”的概念早在1年前就已有接触，那时，在问“宝宝几岁了”时，宝宝会伸出一根手指表示自己1岁了。这并不代表宝宝懂得“1”的含义，他只是机械的记忆与模仿。

现在，妈妈可以利用各种机会让宝宝明白“1”“2”“3”的含义。最好的办法就是通过数量之间的比较来达到帮助理解的目的。生活中有很多场景都可以被妈妈发掘成数量教习课堂，比如餐桌上的花生米就是很好的道具，妈妈可以用分别盛1粒、2粒、3粒花生米逐个给宝宝、妈妈、爸爸吃，一边说“给宝宝1粒，妈妈吃2粒，爸爸嘴大吃3粒”；吃糖果时，妈妈可以说“宝宝还小，只吃1粒，这2粒妈妈给收起来以后再吃”。

经过一段时间的实践，就可以试着测试宝宝对这些数量词的掌握情况了。

“许多个”

生活中能够接触到“许多”这个场景的机会有很多，关键是妈妈要把握这些场景，将这个概念及时传达给宝宝。比如，去动物园时到处都是人，要告诉宝宝“许多人”；外出游玩时，公园水系里的鱼儿在岸边抢吃游客喂的食物，妈妈也要提到“许多鱼”，同时还要让宝宝对比自家鱼缸里鱼的数量（1条）；宝宝在室内游乐园玩耍时，掉进橡皮球池里，被五颜六色的橡皮球埋住了，也要启发宝宝对“许多球”的认知。

数字概念要经常教

有研究证明，宝宝天生就有数学理解基础，妈妈要及时发现宝宝的数学潜力，运用恰当方法引导宝宝发展，为今后的学习打好基础。早期数学能力影响着宝宝思维和认知能力的发展，而数学能力在个体生存和发展过程中具有极其重要的意义。

接球游戏

宝宝的身体已经足够灵活了，能够参与的活动项目也越来越多。球的玩法已经介绍过很多种了，现在可以玩一种对宝宝手眼协调及肢体协调能力要求都比较高的抛接球游戏了。

接球四部曲

妈妈示范。刚开始接触这个游戏，宝宝还难以掌握游戏的玩法，妈妈要先做示范。妈妈面对墙面坐好，将球沿着地面推向墙壁，球被墙面反弹回来后再把球从地面接起来。

接滚球。妈妈与宝宝距离1米，让宝宝学接滚过来的球。妈妈使球在地面滚向宝宝，由于地面的摩擦作用，球的速度比较慢，相对容易被宝宝接起来。逐渐增加母子之间的距离，也可以故意让球斜着向宝宝推进，让宝宝有机会灵活移动自己的身体去接滚球。

接反弹球。妈妈在距离宝宝1.5米处先把球轻轻抛向地面，让球轻缓反弹，妈妈轻易接住。接着让宝宝接反弹的球。球经地面反弹以后，速度要慢很多，使宝宝来得及调整身体与手的状态，轻松接住。宝宝经常接受这样的训练，逐渐就可以预测球反弹的方向，以使自己更容易接住球。

接抛来的球。妈妈在距宝宝1米处把球扔给宝宝，注意力度不能太大，以便于宝宝接住。逐渐增大母子间的距离，扔球的方向也略有变化，增加接球的难度；一段时间以后，可将球扔到宝宝左、右方向，以锻炼宝宝能及时按照球的行进路线旋转身体接球。

为团体游戏打基础

接球是所有球类的基础练习，除了手眼协调外，也要调动全身各部位适应接球的动作。学习接球同时也可以锻炼宝宝与他人合作的能力，以便未来与小朋友们在一起玩球时，身体的动作能够更灵活。

寻找彩虹

宝宝已经具备了一定的欣赏能力，大自然的美，只要有心，时刻都能欣赏到。在日常生活中，妈妈要积极寻找大自然的神奇，与宝宝一起欣赏，妈妈还要把这种态度传递给宝宝。

怎么寻找彩虹

1. 彩虹不仅只能在雨后看到，夏日只要有水雾的地方都可以见到彩虹，但是需要仔细寻找。

2. 在阳光很好的天气，围着社区里正在喷水的喷泉绕几圈，盯着喷泉水雾弥漫的地方看，就能看到彩虹，若隐若现。如果恰巧有一阵风把水雾吹得更散了，彩虹会更明显。

3. 在寻找彩虹的过程中，妈妈要告诉宝宝往哪里看，怎么看。一旦经过努力看到了彩虹，宝宝就会很兴奋。

4. 妈妈要告诉宝宝彩虹的形成原理。

5. 在社区里给草地喷水的地方，费点心思，也会看到彩虹。妈妈可以让宝宝自己去寻找彩虹。

雨后，彩虹

雨后，如果太阳出来了，妈妈一定要带宝宝到户外。一般来说，都能在天边看到半轮彩虹。相比较而言，乡间的宝宝会更有机会欣赏到美丽的彩虹。如果有幸看到了，妈妈要让宝宝数一数彩虹有几种颜色，分别是什么颜色。

宝宝观察的特点

由于宝宝的视觉器官发育还不够成熟，不能把外界事物的各个组成部分清晰地分辨开来，因而总是将事物作为整体来认识，容易记住事物的整个轮廓而忽视细节。而且，宝宝在观察时容易受兴趣左右，对感兴趣的东西，观察就比较仔细；对不感兴趣的东西就很难进行持续观察。一般来说，色彩鲜艳、动态的事物容易引起宝宝的观察兴趣，反之很难引起他的兴趣。因此，应根据宝宝的特点引导宝宝去观察，培养宝宝的观察能力。

涂涂画画乐趣多

画画可以锻炼宝宝手眼协调和精细动作能力，同时也是个人修养的组成部分。现在，宝宝的绘画技巧已有很大提升，妈妈可以适当介入宝宝画画的过程，以使这个过程更有趣味性。

画圈圈，随意拓展

1. 宝宝在学习画圆时，会画出不同的形状，妈妈要尽量利用宝宝画出来的不够圆的圆形，使它变成实物，以促使宝宝画圆的兴趣。

2. 例如，宝宝画出一个扁圆，妈妈在上面加上柿子的盖，说是“柿子”。

3. 宝宝画出有个突起的圆，妈妈在突起处加一竖道说：“像个梨。”

4. 如果在圆上有个小凹，妈妈在凹处加一竖道，说“像苹果”。

5. 如果圆上有个小尖，妈妈说“像个桃子”；在近似圆的四周加上光芒就像太阳；画个椭圆像鸡蛋；较长一些就像香肠；两头尖的像弯月亮……

这个过程可以让宝宝从无意识地涂画形状去猜想像什么，变成有意去画。

画实物

画昆虫。妈妈用铅笔或蜡笔画好昆虫的轮廓，让宝宝选择合适的水彩笔涂颜色，最后让宝宝大声说出画的是什么虫。毛毛虫、七星瓢虫、蝴蝶、蚂蚁等都是比较容易画的昆虫。为使这项活动更容易进行，最好先带着宝宝认真观察这些昆虫的实物或图片。

画树叶。和宝宝一起画完几片树叶后，让宝宝自由地给树叶涂上颜色。

生活中多观察

有意识地带宝宝去观察周围的事物，如太阳、下雨、小鸟、花朵等，开阔宝宝的视野，诱发他观察事物的兴趣。只有对事物增加了见识，宝宝才能在画的过程中慢慢把涂鸦变成有意的绘画，并且在绘画中注入自己的感情。

对宝宝涂涂画画的练习，妈妈大可不必讲究画得像不像。能够安静地画画本身就不容易。

宝宝经常拿着水彩笔在我买给他的涂色书上乱点，因为涂色技巧还不好，多数都涂到圈圈外面去了，书页被涂得乱七八糟。

妈妈要禁止宝宝这样做，最好在自己绘制的图形内填色。妈妈可以先涂好一部分给宝宝做参照，让宝宝练习。经过多次练习，宝宝渐渐就能学会将颜色涂在圈内，而且每个圈涂一种颜色。宝宝还做不到将色彩涂得很匀，只要能做到一个颜色涂到一个圈内，就要及时表扬宝宝。

疾病与异常情况处理

自闭症，早发现早干预

自闭症是一种以社会交往障碍、沟通交流障碍、活动内容和兴趣的局限及刻板重复的行为方式为基本特征的神经系统发育性障碍，发病多在早期，也就是3岁之前。自闭症并非都智力低下，其中有20%的儿童智力正常，甚至还有智力超常的现象。

自闭症的家庭诊断

1周岁以后。正常宝宝总会跟着父母或其他亲近的监护人，模仿他们的动作，并以眼神、动作、简单的词句主动与人交流。遇到困难或者感觉身体不舒服、情绪不好等都会寻求成人的安慰。而自闭症宝宝不依恋父母，不害怕陌生人，更不懂得与人主动交流，遇到困难或者感觉身体不舒服通常也会显得无动于衷或者不知道该如何寻求帮助。

2岁以后。正常宝宝对周围的一切充满了好奇，热衷于各种有趣的游戏与活动，玩玩具和游戏时内容丰富、花样繁多，并且和其他小朋友玩耍时已经懂得遵循游戏规则。而自闭症宝宝对周围发生的一切漠不关心，喜欢独来独往，不与小朋友一起玩耍。不懂如何玩玩具，不遵守游戏规则，只是以自己独特的方式玩耍，迷恋特殊物品。特别喜欢做单调、重复的动作，对物品摆放的位置十分敏感，不喜欢任何形式的变化。如果有人试图改变他，会表现得非常烦躁。自闭症的宝宝的交流技巧差。

早发现早治疗

越来越多的研究发现，做早期合理系统化干预训练，绝大部分自闭症宝宝会有不同程度改善，一部分可能获得基本痊愈或基本具备自主生活、学习和工作的能力。

年龄越小开始、干预就越容易进行，效果也越好。干预训练的理念要渗透到每天的活动中。训练自闭症通常是以年来计算的，家长需要有打持久战的思想准备。

目前，尚无治疗自闭症核心症状的药物，但是对自闭症宝宝的攻击、多动、注意力不集中等行为却可以通过药物治疗。不过，这种治疗在宝宝满5岁以后才能使用。

警惕血铅超标

妈妈或许对“血铅超标”这个名词感觉陌生，但实际上宝宝每天都处在铅中毒的威胁下。据统计，做过微量元素检测的宝宝中，血铅超标比例达50%。一些色泽艳丽的玩具和纸张、妈妈的化妆品、装修时用到的油漆等都是导致宝宝血铅超标的因素。

血铅超标的标准

铅并非人体必需的元素，在人体内的含量为零才是正常的，但我们生活的空间污染严重，不可能实现含铅零状态。国际上规定，儿童血铅50微克/升为最高标准，超过这个量就是血铅超标；超过100微克/升为铅中毒。血铅超标的宝宝要排铅，否则，会因体内铅不断蓄积而导致铅中毒。

儿童对铅的吸收率是成人的5倍，但排铅的能力却只有成人的1/17，这就使得儿童比成年人更容易发生血铅超标。

铅超标的影响

铅会损害神经、造血、消化、泌尿、生殖、心血管、内分泌、免疫、骨骼等各系统，主要是神经系统和造血系统。更为严重的是铅会影响婴幼儿生长和智力发育，损伤认知、学习、记忆等脑功能，严重者将造成痴呆。

规避生活中的铅

人体中的铅可能来自大气、水、室内铅尘、食品餐具、日常用品如文具、玩具等，这些用品中色彩图案越鲜艳的铅含量越高。

油漆是最常见的含铅物质，颜色越漂亮含铅就越多，妈妈要注意让宝宝远离漆过的墙面、上过透明漆的木地板。

一些膨化食品、爆米花、皮蛋等都是含铅高的食品，尽量少吃。

生活中，妈妈要提醒宝宝，看书报、玩完玩具后都要认真洗手。妈妈也要经常清洗宝宝的玩具和地板，靠马路的窗台要经常清洁。此外，清早的自来水含铅量高，流一段时间以后再让宝宝用。

我在生活中尽量避免让宝宝接触含铅高的物品，宝宝还是被查出铅超标，医生说可能跟汽车尾气相关。医院给配了排铅药。

经常带孩子上街也是导致血铅超标的一个因素。大街上1.2米以下的铅浓度最高，来自于汽车尾气中。所以，要尽量减少推车带宝宝在马路上走的时间。目前在我国驱铅治疗只在专业医院（一些职业病医院）开展，不是一般医院可以处理的。治疗期间注意给孩子补充营养和维生素。

也会偷吃药

家里的小药箱在宝宝眼里是百宝箱，只要是落到他手里，每次都得翻个底朝天。如果只是玩，还不会产生严重的后果。就怕宝宝学着爸爸、妈妈的样子偷吃药。据调查，1～3岁的宝宝中，有接近40%的宝宝曾偷吃过药物。这样的意外多发生在安全教育不严谨的家庭中。

预防偷吃药

为了让宝宝更容易接受，部分药品的形状及口感与糖果无异，这对宝宝来说是极大的诱惑。为避免宝宝误食中毒，要做好预防工作。

1. 药品不要与居家用品放置在一起，最好有固定的收藏地点并上锁。

2. 药品的包装要保存完好，散装的药品要装于瓶内，贴上标签，使用时需对照标签。这个处理过程可让宝宝参与，并向宝宝详细解释这样做的原因。

3. 在给宝宝准备药品时，因有其他事情暂时离开，要把药收起来，以免宝宝自行吞服。

4. 平时吃药时无须回避宝宝，要实话实说；尤其不能骗宝宝把药品说成糖果，还要严肃地告诉宝宝这个药品的用途与药名并告诉他不能随便吃。要知道，导致宝宝偷吃药最直接的原因就是他真把药当糖果了。

误服药物，如何处理

宝宝偷吃药以后，如发生昏睡不醒、呼吸困难、手脚轻微抽搐等症状，同时伴有呕吐物异常，口腔有变色、淤肿、溃烂等症状，妈妈最好先查清所吞药品的性质、剂量，给予适当的催吐。如误服碘酒等应选米汤，误服强碱药物应选食醋、橘汁等中和。然后，带上药瓶，尽快将宝宝送往医院救治。如果不知道宝宝吃了什么，要将呕吐物带往医院，以便医生在第一时间展开抢救。

每年驱一次虫

宝宝晚上时常惊醒，食量正常但生长发育迟缓有可能是肚子里有寄生虫。蛲虫、蛔虫等寄生虫感染在儿童中非常常见，建议宝宝在2周岁以后即使没有症状也每年驱一次虫。

寄生虫影响睡眠，损伤神经

蛔虫病。表现为食欲不振或多食易饥，异食癖；常腹痛，部位主要在脐周，喜欢别人按揉腹部；部分患儿还会出现烦躁易惊或萎靡、磨牙等。此外，虫体的异种蛋白可引起荨麻疹等过敏症状。感染严重者可造成营养不良，影响生长发育。

蛲虫病。蛲虫感染最常见的症状是肛门瘙痒和眨眼不安，局部皮肤可因瘙痒而发生皮炎和继发感染。症状有恶心、呕吐、腹痛、腹泻、食欲不振，还可见不安、夜惊、易激动及其他精神症状。

钩虫病。钩虫感染可引起皮炎，足趾或手指间皮肤较薄处及其他部位暴露的皮肤可出现点状丘疹或小水疱。钩虫病还可引起呼吸道症状，如咳嗽、血痰、发热、气急和哮喘，痰中带血丝，甚至大咯血。

绦虫病。半数患者有腹痛，一般为上腹或全腹隐痛。少数患者有腹泻。食欲亢进、头晕等症状。

预防为主，每年驱虫

寄生虫应以预防为主。妈妈要培养宝宝良好的卫生习惯，饭前便后要洗手，纠正吮手指的习惯，勤剪指甲；玩具、用具、被褥要常清洗和消毒；要防止宝宝捡脏东西入口。

宝宝满2周岁以后，应该每年进行一次驱虫治疗，具体方法如下：

驱蛔虫（没有明显症状）。一次性口服肠虫清片两片（0.2克/片）。

驱蛲虫（有夜惊、腔门瘙痒等症状）。一次性口服肠虫清两片（0.2克/片），7天后再口服一片（0.2克/片），隔7天后再服一片（0.2克/片）。按此方法用完药还不见效果要及时就诊。

此外，驱蛲虫还可以用蛲虫膏，按照药膏上的使用方法连续外用6～7天即可。2周岁以下的宝宝服用驱虫药前要咨询儿科医生。

宝宝喜欢吃手，晚上还磨牙，我怀疑他体内有寄生虫了。

妈妈要多注意纠正宝宝吃手等不良习惯，并且常接触物品有条件要定期消毒，可以定期给宝宝吃驱虫药，但要遵医嘱用药。一般来说，每年秋天肠道寄生虫的繁殖机会多一些。

2岁6个月发育监测

生长

你的宝宝	男宝宝参考值	女宝宝参考值
30月末时体重	10.5~16.9千克	10.0~16.5千克
30月末时身高	85.1~98.7厘米	83.6~97.7厘米
30月末时头围	（49.0±1.2）厘米	（48.0±1.2）厘米

发育监测

监测项目	发育状况
大动作发育	站着能把球扔出1米以外。平衡感觉已经相当良好，站在离地1米的高凳上，能保持平衡向前走上几步 会快速奔跑了，在跑得太快时想突然停下来，会因为惯性控制不佳而向前摔倒
精细动作发育	宝宝已经可以穿脱简单的开领衣服，可以解开衣服上的按扣，还会开合末端封闭的拉锁。经常把鞋与袜子脱下来光脚走 偏爱父母使用的东西，喜欢穿父母的大鞋在屋里走来走去，还会站到镜子前面欣赏，看着自己穿着爸爸的大鞋或帽子，冲着镜子咯咯地笑 女孩会拿着梳子在镜子面前给自己梳头，会拿着妈妈的口红往自己的口唇和脸上涂
感知觉发育	宝宝希望得到父母的喜欢，开始在意自己在父母心目中的形象和位置。宝宝很喜欢妈妈讲关于自己的故事连载，通过讲他自己的故事，宝宝感受到父母对他的爱，同时也体会到他自我存在的价值。宝宝喜欢反复听一个故事，读一本书 宝宝有了联想能力，会把不同形状的石子、树枝和一些物品联系起来
语言与交流	开始用语言表达自己的心情，描述自己的感受。妈妈在开发宝宝语言能力时，要遵从宝宝的生理年龄特点 特别需要朋友，从其他小朋友那里宝宝可以得到许多生活经验 最喜欢玩过家家游戏，愿意和小朋友一起玩这类游戏，扮演各种角色，如医生、护士、爸爸、妈妈，老虎、狮子等

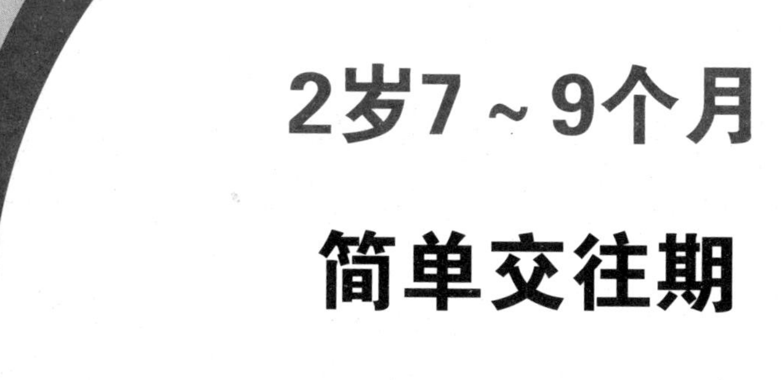

2岁7～9个月

简单交往期

生活&饮食&护理

出行安全隐患

宝宝不懂事又爱乱跑，正处于事故高发的阶段，所以，在出行时尤其要注意交通安全。

路上，行走提示

遵守道路交通规则是保证安全的首要因素。

告诉宝宝没有妈妈拉着手时不能自己过马路；过马路必须先寻找斑马线，从斑马线上走；如果有地下通道或过街天桥，一定要走地下通道或过街天桥；横穿马路时先左右看有没有车，不能猛跑，宁可多等一会儿；即便已是绿灯，也要观察左边，没有车辆时再过马路；绿灯时还要注意有无特种车辆（救护车、消防车等）。

绝对禁止带着宝宝翻越马路中间的隔离栏，或者在过马路时边走边玩。

即便自己能保证遵守交通规则，在违章驾驶现象比较严重的当今，妈妈还是要时刻保持警惕，尽量选择在道路两侧铺设地砖的人行横道上行走。

自行车出行

一般来说，在宝宝能够坐稳时就可以考虑让他乘坐自行车了。

这个阶段，宝宝在自行车上有时会不老实，并且可能会排斥系安全带。

妈妈在骑车之前，要提醒宝宝扶着座椅把手，脚要放在安全合适的位置。

骑车时速度不能太快，还要不时和宝宝说话，防止他睡着了。如果感觉宝宝有睡意，要马上回家，路上还要随时关注宝宝的状况。如果宝宝已经睡着了，宝宝睡着以后必须得推着车走了，要让宝宝的头靠在车座上稳住，以免宝宝在左右摇晃的过程中扭伤。

宝宝贪吃怎么办

宝宝不吃饭妈妈愁，太能吃妈妈也会担心。宝宝时时想着吃东西：睡前要吃；外出见别的小朋友在吃他也要吃；在妈妈开始限制的情况下，甚至会想办法偷着吃。妈妈害怕宝宝吃成了小胖子，怎么办呢?

贪吃的原因

溺爱。父母经常过多地为宝宝提供食物，宝宝在被动进食的过程中获得了被疼爱的心理满足，从而产生了对食物的更大需求。家长常以食物作为奖品，时间一长，孩子就会贪食。

情感代偿。宝宝在一种需求得不到满足的时候，会选用另一种方式填补这种不满足所产生的空缺，贪吃因此而生。

安全代偿。受到委屈时，用吃东西来缓解心理。比如，宝宝挨父母打骂或小朋友欺负时，只需几块糖便会立即停止哭闹，吃糖使宝宝的不安全感消失了。

如何避免贪吃

加强观察。妈妈一旦发现宝宝饭量突然增大或零食需求增加时，就应该了解宝宝是否遇到挫折，并针对其真实意图加以开导，以防宝宝形成间接攻击心理和不正常的自我防卫心理。

建立定餐定量表。想要宝宝不贪嘴，首先，父母就应当为他们制定一个明确的定餐定量表，并认真执行，尤其要严格控制副食量。与此同时，还要关注孩子的消化问题，可以督促孩子多进行体育运动和户外游戏。

心理满足，精神生活丰富。要让宝宝感受到家庭的温暖，让他生活在一个安全、舒适的环境中。平日还要加强情感交流，丰富宝宝的精神生活，以避免宝宝产生用食物来代替其他需求的心理。

不强迫进食。对食物的作用要有正确的认识。可以通过其他方式来体现疼爱，而不是食物。

询问医生。如果宝宝贪吃的情况非常严重，就要及早到医院进行检查，排除疾病隐患。

强化食品，谨慎添加

为了补充天然食品中某些成分的不足，将一种或几种营养素添加到食品中，这种添加营养素的食品就叫强化食品，比如高钙饼干、高钙奶粉、维生素C饮料、高碘蛋、含铁饼干等。

天然食品最好

宝宝膳食中，要做到食物品种多样化、数量足、质量高、营养全；食物营养素含量比例合适；烹调、制作科学合理。

一般来说，只要保证宝宝进食五谷杂粮、鱼肉禽蛋和蔬菜水果等，而宝宝也不挑食偏食，在有良好饮食的基础上，就能获得全面、合理的营养，不必要吃强化食品。

在宝宝营养充分的前提下吃强化食品，对身体反而有害。

缺乏时，需要补充

选对强化食品。妈妈首先要确认选择的强化食品强化的正是宝宝所缺乏的营养素。现在，可以选择的强化食品载体可以是饼干、面条、饮料、米饭、面粉、油等，最好选择一种宝宝更愿意接受的。

了解强化营养素的量。如维生素A的日强化量为500国际单位，维生素D为400国际单位，钙的日强化量为200毫克，铁为4毫克，锌也是4毫克，不可摄入过多。

强化食品分开吃。如宝宝缺铁同时又缺锌，一般可先治疗贫血，也就是服用铁剂或强化铁的食品，待贫血纠正后，再吃强化锌的食品。如果铁和锌的强化食品一起吃，两者可能会有一定的拮抗作用，互相干扰。

选购注意事项

在购买之前，要看清楚包装上的厂名、地址、生产日期、强化营养品种、营养素含量、食用对象、方法和数量以及保存期和保存方法。

如何选择幼儿园

从现在开始，一个比较大的问题摆在面前了：要尽快给宝宝选择幼儿园了。在将自家附近的幼儿园都考察一遍以后，妈妈的目标可能会锁定在几家。接下来就要详细考察待选的几家幼儿园的具体情况了。

软环境更重要

教师。比起硬件设施和课程设置，妈妈首先要考察的是老师的资质。幼儿园的设施与课程最终的落实都在老师身上，以孩子为本，能保护好宝宝，让宝宝在游戏和学习中都感到快乐，并能在和同龄人和谐相处中掌握一定的规则。老师还要慈祥亲切，有良好的素养与温情的个性，这一点能使宝宝更容易融入幼儿园的生活中。

课程有趣味。现在，宝宝是通过游戏来学习事物的。因此，教育机构的老师们应该要通过游戏来培养宝宝的思维力与创造力，而不是将重点放在英语、数学或识字等课程上。

家园联系情况。如果幼儿园定期举办家长学校，制定家园联系手册等活动，说明幼儿园真正把孩子的教育纳入一个整体教育的范畴。

看级类。级代表硬件水平，类代表软件水平。没有级类标志的幼儿园没有通过教育部门的质量验收，选择时一定要考虑这个因素。

考察硬件设施

厨房及课程。重视厨房、卫生间的卫生情况；了解一下课程与游戏、户外活动时间、保健情况等，这些是与宝宝的健康相关的。

活动场地。好幼儿园有众多大型玩具，室外活动空间较大。充足的玩具能使宝宝享受玩具的乐趣，同时也能锻炼宝宝各种能力。还要考察设施的安全状况。

楼道及室内。幼儿园在楼道的装饰和布置上，要符合儿童的心理发展特点，力求简洁而充满童趣，安全设施应到位。

在给宝宝选择幼儿园的过程中，我的心情一直是紧张的，这个时期既是宝宝的坎儿，也是我要勇敢迈过的坎儿。

让宝宝入园的前提是宝宝已经做好了准备。妈妈要细心观察宝宝的心理与生理是否已经发育到相应的程度，能够自然过渡到陌生的幼儿园环境。

乘公共交通工具

对于现阶段的宝宝来说，不管是近距离还是远距离出行，妈妈都要做好充分的心理准备，仔细应对。相比较而言，远距离出行途中存在的不确定因素要比近距离出行多很多，完全在计划之外，妈妈与宝宝都会比较被动，所以准备要更充分。

火车出行

就远距离出行来说，乘火车相对比较安全。妈妈只需备足食物、水及一两本童书或玩具即可。超过4小时的车程最好买卧铺，在宝宝因为火车内空气不好或闷热而哭闹时，带着他在各个车厢内走一走，可以给他带来新鲜感，能有效缓解哭闹。

飞机出行

带宝宝乘飞机，要在购票时就提出申请单，登机前提前检查宝宝身上是否带有危险品。飞行过程中不要抱着宝宝一起系安全带，要使用飞机上能够固定的专用宝宝座椅或为宝宝买单独座位，系好安全带；经常适量给宝宝喝水。

由于宝宝的中耳、耳咽管比较敏感，容易造成耳部不适、晕机等情况，在飞行过程中耳朵不适，要引导宝宝用鼓气、吞口水等方法适应。

飞机起飞时要仔细观看安全须知录像，以备紧急情况发生时心中有数。

公交车出行

尽量避开上下班高峰时段乘坐公交车。最好是抱着宝宝上车。一般来说，带着宝宝的妈妈肯定有座（多数人会让座），为保证安全，妈妈要抱着宝宝坐一个座。

下车时不用因担心下不了车而早起，乘务员会特别留意带孩子的乘客，等车停稳以后再从座位上站起下车。

乘车过程中不要给宝宝吃零食，以免因车行不稳而呛到宝宝。

平时还要教育宝宝在乘车过程中不要把头或胳膊伸出窗外，在车里攀爬、打闹的情况更要杜绝。

拒绝洋快餐

当下比较流行的洋快餐有麦当劳、肯德基等，快餐食物的口感与味道几乎所有的宝宝都喜欢。即使是平日有厌食倾向的宝宝，在洋快餐面前都会变得狼吞虎咽。

洋快餐的健康隐患

研究发现，常吃西式快餐的孩子比不吃西餐的孩子哮喘发病率高出3倍。原因是西式快餐脂肪高，而碳水化合物、纤维素和维生素B_6摄入不足，胆固醇含量偏高，这样的营养失衡使血红蛋白释放氧减慢，细胞因缺氧而出现哮喘。洋快餐对健康的影响还有以下几方面：

1. 油脂在高温下会产生一种叫丙烯酸的物质，这种物质很难消化，多吃容易患胃病；油炸食物还会使胸口发闷发胀，甚至恶心、呕吐。

2. 宝宝的胃肠道功能还没有完全发育成熟，高温食品进入胃内后会损伤胃黏膜而患胃炎。

3. 长期吃甜食、甜饮料还会带来精神方面的隐患，表现为好哭好闹，爱发脾气，多动好动，容易烦躁。

已养成嗜好，要修正

洋快餐很容易被年轻的父母接受，多因其方便快捷，符合现代人的生活节奏。80后的新爸新妈，自己本身就是受洋快餐影响长大的一代，很容易把这种饮食习惯再传递给宝宝。

在意识到洋快餐的弊病以后，就要想办法纠正这种不良饮食习惯了，只有自己以身作则、身体力行，才有可能使宝宝跟着转变饮食习惯。

生活中不乏有父母为了管教宝宝而将洋快餐作为交换条件诱使宝宝听话，这种行为的前提建立在认为洋快餐是“好的、高级的”基础上。这更会导致宝宝对洋快餐的畸形向往。

有时候太忙而没时间做饭，我就给宝宝吃方便面，几次以后宝宝就迷上了这种食物，甚至不吃常规饮食，只要方便面。

方便面是时下流行的快餐食品之一，是由油炸面条加上食盐、味精所组成。方便面最大弊端就在于缺乏蛋白质、脂肪、维生素以及微量元素，而这些恰是宝宝各个器官和组织发育时必不可少的养分。妈妈一定要少给宝宝吃方便面。

正式启用筷子

经过一段时间的练习，很多宝宝已经会用筷子了。虽然宝宝还不能很好地掌握筷子使用技巧，但是他会以与父母使用同样的进食工具为荣。半年以后宝宝就要入园了，在入园之前如能教会宝宝独立使用筷子，将使宝宝能够更顺利地度过入园焦虑期。

进餐，筷子使用提示

创造用筷子进食的氛围。餐桌上尽可能让宝宝看到大家都在用筷子吃饭。给他展示从夹住食物到送入嘴里的整个过程。

给予鼓励。在新技能的学习过程中，除了兴趣之外，宝宝也是有付出的，也会碰到一些困难，妈妈的鼓励无形中会给他强大的动力。在他因为夹不起菜而赌气摔东西时，因为手指不灵活弄得满地都是饭菜时，不要责备，要安慰、鼓励他。

强迫要不得。妈妈的任务是抓住宝宝的兴趣细节，适时让宝宝接触筷子，而不是强迫他去学习。

生活中，勤于练习

夹纸团。妈妈可以利用生活中废弃的报纸来帮助宝宝练习。先将报纸撕成三指宽的条状，再将条状报纸撕成正方形，将每一块小报纸在手心里使劲儿捏，很快就能捏成松软的小纸团了，这时就让宝宝用筷子夹吧。因为这样的纸团很容易夹起来，所以宝宝很愿意配合妈妈夹纸团。

夹爆米花。可以选用爆米花或其他有沟槽和裂缝的食物，容易夹起来，这有助于激发宝宝练习的兴趣。

因为技巧不到位，为夹住一块食物，宝宝需要重新调整好几次筷子（手上的力气不足，总会使筷子一长一短）。

让宝宝多练习用筷子夹纸团的游戏，有助于增强拿筷子时手上的力气。要让宝宝参与到制作纸团的过程中，这会使游戏更有趣。妈妈可以准备一个小碗，让宝宝把纸团都夹到碗里，妈妈配合着数数。在这个过程中，宝宝能得到全方位的训练。

发质不好，无须担忧

女宝宝的妈妈开始关注宝宝的发质了，主要是考虑要给宝宝扮靓了。发质黑、密、亮的女宝宝，妈妈可以经常变花样扎小辫儿，整天花枝招展像只小蝴蝶。顶着一头黄稀发的女宝宝就没那么幸运了，妈妈手再巧，对着稀少的头发也是一筹莫展。

发质会越变越好

宝宝在3岁之前，会因发育迅速，而所摄取的营养不能满足快速生长所需，从而导致发质稀疏。长得高胖的宝宝表现会更严重。随着年龄的逐渐增长，营养摄入逐渐能满足发育的要求，发质也就随着好转。

发黄也有遗传原因

头发的颜色与遗传因素有密切关系，有些父母头发很黑，但老一辈的有头发黄的，也会隔代遗传给宝宝。

妈妈无须忧虑，有很多宝宝小时候的头发颜色与爸爸妈妈小时候头发的颜色是一样的，随着年龄的长大，颜色会逐渐变黑。此外，宝宝发质的颜色与摄取的蛋白质、维生素、微量元素有关。一般来说，缺铁、缺锌的宝宝，头发容易发黄、无光泽、稀疏；蛋白质缺乏的宝宝，发质也会比较差。

改善发质的功课

要使宝宝的头发长得好，首先要注意营养，这项任务在妈妈怀孕时就要进行了。宝宝出生后，妈妈在哺乳期也要继续注意营养，可多吃一些含蛋白质和维生素A、B族维生素与维生素C丰富的食物。

现在，要注意给宝宝补足蛋白质、矿物质和维生素，宝宝的发质将有很大的改善。

听老人讲，多给宝宝剃头，然后用生姜汁擦拭，这样头发就会越长越好。

剃头后，头发一旦长出来会显得又黑又硬，因此给家长头发变多的错觉，但实际上没什么改善。而且，剃头时还很容易造成皮肤损伤，从而影响到毛囊组织的正常生长，严重一点的，还会永久性地“秃”那么一块，所以，最好不要用剃刀给宝宝剃光头。不必用生姜给宝宝擦头。

入园准备，生活调整

为了应对不久之后的幼儿园生活，从现在开始，妈妈需要帮助宝宝按照幼儿园的要求来调整生活节奏了。这其中包括作息时间、自己进食、大小便自理、自助穿衣等。其中自己进食与自助穿衣是两项最基本的要求。

调整作息时间

早睡早起。妈妈需要了解幼儿园的作息规律，按照这个规律来安排每天的作息，尤其是晚睡时间与早起时间要合理。宝宝入园以后，面临的最困难的问题就是早起时宝宝不配合。完全没有时间概念的宝宝不理解妈妈着急赶时间的心态，在眼看着要赶不上早餐时间的情况下，宝宝却又在挑衣服穿，这种情况爸爸妈妈都会着急。为了有宽裕的时间应对各种特殊情况，最好早睡早起，宝宝习惯了以后就能做到自然过渡。

午睡时间。妈妈带着宝宝时，可能午睡会比较随意。从现在开始，要按时吃午餐按时睡午觉了。

不管如何调整作息时间，一定要保证宝宝充足的睡眠。

自己进食，自助穿衣

入园前要让宝宝在吃饭和穿衣两方面实现自理，这样宝宝更容易度过入园焦虑期。

幼儿园与家里毕竟不同，几位老师要照顾二十几个宝宝，照料不及妈妈周到是必然的。宝宝能够自己进食就不会挨饿，在保证身体健康的同时还能得到老师的夸奖，在生理以及心理上都更容易融入幼儿园的生活。

换环境的宝宝本来就很容易上火，如果再吃喝不好，是很容易生病的。一旦生病，就需回家休养。而再回园时还要重新经历一次入园焦虑期，对于父母及宝宝都是一种折磨。

宝宝入园后如果不适应，我要怎么引导他渡过难关呢?

家长现在最需要记住的一句话就是“孩子的适应能力来自于妈妈的适应能力”。妈妈焦虑，孩子就会“被焦虑”。成人对现实存在的种种现象有认知是必要的，但对现实的不满意而形成排斥意识就会汇聚而成焦虑情绪，孩子受到感染，就会产生适应困难。接受现实，在现实的制约中寻求突破那是以后的问题。宝宝入园最初的1～2周对于妈妈来讲，也是很难熬的。不管多么不舍，都要坚持下去。多数宝宝一周后都能适应，部分宝宝会因妈妈心软或身体的原因而半途而废。

带苦味的，是健康食物

很多父母都把最好的东西给亲爱的宝宝，殊不知，这样的精心却让宝宝丧失了吃“苦”的机会。人体只有在通过食物摄取辛甘苦酸咸五种味道时，才能达到内部的平衡。

宝宝排斥苦味菜，妈妈要在烹调方法上下点功夫。

苦味菜有益健康

苦味可促进食欲。苦味以其清新、爽口，能刺激味觉神经，也能刺激唾液腺分泌，可增进食欲、促进消化，对增强体质、提高免疫力有益。

苦味可清心健脑。苦味食品能去心中烦热，具有清心作用，还能使头脑清醒，使大脑更好地发挥功能。

苦味能清热、排毒。苦味食物能清热、通便，使体内毒素随大、小便排出体外。

苦味食物有哪些

苦味食品以蔬菜和野菜居多，如莴笋、生菜、芹菜、苦瓜、萝卜叶、苔菜等。另外，中药五味子、莲子心也是苦味食物，可适当给孩子食用。

苦味食谱两例

苦瓜黄豆排骨汤。取新鲜苦瓜500克，黄豆200克，猪排骨250克，生姜3~4片。先用清水把苦瓜、黄豆、排骨、生姜洗净，苦瓜去核切块，黄豆浸泡片刻；排骨切成段状，然后一起放进瓦煲里，加入清水1200毫升（约6碗水量），先用大火煲沸后，改用小火煲1小时，直到600~800毫升（约3~4碗水量），调入少量食盐即可。这道菜比较适合酷暑季节食用。

生菜鲜虾沙拉。取生菜叶2张，胡萝卜半根，大虾5只。将大虾煮熟，去皮，把虾肉撕成小块时去除虾线；胡萝卜切细丝，生菜撕碎；把生菜、胡萝卜丝、虾肉放入大碗中，加适量橄榄油、糖、醋、盐拌匀即可。生菜具有清热安神、清肝利胆、养胃的功效，搭配虾仁，可以为宝宝补充更丰富的营养。

家庭教养

太依赖父母，要调整

宝宝在出生头一两年内对父母依赖是正常的，但是随着年龄逐渐增长，身心发育日趋完善，独立意识抬头，对父母的依赖就会逐渐减弱。

在准备入园的这个阶段，要注意培养宝宝的独立性。

妈妈不包办

凡是宝宝自己能做的事情，就要放手让他自己做，不能因为怕他做不好就包办。在宝宝自己做的过程中，妈妈要选择合适的机会引导宝宝正确操作。比如宝宝自己穿脱衣服、洗脸洗脚、刷牙漱口、收拾整理玩具时，妈妈可以在一旁指导或示范，鼓励宝宝有始有终地把事情做好。

目前，母子之间很融洽地做到这一点并不容易。宝宝自己的独立意愿很强，而实际操作能力却比较弱，所以在这个过程中肯定会发生冲突，妈妈参与的要非常巧妙，才能既不会把宝宝惹急，又能达到引导宝宝掌握操作要领的目的。

妈妈要注意引导宝宝在实践中增加感性认识，使宝宝的思维得到发展，锻炼独立生活的能力，逐步克服依赖心理。

生活处处可锻炼

妈妈不仅要锻炼宝宝的生活自理能力，还要注意锻炼宝宝在与人交往过程中的独立性。

购物付款。在超市或菜市场购物时，试着让宝宝帮妈妈挑选家里所需的物品或蔬菜并付款。宝宝能在这个过程中熟悉整个购物流程，有助于增强对物品、蔬菜以及现金的认知。此外，对宝宝的胆量及社交能力也是很好的锻炼机会。

请求帮助。无论是在游乐场还是小区内，都能找到让宝宝体验向陌生人开口请求帮助的机会。比如在游乐场玩耍时想要骑在小熊身上而妈妈恰好不在身边时，就可以向站在身边的阿姨求助；在小区玩耍时，小球掉进水里而妈妈离得很远时可请附近的保安员叔叔帮助。这样的技能多数宝宝不具备，妈妈可以创造机会多加引导。

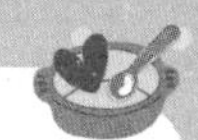

不要强制学习

妈妈都希望儿女成才，开发智力也应趁早。但培养宝宝的才能也要注意他的兴趣点在哪里，兴趣培养应因人而异。妈妈把不要把自己的主观决定和意愿强加在宝宝身上，因为这会造成一系列消极的后果。

关注兴趣。在培养宝宝兴趣的同时，不忘观察他的爱好，为他的爱好提供条件。比如宝宝迷恋恐龙，就可经常带他去自然博物馆，或到图书馆为他借一些史前动物画册。宝宝的爱好要尽早发现，并且给他足够的时间去探索。

营造书香世界。家里的书籍要放在宝宝可以拿到的地方，最好要有一定量的藏书。爸爸妈妈要有随时翻书阅读的习惯，这种习惯会传染给宝宝。

边游戏，边学习。现在，学习的实质就是“玩”，玩得越精巧，越能收到好效果。爸爸妈妈可以参与这个过程，让宝宝在玩中感受到更高级别的技巧及玩法，使手与大脑都能得到锻炼。

将喜悦传递给宝宝。爸爸妈妈着迷于某一物品（可以是一本书、一幅艺术品或美味菜品等）时，要及时把自己的喜悦与欣赏传达给宝宝，这个过程中细节是不可少的，尽量让宝宝体会到使爸爸妈妈欣赏的地方在哪里，这同时也是培养宝宝审美观的过程。

妈妈心得

宝宝玩耍时我一般不干涉，但在他进行一些相对高级的活动时（阅读、画画等），却忍不住要特别关注，有时还指指点点。

专家解释

家长最好不要这样做，比如说画画这件事，宝宝自愿地、聚精会神地画上一幅画，效果要比他在大人的命令下，潦草地画上10幅要强；这个阶段应以玩耍和运动为主，强迫宝宝做他不喜欢做的事，只会适得其反。

购物中的“约法三章”

在超市里，经常会看到有宝宝耍赖要求买东西并闹得不可开交，弄得妈妈很尴尬。这种情况的责任往往在大人，事前没有做好充分的沟通。妈妈最初带着宝宝去超市时，就要和宝宝说清楚去超市要购买什么，进去以后不要随意答应宝宝的额外要求，以免形成习惯。

约法三章及其执行

如果妈妈根据自己的喜好随时要求宝宝，对于有独立意愿的宝宝来说，这是“一言堂”，发生争执是必然的。只有制定了双方认可的标准，才能对宝宝进行有效约束。

事前约定。出门前与宝宝约定好这次去超市要买什么，特别强调要给宝宝买什么，并要得到宝宝的认可，商量好了再出门。约定要在尊重和平等的前提下进行，而不能仅凭大人的想法和购买能力，将大人的意愿强加给宝宝。可以通过家庭讨论的方法来商定宝宝的要求是否合理，合理的购买欲望就满足。

事中提醒。如果已经约定好了，就要坚决执行。当宝宝遇到不在计划之内想买的东西时，他可能会忘记与家长的约定，吵着一定要买，这时家长就要提醒宝宝之前的约定。宝宝会不断尝试触碰家长的底线，这也正是父母在宝宝心中树立威信的时候。要坚持约定，同时父母也要遵守约定中对自己的约束项目，以使宝宝信服。

事后总结。从超市回来后，父母可以将宝宝在超市中好的表现夸赞一番。

老人带孩子，要充分沟通

如果宝宝需要由老人暂时带一段时间，一定要事先与老人沟通好这一项规则。老人爱孙子，往往不会逆宝宝的意思，要什么就给买什么，甚至会主动带着宝宝去超市买。这样做很容易就会把爸爸妈妈苦心建立起来的规则搅乱了。老人走了以后，爸爸妈妈再要纠正就不那么容易了。

宝宝一见到超市就要进去买零食，不让进去就发脾气，当众哭闹。

刚开始时，要狠心将他强行抱回家，然后再慢慢哄，要让他明白天天买零食是坏毛病，不听话大哭大闹也是不管用的。坚持两三天，他可能就没这么强硬了，只要稍有改变，家长要赞扬，主动带他去买以示奖励，然后跟他讲讲小道理。宝宝需要时间去适应，父母不能太心急，否则会适得其反。

创造良好家风

爸爸妈妈在日常生活中习惯性的言谈举止营造了特定的家风，宝宝在这种特定家风的熏陶下，会形成类似的习惯。宝宝早期的行为习惯折射着父母的人格和行为习惯，是父母的一面镜子。良好的家风是宝宝健康成长的基础。

家风对宝宝的影响

家风是由家庭成员的态度、行为及舆论营造的，存在于家庭日常生活中，表现在成年人处理日常生活中各种关系的态度和行为中。良好的家风或不良的家风对宝宝的影响都将持续一生。

良好家风。在一个从未和邻居闹过矛盾的家庭里，勤快的奶奶带着年幼的宝宝做清洁，宝宝热爱劳动；妈妈带宝宝外出时都要带塑料袋，将家里人制造的垃圾收集起来扔到垃圾桶；爸爸爱读书，家里藏书颇丰，并经常写读书笔记。

在这样的环境中长大的孩子勤劳简朴、学习成绩优秀、气质优雅、与同学朋友相处融洽。

不良家风。在一个优越家境里，父母在外忙于事业，由保姆照顾宝宝的饮食起居，一切都无须自己动手。年幼时有主动干活意愿的宝宝被妈妈斥责为“没出息”并给宝宝灌输“你天生就不是干这个的命，这是下人做的事情，你要做人上人”；宝宝还常见到母亲对保姆挑三拣四，从来不满意。

这样的环境下成长的孩子会对同学、亲戚、朋友指手画脚、吆三喝四，易养成自私、懒惰、自以为是和狭隘的个性，结果很难交到朋友、内心孤独。

好环境必备要素

人际环境。一家人要互相关爱，分工劳动，遇事商量；一家人要互相赞美，运用礼貌语言和幽默；一家人可经常开故事会、朗诵会、运动会、表演节目，还可邀请亲戚、朋友、小伙伴一起参加。

智慧环境。宝宝的生活环境中，一家人经常读书、讨论，一起动手做玩具、小实验，并不断鼓励宝宝自己动手参与其中。

规律环境。父母要和宝宝一起制定作息时间表，如早起、早锻炼；培养宝宝按时吃饭、洗漱、排便、看电视的习惯，逐步做到不催促，养成同爸爸一样的责任感和坚持力。

行为习惯

执拗的“一致”性

宝宝对于秩序的要求近乎刻板，本来轻松可以做到的事情，他百般不满意，要求妈妈按一贯的做法来。这种只注重过程而不管结果的行为增加了妈妈的操劳，也经常令妈妈陷入情绪激动的境况。

刻板行为种种

环境要一致。宝宝对环境的要求近乎固执，对一切都要求“一致”。任何一件事，不管它发生的顺序、方式还是地点，他都要其保持不变。家里的每件东西都必须放在他认为该放的地方，且固定不变。

物品归属。他也要求某件物品是谁的就是谁的，不能给别人。比如，家里有客人穿了妈妈的外套，他会以哭闹表示反抗。如果惧怕客人，他会紧紧盯着那件外套，直到客人明白其义，把妈妈的衣服脱下来为止。

行走路线。他认为的“一致”概念也指路线的一成不变。不管是去超市、市场，还是另外任何一个他较熟悉的地方，他都要走同样的路线。这个阶段的宝宝感觉世界很大、很复杂，走一样的路能增强他的信心，并带给他安全感。

进食程序。此外，吃饭时间的安排上也要一致，这样宝宝才会安心。比如一直都是爸爸回家后一家人才吃晚饭，如果有一天爸爸有事很晚才回来，即使到了开饭的时间，他也会觉得不该开饭，因为爸爸还没回来。他的时间观念不是按钟点，而是以事件为标准的。

要善于总结规律

宝宝还有一些规律是需要妈妈在实际生活中总结的，掌握了这些规律，就能减少发生冲突的概率。

比如，穿衣服时他习惯于先穿衬衫再穿裤子，如果妈妈把顺序弄反了，他马上就会发脾气，甚至会把已经穿上了的衣服脱下来要求按顺序重来一次。

抵触去幼儿园

有部分宝宝在不满3周岁的时候就被送入了幼儿园，但是这个适应的过程对母子双方来说都是一种折磨。宝宝在幼儿园不是闹病就是哭哭啼啼，没办法融入集体生活，而妈妈在家里也饱受煎熬。看着其他宝宝都适应良好，自家的宝宝这副状态真的令人焦急。

心理分离不充分

如果宝宝对妈妈的信任感足够，就会对妈妈之外的人与事物产生极大的好奇心，会尽情四处奔跑；相反，则会黏在妈妈身边不愿离开。正常发育的宝宝会在满3周岁时做到与妈妈的心理分离，即便与妈妈分离一段时间，他也会明白很快就能再见到妈妈，从而安之若素，很快就能适应幼儿园生活。

未能很好地完成心理分离的宝宝，就会出现各种各样的问题。不是哭着不想去幼儿园，就是去了也会做妨碍其他小朋友的举动。

面对这种情况，责备是不可取的，妈妈要认同宝宝的焦虑，并耐心地安慰宝宝，帮助他度过这一难熬的阶段。

快速抽身，要看情况

现在，幼儿园为了让新入园宝宝更快实现与妈妈的分离，普遍做法是让妈妈果断将宝宝交给老师，自己快速离去。同时，整个白天的园内时间都不建议妈妈被宝宝看到。

对于已完成了与妈妈心理分离的宝宝而言，这种方法效果立竿见影；而对那些还没有与妈妈实现心理分离的宝宝来说，却会使宝宝产生不安全感。对于后一种情况，妈妈要好好安慰宝宝，告诉他为什么要与妈妈分开，什么时候再见面等。在离开之前，要对宝宝说“妈妈爱你”“妈妈走了”。

下午去接宝宝时，妈妈要面带笑容，表扬宝宝的表现。

宝宝入园后的焦虑是我比较担心的问题，我也有焦虑，如何处理这种状况呢？

大人的分离焦虑往往比孩子还严重，并且对孩子产生的负面影响不可低估。调整自己比调整孩子更重要，只要家长淡定了，孩子的适应能力往往比我们想象的要强得多。并且，家长自身状态稳定淡定，还可以传递孩子更多正面的能量，帮助他更快地适应。

有独占行为，需要引导

宝宝们相互之间的互动不再是平行的了，有了交叉，他们实际接触的机会也比之前大大增多。这种接触还谈不上是合作，带着点自私的目的。

不愿分享，时常争斗

现阶段，宝宝在与其他宝宝们相处的过程中，会将自己曾经玩过的、正在玩的甚至是准备玩的玩具都当做是自己的，不允许任何人来分享。在他的感觉系统里，放弃这些“自己的东西”会无比痛苦。

这也就是宝宝嘴里“我的”被频频提及的原因。

宝宝没有要取悦他人的意愿，但对自己的东西却有很强的保护意识，为了维护自己对物品的所有权，才会经常发生争斗事件。

妈妈留意宝宝的语言发育，会注意到“我”“我的”和“我要”是这个阶段宝宝的口头禅。宝宝除了不愿与别人分享自己的玩具之外，还会觊觎别人的玩具。

给予合适的引导

宝宝听话或不听话，关键还在父母的引导。作为父母，要多主动给宝宝创造机会和环境，给他们正确的引导，使他们有条件发挥和使用生涩的社交能力。

妈妈要教宝宝们一些适合共同玩耍的游戏，比如沙土游戏、轮流滑滑梯、一起坐摇摇车、一起走路沿石等，还可以选择其他一些有助于增强社会交往能力的游戏。

宝宝还不到3岁，在与其他小朋友一起玩时，还是经常发生抢东西、打人的问题。

想要宝宝能够按一定的规则合作进行一项游戏，要到4周岁以后才可以。经过一年时间的幼儿园生活，在没有大人参与的情况下，宝宝们会在自己团体中自发推举一位领导者，听从这位小领袖的安排，规则也就由这位小领导来定，大家随从。

不合群怎么办

宝宝虽然在心底里渴望和小朋友们玩，但是真正在一起玩时，却总会出现不和谐的音符。宝宝把握不住交往的尺度，不是自己被侵犯了，就是侵犯了他人。逐渐对群体活动产生了抗拒。看着宝宝孤单的样子，妈妈也心疼。

不合群的原因

处于平行游戏阶段。宝宝和小朋友们一起玩时，很难跟同伴发生实质性的交往行为。

交往体验少。父母平时给宝宝提供的同伴交往机会太少，宝宝无从建立对同伴交往的积极情感体验，自然难以产生对交往的兴趣。

过度保护。如果宝宝不乏交往机会，却不善于与小朋友交往。此时父母就要反思一下是否平时过多地干预了宝宝的交往，使宝宝没有锻炼交往技能的机会。

此外，天性内向缺乏交往勇气也是很重要的一个因素。

加大引导力度

交往中，多尝试。提供更多与其他小朋友交往的环境，使宝宝有机会在实践中增进交往体验。这种情况下，迈出第一步会比较难，父母切忌操之过急，要给宝宝时间，鼓励他的每一点进步。

放手，不干涉。父母要懂得放手，不要怕吃亏，在宝宝没有明确的求助意愿或不存在危险的情况下，要沉得住气，给他自己解决问题的机会。即使宝宝求助，也要想办法鼓励宝宝自己解决交往冲突。

提供物质交往条件。可以给宝宝提供糖果、玩具等有助于结交朋友的物品。宝宝最初的交往，多始于玩具，经过这种幼稚的交往纽带建立起来的友谊，会让宝宝对与同伴交往产生积极的情绪体验。另一方面，因为实物带来的友谊往往是短暂的，当实物失去对同伴的吸引力时，也会逼着宝宝想办法探索其他可以建立友谊的东西或行为，这对交往技能的发展大有裨益。

早期教育

方向、方位

在日常生活中，宝宝经常会接触到关于方位的知识，不知不觉中就能轻易理解方位的概念；相比较而言，方向却不是那么容易掌握的，这与周围环境的变化太大有关。

上下左右

在上、下、左、右等基本方位中，宝宝对上和下理解相对比较容易。可以通过让宝宝摆放物品，并结合语言和动作来理解上和下的概念。

1. 妈妈准备各种颜色和形状的积木。

2. 让宝宝随意配搭积木。妈妈可以指着积木问宝宝，哪种颜色和形状的积木在哪个位置。如“黄色三角形积木在红色长方形积木上面还是下面”“绿色方形积木下面是什么”等。

3. 妈妈让宝宝按照指令把积木叠起来。如“把红色长方形积木放在黄色三角形积木下面”“把两个方形积木放在半圆形积木下面”等。

4. 把宝宝的玩具按照上下左右摆开，让宝宝说说，谁在谁的上面，谁在谁的下面，谁在谁的左边，谁在谁的右边。

东南西北

身在城市中，宝宝辨别东南西北时所要受到的干扰项太多了。宝宝的活动范围太大了，一旦离开熟悉的小区，本已掌握的方向顷刻间就失去意义了。

宝宝对方向的辨别依靠参照物，大人也如此。

太阳东方升西方落这个基本的常识要告知宝宝。妈妈可以在窗口指给宝宝各个窗户所对应的方向；在小区内也可以寻找合适的参照物以教给他方向。

注意事项

在引导宝宝指认方位或方向时，宝宝观察到和表达出来的可能不一致，即使真说错了或做错了，妈妈也不要着急，而是要给予充分肯定，让他能够准确地掌握方位概念。

宝宝认知能力的高低，有时候不一定通过语言来体现。宝宝行为正确了，也说明他理解和掌握了事物的规律。爸爸妈妈不要总是急于让宝宝用语言来表达，同时也应注意观察宝宝的行为表现，以便正确掌握宝宝的认知发展水平。

钱，怎么用

让宝宝早点接触、认识金钱，可以使宝宝尽早参与到社会生活中来。现代人的生活中，钱占据着举足轻重的地位，宝宝也能感知到钱的重要性。从现在开始，就该试着培养宝宝的财商了，妈妈可以把握生活中的一些机会，适时对宝宝进行金钱教育。

让宝宝体会父母赚钱不容易

日常生活中，几乎每天都需要花钱，比如需要买日用品、蔬菜水果及零食；需要到银行缴纳水费、电费、煤气费；需要买卡支付手机通话费；去洗车修理店缴纳保养费、保险费……

缴这些费用的时候，最好带上宝宝，让宝宝亲眼目睹妈妈把钱交出去的一幕。妈妈要告诉宝宝，我们每天喝水、吃饭、看电视、看书、坐车、买衣服、出去玩等日常行为都需要花钱。

要让宝宝明白，正是因为有了爸爸妈妈辛苦赚钱，宝宝才能享受到这样的生活，爸爸妈妈起早贪黑工作赚钱很辛苦，很不容易。在这个过程中，能够收获到的是宝宝对父母的理解，同时还能增强宝宝爱护家里物品的意识，如不浪费水、电等。

金钱全接触

认识钱币。给宝宝一些零钱，教他认识不同纸币及硬币代表的不同面值。妈妈要提示宝宝注意钱币上的数字、图案与面值的关系。生活中除了使用现金外，还有用卡消费的情况，所以也要让宝宝明白银行卡里也有钱。

亲自购物。想让宝宝更加了解钱，最好的方法就是让他参与到购物中来。这期间宝宝还能将商品的价格与钱建立联系，一块棒棒糖与一件童装有不同的价格，一个便宜一个昂贵。

妈妈心得

面对宝宝的一些无理购物要求，比如买零食，我会以没带钱为由拒绝，但是这招有时不管用。

专家解释

宝宝对于零食需要用钱来换还没有明确的概念，以此为理由加以拒绝显得牵强。一定要很明确地向宝宝表达不给买零食的理由，并一直坚持，今天一个理由明天是另外一个，只能使宝宝陷入混乱，于培养良好的习惯无益。

小区里的健身场

小区游乐场是宝宝们玩耍的好地方，但同时也是意外事故高发区。要想在保证安全的前提下能够让孩子尽情玩耍，严密的看护、器械的安全和恰当的安全教育都要及时跟进。

严格的看护

确保宝宝玩的器械与他的年龄和运动能力相符合。一般小区内的健身场所所配备的器材是给成年人准备的，宝宝在这样的器材上玩耍都需要妈妈贴身看护。但是宝宝在感觉妈妈影响到自己的行动自由时，也会表示反抗。在防护严密的情况下，可以给宝宝适当的自由。

要让宝宝保持和其他正在活动的孩子之间的距离，以免受伤。年龄稍大的宝宝喜欢冒险与挑战，而宝宝正处在模仿阶段，很可能会去尝试看到的动作，这是很危险的。

什么器械可以玩

“荡秋千”。大人锻炼臂力与背部力量的器械可以做为宝宝荡秋千的好设施。宝宝双手拽紧最下面的一根横杠，双腿抬起，身体就可以左右晃动了。

“迈步机”。几乎所有宝宝都爱玩这个器械，但是它有很大的潜在危险，可以让宝宝双脚踩在脚蹬上，由妈妈晃动两根竖杠，一定要提醒宝宝双手抓紧竖杠。

“攀爬架”。大人们锻炼背部肌肉的器械可以当做宝宝的攀爬架，让宝宝一级一级地向上爬，再沿级走下来。这个设施的攀爬有技巧，刚开始宝宝不懂换手便爬不上去。妈妈可以在后面扶着宝宝背部和屁屁，并向宝宝详细说明攀爬的要点。

遵守安全守则

1. 告诉宝宝不要把滑板车、皮球等东西放在器械周围，以免自己和别的小朋友玩耍时被绊倒。

2. 游乐场的设备如果是湿的，先不要玩耍，因为器械在湿的时候会变得非常滑。

3. 在活动场地玩耍的时候，告诉宝宝不要拿着细绳或背着小包，以防无意中挂在器械上造成意外。

宝宝爱爬高高，在攀爬架上会兴奋地抓着两侧的栏杆摇晃尖叫，他的尖叫声很有感染力，周遭的小伙伴都会被他吸引过来。

即便活动场地有较软的地表覆盖物，也不能避免所有伤害。而且，器械越高，一旦从上面摔落，宝宝受到伤害的可能性就越大，妈妈一定要小心看护。

石头、剪子、布

凡经历时间验证的游戏都是好游戏，妈妈要将记忆中儿时玩过的好游戏教给宝宝，石头剪子布就是这样一个很有生命力的游戏。在与宝宝的日常沟通中，经常会遇到死角，恰当运用这个游戏，能将本已剑拔弩张的双方状态转变成用规则来说话的理性沟通。

母子同玩石头剪子布

1. 让宝宝坐在妈妈怀里，妈妈嘴里说着“石头、剪子、布”，并用自己的右手分别做出石头、剪子、布的手势。

2. 在宝宝学着做的过程中，妈妈告诉宝宝，“石头”能砸坏“剪子”，“剪子”能剪坏“布”，“布”能包住“石头”。

3. 妈妈教宝宝先学会出手，再判别输赢。输了要付出代价。妈妈试着和宝宝玩几次，宝宝就能掌握要领并能跟妈妈进行对决了。

4. 初期为了提高宝宝玩的兴致，妈妈可以故意慢半拍输给宝宝，让宝宝过足瘾。

5. 妈妈还可以改变游戏规则：谁赢了就和爸爸终极对决。三个人玩游戏更有趣。

在生活中巧妙运用

宝宝经常会与妈妈闹脾气，比如去超市要买不健康的零食，或出门时要穿不合时宜的衣服……这些事情在妈妈眼里虽然不算什么事，在宝宝眼里，却是当时迈不过去的“坎儿”。说服不起作用，强迫只会使事情变得更糟，母子双方也会因此陷入僵局。此时，“石头、剪子、布”就可以发挥作用了，谁赢了就依谁。妈妈要通过控制输赢来达到让宝宝妥协的目的。

教宝宝这个游戏时，首先要明确输赢的概念与判断方式，输赢是宝宝不常接触的抽象的概念，不好理解，妈妈要耐心引导宝宝正确判断输赢，并适当地加以鼓励及表扬。

宝宝对石头剪子布的游戏很迷恋，终于能够判断输赢了，却把握不住赢了之后要惩罚输的一方这一规则，但输了之后却懂得乖乖受罚。

这个游戏目前可以用来化解妈妈与宝宝之间的纷争；未来恰当使用这个游戏可以让宝宝在群体中有解决问题的能力。让规则说话要比权威更具说服力。

映在墙上的手影

一面墙，一盏灯，曾经是爸爸妈妈儿时的荧幕，那上面有奔跑的兔子，飞翔的大雁、老鹰，嘴巴一张一张的大灰狼……这一幕情景也可以在自己的家里为宝宝上演，同时父母也可以重温旧梦。

百变手影

1. 妈妈只需准备手电筒，或者点上蜡烛（家里的吊灯都是散光的，在墙上的影子会很模糊）。

2. 爸爸掌着手电筒，把光束打到墙面上，妈妈就在光束之前用手摆出各种动物的轮廓来，让宝宝看墙上的影子，妈妈可以做出静止的与动态的动物来。

3. 让宝宝说出墙上是什么，认出来了就表扬。

4. 让宝宝跟着学，把自己的手影也投影在墙上，不时调整，直到很像为止。

5. 爸爸让手电筒的光束倾斜着向上下、左右转圈，手影会拉长变形。

6. 爸爸后退，手影则变大。

随时随地皆手影

适合与宝宝一起玩手影游戏的地方不仅限于家里的墙壁上，户外阳光大好时、夜晚的路灯下都是玩手影的好时机。户外玩手影时，由于参与观察的小宝宝人数比较多，往往更有趣。

最简单的手影可以是动态的，如老鹰扇动翅膀，小兔子飞快地奔逃，狼的大嘴一张一合等，再配合一些妈妈编创的台词，这一定是宝宝们的欢乐时刻。

还可以选择带宝宝去观看手影表演，有情节的手影电影非常适合宝宝观看，即便对动画片完全没有兴趣的宝宝，对于手影电影也会全神贯注。

如何学习手影

妈妈先要掌握各种形态的手影手法，除了记忆中儿时比较好的手影形象，还可以从网络上查找一些。妈妈要把这些手影相应的手法教给宝宝。培养宝宝的注意力、观察力，促进其对事物的认识并使情绪愉快。

玩玩滑板车

滑板车是一个比较常见的运动玩具，在生活中经常见到在小区里飞速滑过的滑板车小子。同龄伙伴们纷纷添置滑板车了，宝宝也会对滑板车表现出艳羡的神色，妈妈也在考虑要不要给宝宝添置滑板车。

选购合适的滑板车

滑板车有带车把的与不带车把的两种，目前要选择带车把的。滑板车把的高度要略低于宝宝胸部，车把太高不利于宝宝控制车把，太低使用时间久了会觉得累。最好选择车把可以调节高低的滑板车，以使其适合宝宝在不同年龄段玩。

滑板车的车把和车身成垂直方向，妈妈选购时要注意车把的灵活性，不能太活，对于双臂的控制能力还很弱的宝宝来说，往往把控不好太灵活的车把，这会使滑板车出现原地打转的情况，容易摔跤。

现在新出现了一种两只脚可以分置于两块滑板上的小型滑板车，其运行原理与老款完全不同，老款需要一只脚在地面向后用力以提供滑板车前进的动力；新款只需将两只脚站在两块滑板上分别向两侧用力蹬再收回来，滑板车就会向前行进。

现在只是热身

滑板车和轮滑一样，能锻炼宝宝的平衡感、灵敏性和协调能力。所不同的是，轮滑多靠四肢保持平衡，而滑板车则靠两只手把握平衡，躯干、腰、臂和腿要整体配合。现在就给宝宝添置滑板车，目的并不是让他能够玩得很熟练，只当是热身了，因为宝宝的运动能力还不足以把控滑板车。

开始玩滑板车时，妈妈需要先做示范。宝宝很喜欢看妈妈玩，妈妈滑一脚后滑板车向前滑行，宝宝会兴奋地跟在后面追着跑。如果滑板车板够大，妈妈可以载着宝宝一起滑，但要注意控制滑行速度。

捏捏橡皮泥

橡皮泥是多数宝宝们喜欢的玩具之一，彩色的橡皮泥在宝宝手中能够变换出各种形状，这会是母子之间难得的平静时光。

玩橡皮泥有益

想象力飞翔。宝宝玩橡皮泥时可以自由发挥、大胆创造，妈妈可以提供一些牙签、羽毛等辅助性材料，让宝宝自己想象怎么用：圆形橡皮泥四周装上牙签就是太阳，装上羽毛就是小鸡。

破坏了，可以重塑。遥控汽车、机器人等玩具都会被宝宝拆得惨不忍睹，而橡皮泥却可以任由宝宝随心所欲地变换造型，不满意就重来，随时可以按照自己的意愿进行重塑。

恰当的引导

融入生活。可以将玩橡皮泥与日常生活结合起来。比如，爸爸对宝宝说“我要吃汉堡、我要吃薯条”，宝宝就用橡皮泥捏出来，妈妈再从宝宝手里把食物“买”过来。在购买的过程中再设计“讨价还价”环节。之后还可以再制作其他食物。

在这个过程中，宝宝的动手能力、语言能力、生活经验都得到了提升，而且还能增进亲子关系。

及时补救。宝宝在玩橡皮泥时可能会把不同颜色的橡皮泥混在一起，经过这样处理的橡皮泥基本上不能再用了。此时发脾气是不可取的，妈妈可以及时干预，将混在一起的橡皮泥变成一朵五颜六色的花；不搭调的红色、蓝色混在一起时，可以改造为被乌云遮住了的太阳。

玩面团

妈妈制作面食时往往是宝宝的捣乱时刻，他会对面团表现出极大的兴趣，随时准备偷拿一块儿玩。妈妈可以给宝宝一个小面团，让他随意发挥。妈妈做馒头、面条时，宝宝也会模仿妈妈的手法做；甚至在妈妈做饺子时也会学着擀饺子皮。

这是与玩橡皮泥完全不同的体验。

市场上销售的橡皮泥多数在空气中放置久了会变硬变干，一段时间以后就干裂得不能捏成型了。

妈妈可以选购那种需要火烤才会硬化的橡皮泥，在经过火烤之前，即便长期置于空气中，也不会硬化，可以随时重塑。

宝贝讲故事

妈妈一段时间总是重复讲述同一个故事，宝宝对这些故事已经耳熟能详了。现在，宝宝的语言表达能力已经可以复述故事了，可以试着换一换角色，让宝宝来讲故事。刚开始时，需要引导。

睡前故事时间

妈妈选择宝宝上床时间早，同时情绪也不错的时候，拿出宝宝的故事书，请宝宝给妈妈讲故事。例如《一只乌鸦口渴了》的故事，妈妈可以边翻书边引导。

妈妈：这个是谁？

宝宝：这是乌鸦。

妈妈：乌鸦在干嘛？

宝宝：找水喝呢。

妈妈：它找到水了吗？

宝宝：找到了。

妈妈：它喝到水了吗？

宝宝：没有喝到。

……

妈妈要在宝宝讲述的过程中表扬宝宝，妈妈慢慢将引导语缩短，让宝宝自己主动去讲故事情节，直到完全不用引导。

少些干涉

这个阶段的宝宝已经能说比较复杂的句型了，他们有时情愿独立完成一件事。如果宝宝在所讲故事的某一个情节上卡壳了，回答不出来，妈妈不要立即插嘴进来相助，宝宝会表示强烈反抗，直到宝宝主动提出要妈妈帮忙的意愿，妈妈再插嘴。

故事接龙

如果宝宝不曾进行过这样的游戏，尚无法自己编故事，此时不妨选一两本宝宝经常阅读的绘本，试着引导宝宝进行故事接龙的游戏。可以挑选宝宝喜欢的故事，先起个头说：从前有一个小女孩，她住在……然后请宝宝看着图片接续故事的内容，等宝宝熟练了再玩自发的接龙游戏也不迟。不论是自创的故事或耳熟能详的童话，在故事大接龙的游戏中，你一定会惊讶于宝宝的想象力及创造力。

疾病与异常情况处理

误食了干燥剂

在日常生活中，宝宝接触干燥剂的概率很大。在很多零食的包装盒里都放有干燥剂，比如海苔、紫菜、雪饼、薯片等；爸爸妈妈购买的鞋和衬衫包装盒里也能找到干燥剂。

分辨误食干燥剂的类型

常见的干燥剂有两种，可以根据成分的形态来判断：一种是生石灰干燥剂，白色的块状物，受潮后变成粉末；另一种是硅胶干燥剂，是无色透明的小球，有些是彩色的，看起来像好吃的糖果。

误食生石灰干燥剂。生石灰遇水会变成氢氧化钙，在这个过程中释放热量，会灼伤口腔或食道。同时，氢氧化钙呈碱性，对口咽、食道有腐蚀性，如溅入眼中会引起结膜和角膜的损伤。误食后要立刻喝水或者牛奶，但要控制饮用量，按每千克体重10毫升服用，总量不能超过200毫升，因为过量有可能造成呕吐。然后再将宝宝送入医院进行治疗。

误食硅胶干燥剂。不必太担心，因为它在胃肠道内不能被吸收，可以经粪便排出体外，对人体没有毒性。误服后不需要做特殊处理，除非出现了头晕、呕吐等特殊反应，一般无须就医。

干燥剂包装上一般都标明了成分，妈妈不难据此判断并作出相应的处理措施。对于没有标示干燥剂成分的，可以根据干燥剂的形态来判断。

开封后及时丢掉

在开封食品或物品包装后，首先要将干燥剂丢弃，这可以有效预防宝宝误食。同时还要经常提示宝宝，干燥剂要丢掉，绝对不能吃。

我基本上是在零食或衣物买回来，拆开包装以后就把干燥剂扔掉了。有一次还是被宝宝翻出来，他没有自己吃，而是把干燥剂直接放进水杯里玩上了。

干燥剂泡在水里也会发生化学反应，这样的水玩久了也会损伤宝宝的皮肤。

中耳炎

中耳炎是小儿耳鼻喉科最常见的疾病之一，发病率仅次于感冒。据统计，3/4的宝宝在3岁以前至少会经历一次耳内感染，其中近一半的宝宝甚至可能会感染三次以上。频繁复发的中耳炎会影响到宝宝的听力，继而会影响到宝宝的语言发育。如果宝宝对妈妈说"耳朵里有小虫虫"时，妈妈一定要重视，因为这可能是中耳炎的初期表现。

中耳炎的症状

疼痛感。这是典型的中耳炎症状，因为吸吮和吞咽动作会压迫感染部位。宝宝会在吃东西时烦躁、哭闹，中耳发炎会使宝宝的卧姿变得不舒服，所以宝宝会不愿意入睡。

发热。突然发热，体温可升至37.8～40℃。

化脓。耳中会流出黄色、白色或者含有血迹的液体。见此情况妈妈不必害怕，要及时到医院请医生做专业处理，以防感染。

听力障碍。由于耳内存有大量液体，会造成暂时性的听力障碍。表现为听不清，要求妈妈重复说一次。

预防中耳炎

预防感冒。中耳炎多由感冒引起。3岁以下宝宝耳部结构尚未发育完善，连接中耳和咽部的咽鼓管是一个连接的导管。感冒时，鼻内黏膜受到刺激后，导致连接中耳、咽喉和鼻腔的咽鼓管肿胀，内部通路变窄，积液外排能力降低。当耳部无法及时排出炎性黏液时，耳部就成了细菌滋生的温床，这会直接导致中耳炎的发作。

打预防针。目前世界上尚无专用中耳炎预防针，但有两种儿童预防针在预防其他疾病的同时有助于降低感染中耳炎的危险。一种是最新型肺炎疫苗，另一种是流感疫苗。

仰卧或侧卧。这两种睡姿可以增加宝宝睡觉时的吞咽动作，从而促进中耳部位黏液的排出，降低致病菌存留的机会、减少感染的危险。

及时治疗，细心护理

中耳炎多数是能治好的，即在合理治疗和护理下能够完全痊愈，但如果发现太晚，除会出现感染扩散的危险外，由于治疗延误，还可能遗留听力下降等问题。宝宝患了中耳炎后一定要看医生，遵医嘱认真治疗，不能自行服消炎药，避免宝宝因未得到彻底治疗而留下后遗症。

咳嗽起来没完

宝宝感冒不可怕，但是感冒后持续不断的咳嗽却比较难缠。宝宝的咳嗽在晚间会更严重，导致宝宝睡眠不稳，妈妈扛不住了就会给宝宝喂化痰药、止咳药、消炎药。宝宝感冒后的咳嗽最多能持续一个月，只要不严重就无须着急，更不要为此服用抗生素。

不要自行服用抗生素

一天不超过十次的干咳，只需好好观察即可。但如果咳嗽痰多，同时影响了睡眠，或者同时伴有发热和呕吐，就需要及时找医生就诊了。

善于总结的妈妈对于这种一年会出现几次的复发性病症，应该具备了解决的能力，可以按照自己的判断经验性用药。吃止咳药并观察两三天，如果效果不好或病情加重，要及时找儿科医生诊治。

妈妈尽量不要自行给宝宝使用抗生素。抗生素能杀死所有的细菌，包括人体内原有的有益菌，从而在治病同时导致机体功能失调。长期或大剂量使用抗生素，由于体内敏感细菌被抑制，而未被抑制的细菌以及真菌则趁机大量繁殖，会引起菌群失调而二次致病。

是否应该给宝宝使用抗生素，要遵医嘱。

认清实质，心里不慌

咳嗽其实不是病，是人体的一种有用的反射。当人体的呼吸道受到外界的各种刺激时，神经末梢就立即给大脑里的延髓咳嗽中枢发出信号，为将“入侵者”赶出去，而产生咳嗽。

呼吸道黏膜表面的黏液纤毛清除系统可将病原微生物等“异物”排出体外，从而发挥有效的保护作用。据研究，一次感冒会导致气道表面的纤毛损伤，至少需要32天才再生至正常水平。所以，感冒后咳嗽持续一个月是正常的。

我不怕宝宝感冒，但对于他感冒后持续不断的咳嗽却心有余悸。

宝宝反复咳嗽而且病程长，建议用中药调理，局部理疗，同时注意增强宝宝的免疫力，如让他多做户外活动，适量运动，营养合理，饮食清淡，少吃甜、咸、干燥的人工加工的食物，生活规律，不要穿得过多，保持凉爽。

在宝宝稍有感冒迹象时，就从生活上开始调理，可以加速感冒痊愈，也就不会出现感冒后的咳嗽了。推荐的调理方法如下：晚睡前给宝宝搓耳朵、捏脊等。

如果发生交通意外

宝宝好奇心强，对危险的环境没有意识，而本身的自控能力和应变能力较差，遇到紧急情况难于应付，因而发生交通意外事故的概率较大。家长应做好预防措施和安全教育，避免交通意外发生。一旦宝宝发生交通意外，一定要及时进行救治，争取将伤害降到最低。

急救处理方式

发生交通意外后最重要的是沉着应对，立即拨打120或999急救电话，向110或122报警。如果妈妈是清醒的，要注意保护宝宝，防止司机对宝宝进行二次伤害。

在等救护车与警察到来的过程中，不要轻易移动受了伤的宝宝，尤其不要扭转宝宝的身体；检查宝宝的心跳和呼吸，如无心跳和呼吸，要立即进行心肺复苏。如果宝宝出血，要尽快止血，嵌入身体的异物不能轻易取出。

车祸发生后，无论伤势多么轻微，都要去医院检查。

其他情况处理方式

休克。让宝宝躺下，将其双脚抬高高于头部，有利于血液循环；用衣服或被子将宝宝包裹起来，以保持体温；宝宝昏迷不醒但没有严重的皮外伤，就让他侧躺。这能使血液流向口腔，并确保舌头不会堵塞气管。

出血不止。以干净的布块或棉花团盖住并压紧伤口；如果棉花团已被鲜血染湿，也不要将它拿开，继续加盖棉花团，并用力压住伤口；如果四肢没有骨折，应立即把双手或双脚抬高过心脏的位置。

严重骨折或关节脱位。如果四肢或关节红肿、疼痛，并且动弹不得，就可能是骨折或脱位。一般情况下，不要触碰伤处；用三角绷带加布料托着宝宝断骨或脱位的关节，以帮助骨头还复原位。

眼伤。如果有玻璃碎片或木屑进入眼中，不要触碰眼睛；如果没有任何物体飞入眼内，就用干净的纱布覆盖双眼，以减少眼珠移动的次数。

做好预防

平时要加强交通安全知识，让宝宝熟悉各种交通信号和标志，用歌谣的形式让宝宝记住基本的交通规则是很好的方法。

通过有趣的影片，如卡通、动画、故事书等，让宝宝了解安全的重要性，可以给宝宝穿戴颜色醒目的衣服和帽子，以提醒路上的司机。

2岁9个月发育监测

生长

你的宝宝	男宝宝参考值	女宝宝参考值
33月末时体重	10.9～17.6千克	10.4～17.3千克
33月末时身高	86.9～101.2厘米	85.6～100.3厘米
33月末时头围	(49.4±1.2) 厘米	(48.4±1.1) 厘米

发育监测

监测项目	发育状况
大动作发育	非常利索地跑步，还能用单脚跳着走。在游乐场鼓励宝宝参与跳、踢球、攀登、玩沙、玩泥等各项运动，提高动作能力
精细动作发育	热衷于参与家务劳动了，虽然常常是越帮越忙，但妈妈还是要爱护宝宝的积极性，并适当地分配宝宝一些力所能及的工作，比如拿洗衣粉、剥蒜、拿勺子等简单的劳动，这会让宝宝感到自己的重要性
感知觉发育	宝宝开始为自己完成了某个比较困难的任务而感到自豪，当父母对宝宝加以表扬时，宝宝也会为自己鼓掌 宝宝对颜色的好恶感十分明显。宝宝已经具备了分类的能力，可以根据大小、颜色、形状及材料进行归类
语言与交流	开始在兴趣引导下自觉地练习语言运用，可以表达自己的意愿，依偎在爸爸妈妈身边，也能插上几句话。经过这样一段美好时光，积累了丰富的词汇，3岁幼儿基本上能用母语表达自己的需求和看法，并能和父母及周围熟悉的人进行语言交流了 喜欢参加社交活动，尤其愿意参与年龄相仿的幼儿之间的活动。有了好吃或好玩的东西要学会与人共享。但还需要父母慢慢引导，言传身教

2岁10～12个月

入园准备期

生活&饮食&护理

重视视力发育

3岁之前的宝宝意识不到自己的视力问题，更不会将异常情况反馈给妈妈。妈妈要细心观察，及早发现异常，便于治疗。

妨碍宝宝视觉正常发育的眼疾有很多种，如眼镜屈光不正（包括近视、远视和散光）、弱视（在本书第133页已经做了介绍）、斜视及其他眼球疾病。

视力常规检查

眼睛发育的关键期是3岁以前，敏感期是9岁以前，在这个阶段，保护好眼睛，有问题及时治疗很关键。最好从出生时就开始检查视力。随着宝宝的发育，随时都会出现影响视力发育的因素，因此在宝宝长到1岁左右时，要进行一次视力检查。如果父母都高度近视，更应该重视这个问题。如果不幸查出了问题，3岁以前的治疗成功性非常大。

3岁以后，可以做一次散瞳验光，以彻底了解宝宝的眼睛健康情况。

家庭自查方法

观察看物姿势。如果宝宝看书、玩玩具、看电视时常常靠得很近，或歪着头眯起眼睛看东西，妈妈就要注意宝宝是否有视力异常。

看画片测试。宝宝还不懂看视力表，父母可以做以下试验：分别遮住宝宝的眼睛，让他单眼看0.5～1米处的一张画片，如果两眼分别看时都能讲出画片内容，说明两眼视力相似，无明显视力下降。如果用某一只眼看画片时说错画片的内容，或者宝宝很烦躁，急于想打开被遮盖的眼睛，这提示未遮盖的眼睛视力可能有异常。当然，画片的内容必须是宝宝熟悉的，在宝宝高兴配合时反复多做几次才行。假如几次试验结果都异常，应该请眼科医生进一步检查。

冬季抗寒食物

从养生的角度讲，冬季是收藏的季节。对宝宝的护理除了减少外出活动外，还要在饮食方面稍加注意。

冬季好食材

暖胃食品。包含大枣、山药、扁豆、黄豆、菠菜、胡萝卜、土豆、南瓜、香菇、桂圆等。

润燥食品。萝卜能润喉清嗓、降气开胃、除燥生津；另外蘑菇、苦瓜等均有润燥功效。

黑色食品

黑米、黑豆、黑芝麻等黑色食品不仅营养丰富，而且大多性味平和，补而不腻，食而不燥，对处在成长发育阶段肾气不足的宝宝尤其有益。

各种米粥

粥是特别适合宝宝的食物。宝宝肠胃功能弱，而因为熬煮的时间长，粥里的营养物质析出充分，所以粥不仅营养丰富，而且容易吸收。冬季喝热粥，特别有利于宝宝吸取热量和营养。

除了腊月里常吃的“腊八粥”以外，对于宝宝来说，山药粥、肉末粥、糯米红枣百合粥、小米牛奶冰糖粥等也很适宜冬天喝。此外，还有养心除烦的小麦粥、消食化痰的萝卜粥、健脾养胃的茯苓粥、益气养血的大枣粥等也是不错选择。

其他抗寒食物

羊肉。冬季是吃羊肉进补的最佳季节，将羊肉与一些中药配合并制成药膳功效更好。

板栗。栗子性味甘温，入脾、胃、肾三经，适用于小儿脾胃虚寒引起的慢性腹泻。

胖头鱼。胖头鱼有暖胃、补虚、化痰的作用。体质虚弱的宝宝宜多吃胖头鱼的鱼头。

杂粮蔬菜。冬季让宝宝多吃玉米、高粱米、红小豆等杂粮，黄豆及豆制品以及菠菜、芹菜等也是十分有益的。

游乐场设施的选择

户外游乐场的设施更适合大一些的宝宝玩。妈妈可以视宝宝的发育状况选择适合玩的项目。一般来说，以下项目的危险性相对较小。

荡秋千，骑着玩

秋千有不同的类型，目前应选择马鞍式秋千，宝宝骑着坐上去；也可以选择轮胎压缩后的块状座位。一片式秋千晃前晃后，目前宝宝还把握不好，不宜玩。最好不要选择金属椅子秋千。

此外，秋千链条的孔洞必须小于0.8厘米，这样宝宝的手指才不会被卡到受伤，链条最好有塑胶管包裹。

秋千荡起来后的高度也要严格控制，以宝宝开心玩耍为宜。宝宝表现出害怕时，要减慢晃动速度。

跷跷板，妈妈要参与

跷跷板是配合型项目，需有人配合才可以玩。宝宝坐好了以后，妈妈在旁边扶着，由爸爸在对面用手掌压动跷跷板。爸爸要掌握好力度，不要让宝宝感到害怕。妈妈抱着宝宝与爸爸对坐玩也可以，即便是宝宝加妈妈，体重也可能不及爸爸。所以一家人玩跷跷板时，爸爸是游戏的主要掌控人。

要选择小型跷跷板让宝宝与小伙伴对坐玩，以跷到最高时脚不离地为选择标准。

攀爬架，妈妈守在身后

使用攀爬架时，需留意两旁是否有扶手，如果攀爬架门户大开，旁边没有任何屏障，就容易发生危险。另外需注意攀爬架的绳网宽度是否够密，宝宝的脚宽约为4～8厘米，只要做到这个宽度，让宝宝能踏上去就可以了。

玩攀爬架时，父母要守在身后告诉宝宝攀爬技巧。在宝宝出现攀爬困难时，要施以援手。

在游乐场，想让宝宝尝试相对有挑战性的项目，他却不敢去。此时，鼓励不起作用了，只能顺其自然。

如果想要宝宝挑战有点难度的项目，要在宝宝不抵触的情况下先由爸爸、妈妈带着他一起玩。宝宝表现出害怕是正常的，尽量不要强迫宝宝。

开始独自入睡

现在，宝宝的大脑发育以及生活经验的积累使得他们能够理解并接受许多道理了，一些生活习惯可以逐渐调整到大宝宝的方式了。是时候训练宝宝自己入睡了。尤其是面临入园的宝宝，更应该自己入睡了。

必要的铺垫

可以通过小故事或直接讲道理的方式让宝宝明白，独睡对身心发育有好处。

家长可以带宝宝到小朋友家串门，爸爸妈妈有意识地当着宝宝的面询问小主人跟谁睡，别忘记夸张地给予赞美："你真棒！一个人睡一张床！"

回家之后，可以不时在宝宝面前提到这个已经独睡的宝宝，并试着建议他独睡。虽然开始宝宝不愿意，但这样的沟通进行几次后就会产生作用。

大床入睡，小床清醒

开始训练宝宝独睡时，妈妈可以先把小床放在大床的一侧，让宝宝先睡在大床，哄宝宝入睡，等宝宝睡着后再把宝宝单独放到小床上。清晨宝宝醒来时，要及时出现在宝宝面前安慰他，并以愉快的情绪感染、鼓励宝宝："宝宝真了不起，睡自己的小床，宝宝长大了!"

先分床后分房

爸爸、妈妈要在小床边给宝宝充分的爱抚，使他感到安全和温暖。爸爸妈妈可以在白天加大宝宝的活动量，晚上避免激烈兴奋的刺激，从而使宝宝产生睡意；同时还可引导宝宝听故事或欣赏舒缓的音乐，起到平静心理及催眠的作用。在宝宝可以顺利地独立入睡以后，爸爸妈妈就可以尝试同宝宝分房睡了。

晚上，宝宝习惯搂着我睡，夏季天气太热，我尝试着让宝宝自己睡，他很难接受，紧紧抓住我不放手。

让宝宝好好睡觉是妈妈的责任，搂着睡让他无法深睡，长此下去，妈妈得不到好休息，宝宝也不能好好成长。对待让宝宝一个人睡这个问题的处理方式上一定不能草率，一定要正确引导，应根据每个宝宝的不同情况采取适宜的方法。

户外游乐园，好好陪护

宝宝马上就满3周岁了，已经不满足于只在室内游乐园玩了，爸爸妈妈可以试着带宝宝去户外游乐场玩。相对于室内游乐场而言，户外的更适合胆大、活动力强的宝宝玩，但是危险性也增加了，所以妈妈要做好陪护。

合适的着装

宝宝穿的衣服上不要有绳子，不宜戴围巾，这些都是勒伤宝宝的潜在隐患。男、女宝宝都要穿运动长裤，合身有束口的为佳，方便运动，同时还可以保护腿部；不要选择宽松或喇叭式长裤，因其很容易被自己踩到而绊倒发生危险。

女宝宝不要选择过长或过于肥大的裙子；要穿舒适的运动鞋。

教宝宝安全常识

妈妈要不时给宝宝灌输游乐设施的正确使用方式、该如何保护自己的安全，同时还要告诫宝宝在游戏时不可以危害到其他小朋友玩。

妈妈应随时注意与提醒宝宝基本的安全常识。例如：不带尖锐物品入游乐场，感觉身体不适时要停止游戏，坐着荡秋千，不逆向攀爬滑梯，排队上下楼梯不推挤，不在摆荡设施周围逗留等。

用心陪伴

宝宝玩游乐项目时，父母必须全程陪伴，不要只是坐在一旁看宝宝玩。带宝宝结伴去游乐场玩耍的妈妈们更要注意，不要只顾聊天而忽略宝宝们的安全问题。

很多意外状况是在刹那间就发生的，如果家长的视线都在孩子身上，一旦出现危险时，就能给予紧急救助。

留意周遭环境

父母应对环境安全保持敏感度与警觉性，先观察其周边环境是否安全，如地面、柱角或墙面有无防撞措施，有无尖角突出物（石头造景、树枝树干、栏杆围篱等）。地面应平坦不湿滑，天气炎热钢铁材质设施温度高易造成烫伤、雷雨天气则易遭电击。

能吃不胖有因

食物的滋养功能是通过它所含有的营养素来实现的。宝宝吃得多，摄入营养素多，就该长胖，这是有一定道理的。但是，宝宝的生长发育所需的营养素不仅数量要充足，而且质量必须符合机体的需要，同时还要有正常的消化功能，否则会出现吃得多还长不胖的现象。

能吃不胖的原因

消化功能差。食物的消化、吸收差，吃得多，拉得也多，食物的营养素未被人体吸收、利用，这样宝宝就长不胖。

食物质量差。在有些食物中，主要营养素蛋白质、脂肪含量低，如果长期吃这类食物，摄入量虽多，但体重却不增加。

消化道寄生虫。如蛔虫、钩虫、绦虫等，摄取和消耗了肠道内的营养物质，使机体处于饥饿状态，宝宝根本不能长胖。

活动量大。个别宝宝性格活泼、好动，一会儿也闲不住，活动量极大，所摄入营养素跟不上运动量的需要，宝宝也长不胖。

内分泌系统疾病。当宝宝患有内分泌系统疾病时，也可表现为吃得多，体重下降，体质虚弱。

合适的应对措施

改善饮食结构。妈妈要从改善食物的营养与质量入手，争取让宝宝多吃有营养的食物。在这方面来说，妈妈的心血不会白费，付出一分就会有一分收获。

增加食物量。对于活动量大的宝宝，要适当增加食物量，及时调整营养结构；宝宝在快速生长的阶段，也会出现胃口大开、只吃不胖的情况。妈妈要关注宝宝的体检报告，一段时间内如果身高增长迅速，要增加食物的供给。

此外，如果宝宝很瘦弱，要带他去医院做全面体检，查找原因，诊断明确后要及时治疗。

宝宝吃饭时多时少，身体有些瘦，令我有些担心。

一般来说，宝宝吃到成人正常食量的一半就已经足够了。体重轻的宝宝可以在食谱中多加一些高热量的食物，配上蕃茄鸡蛋汤或虾皮紫菜汤等，开胃又有营养，有利于宝宝增加体重。

不吃汤泡饭

有些父母觉得菜汤有营养、米饭泡软点儿容易咽，宝宝吃汤泡饭既能吃饱又有营养，所以经常给宝宝吃汤泡饭。汤泡饭是老年人喜欢的吃法，带着宝宝的老人图省事或者因为习惯，也会以汤泡饭作为宝宝的主要食物。

其实，从宝宝的快速发育期对营养的需求及咀嚼能力的锻炼角度考虑，都不宜常吃汤泡饭。

吃汤泡饭的危害有以下几点。

易有饱胀感。用汤泡过的饭，其容量会增加，吃了以后很容易感到胀饱，每餐相应的摄入量就会减少。经常吃汤泡饭会使宝宝一直处在半饥饿状态，甚至影响到发育。

咀嚼不充分。吃泡饭虽然便于吞咽，但同时会因食物粉碎不充分而减少唾液的分泌。唾液分泌过程可清除和冲洗附着于牙齿及口腔的食物残渣，唾液中还有些溶菌酶，有一定的杀菌、抑菌作用，这对于预防龋齿和牙周疾病有重要作用。另外，咀嚼运动可以促进牙、颌、面的正常发育，促进局部血液循环及淋巴回流，增强代谢。若咀嚼不充分，则这些功能也就减弱了，严重时会影响面部肌肉的对称和美观。

食欲减退。吞食泡饭减少了咀嚼动作，也会相应地减少咀嚼的反射作用，引起胃、胰、肝、胆囊等分泌消化液的量减少。而没有经过细致磨碎的食物大颗粒直接进入消化道，需要消化器官分泌更多的消化液，并获得更多的能量来进行消化。时间久了，宝宝食欲就会逐渐减退。

影响消化。不经咀嚼的饭会增加胃的负担，而过量的汤水又会将胃液冲淡，从而影响食物的消化吸收，时间长了还容易引发胃病。从这个角度来讲，妈妈应该尽量让宝宝细嚼慢咽，也不宜喂食宝宝汤泡饭。

宝宝喜欢在吃饭的时候喝水或喝汤。有时会边吃边玩，直接就把菜与米饭、汤混在一起吃上了。

鸡汤、鱼汤、肉汤味道鲜美可口，可以刺激胃液的分泌，也可增加些食欲。吃饭时，妈妈可以先给宝宝喝些汤开胃，然后再吃饭。

入园物品清单

为了宝宝更快适应幼儿园生活，除了必要的心理准备和自理能力训练，入园用品的准备也是一项重要内容。有的幼儿园要求统一购买被褥、洗漱用品，有的则要求自己准备。入园前，父母应打听好相关事宜，以免重复准备造成浪费。

准备衣物

妈妈应为宝宝准备3~4套换洗衣服，容易尿裤子的宝宝还要再多准备两套，备用裤子要常放在幼儿园。衣服纯棉质地最好，尺码不要太大、也不要太瘦，最好是有兜、开身的，穿脱更方便。

女孩的衣服不要有太多装饰物，如果女孩梳着辫子，最好梳简单的发型，不戴过多的饰品。男孩最好不穿带拉链的裤子。一定要给宝宝穿内裤，避免肚子受凉。秋冬季室内外温差大，准备一薄一厚两件小背心十分必要。

所有的衣物（包括被褥）上都要绣上宝宝的名字。

父母总怕宝宝着凉，因而容易给他穿得过多，户外活动时必然出汗，被风一吹极易感冒。其实宝宝火力壮，穿衣服应比成人少一些，加衣服也应适度。

如何准备鞋子

一般幼儿园都会要求准备一双室内鞋和一双室外鞋。室内鞋以跟脚、轻便的布鞋为好，鞋底要防滑，防止宝宝上洗手间滑倒。室内鞋不能用拖鞋，防止摔跤。室外鞋以旅游鞋、运动鞋为宜，适合跑跳活动。夏天的凉鞋要穿前边包头的，防止在奔跑游戏时绊到东西，弄伤脚指甲。

可在鞋子表面贴上卡通图片，帮助他分清左右。如左鞋贴上猴子的左半脸，右鞋贴上猴子的右半脸，穿对了合在一起就是一个完整的猴子脸。

安慰物品

如果宝宝依赖性较强，为了减轻宝宝的分离焦虑，可以给宝宝带上他平时喜欢的一两件玩具。如果宝宝离开家人午睡困难，可以给宝宝准备好他平时用的小被子或者小枕头等安慰用品。

在宝宝入园后的第一个冬季，每日的接送都是大问题，尤其在刮大风的寒冷天气。

有私家车接送的宝宝无须应对这个问题。没有私家车接送的宝宝，妈妈要为他准备一个厚垫子（放在自行车后座）、厚棉裤、厚围巾，去幼儿园或者回家的路上，要给宝宝包裹严实。

入园前一天与当天

对任何一个家庭来说，宝宝离家入园的那一天都是生活的大转折。入园的前一周与后一周，全家人都在紧张不安中度过，一直带着宝宝的妈妈的焦虑更甚。准备工作做得再细致，也总担心不够。

前一天，收拾好入园装备

把准备好的内衣裤、袜子、外套、室内鞋等生活用品和写给老师的信放在一个包里，方便第二天拿着就可以离开了。

所有的衣物都要方便宝宝自己穿脱。这会最大限度减少宝宝的小麻烦。

如果宝宝有离不开的依恋物，比如小毛巾、布熊、小娃娃等，带上也无妨。

准备一些奶制品或其他宝宝喜欢的小食品，可以在宝宝情绪焦虑、食欲降低的时候吃。

在宝宝情绪好的时候，妈妈可以选择一些幼儿园里能够引起宝宝兴趣的话题聊一聊。

入园前一晚一定要早早睡，以保证宝宝有充足的睡眠，减少第二天的焦虑。

当天，有条不紊

早起。爸爸妈妈早点起床，给宝宝留出充裕的时间穿衣、上厕所，按照幼儿园的作息要求准时到园。

与同伴同行。与熟识的宝宝们一起结伴开始幼儿园新生活，有助于更快适应新生活。

平静地道别。每个宝宝的表现不同，虽然大多数宝宝都会哭闹，妈妈还是要平静地和宝宝道别，并坚决地告诉他：“妈妈等你吃完晚饭就来接你。”

同老师电话沟通。如果妈妈担心宝宝会在自己离开后哭闹，可以和老师商量，在其工作方便的时候进行电话沟通。不宜在宝宝面前表现出非常担心、挂念的情绪或言语；不宜在宝宝面前对老师千叮咛、万嘱咐，表现出迟疑不定的样子。

准时接宝宝回家。入园第一天妈妈要准时接宝宝回家。回家后也不要太多地询问宝宝在幼儿园的生活，如果他愿意讲就同他聊一聊。

入园后，关注消化问题

宝宝入园后，妈妈无须对正规幼儿园内的饮食质量担忧，无论从制作方法还是营养的角度考虑，都不会比在家里逊色。如果宝宝的自理能力比较强，与小朋友们一起进食的胃口也要好过在家里。

判断宝宝在幼儿园的进食情况如何，可以从观察其消化情况入手。

适应园内进食方式

完全不同的进食习惯。多数宝宝在家里是想吃就吃、爱吃的就多吃、不爱吃的就不吃，可以随时开饭，有人喂、有人哄、边吃边玩；而在幼儿园里，所有的生活都讲究科学的作息规律和安排，用餐规定时间和地点，宝宝不可以跑来跑去吃饭。他们不仅要学着自己吃，还样样东西都要吃。这是一个大转变，需要一个适应过程。

吃好晚餐。幼儿园的营养配餐基本能满足宝宝成长所需的营养，妈妈要多关注幼儿园菜谱中容易缺少的营养，在晚餐中再给宝宝添加一些食谱中没有的食物。

关注消化吸收情况

一般来说，上幼儿园的宝宝很少因为营养不良而引发健康问题，但宝宝可能会出现一些消化问题，比如呕吐、便秘等。为此，妈妈要多和老师沟通，把自家宝宝的异常情况及时告诉老师。宝宝爱呕吐，就要请老师提醒宝宝进食时要细嚼慢咽；宝宝易便秘，回家后要多让他进食蔬菜、水果、酸奶等。

妈妈可以通过观察宝宝的大、小便情况来判断宝宝的消化吸收及健康状况。

宝宝身体不适时，园内也会为宝宝准备病号饭，妈妈要向老师仔细打听病号饭都吃些什么，回家后，再补充一些病号饭中没有的食物。

宝宝入园了，回家后往往不愿意吃晚餐，但会在晚上8~9点时表示饿了，要吃东西。这种表现与幼儿园内最后一餐一般安排在下午4:30有关。

妈妈可以在晚餐时让宝宝吃一些水果，晚餐时给宝宝留出一份，等睡前1小时再给宝宝少吃一些。

家庭教养

多些亲子时光

现代社会人们的生活都是快节奏，生活的诸多压力可能会将爸爸妈妈栓牢在工作上，挤占了与宝宝享受更多亲子时光的机会。

也有部分爸爸妈妈却会因良好的家庭条件而将精力放在自我享受上，把宝宝丢给保姆或者老人带。属于这种情况的父母要转变育儿态度了。

总能挤出时间

爸爸妈妈或许没时间把精力放在宝宝的教育上，实际上现阶段宝宝更需要的是爱，让宝宝身体和心理都能健康发展更关键。

给宝宝的关爱不一定非要守在一起时才能实现。上班休息的间隙可以给家里打个电话，告诉宝宝妈妈爱他，问问宝宝在玩什么，有没有想爸爸妈妈。即便只是几分钟，宝宝也能体会到来自父母的爱。

下班回家以后，尽量多与宝宝待在一起，和他一起吃饭，陪他洗澡、睡觉，听他说幼儿园里的事，给他讲故事……

一起做家务

妈妈。妈妈下班回家做家务时，不要把宝宝丢给电视机或者游戏机，而要让宝宝参与进来，在与妈妈一起择菜或者给妈妈打下手的过程中，母子俩借机聊聊天。在这个过程中收获的不仅是美好的亲子时光，还可以锻炼宝宝的自理能力。

爸爸。爸爸下班刚进屋，可以让宝宝帮忙取拖鞋、擦脸毛巾；爸爸休息时可以让宝宝将最新的报纸拿给爸爸看。

穿戴整齐上学去

开始幼儿园生活的宝宝逐渐开始学会比较，如干活要比快、入园要比早、服装要比好。虽然有些比较项目的参照物选择本身就存在问题，但对于不懂事的宝宝来说，说服起来并不容易。这是成长的必经阶段，随着时间的推移，在接触的人与环境更加纷繁复杂的基础上，宝宝逐渐会建立自己健康正确的参照系。

早睡早起为上学

宝宝入园后，晚上入睡时间不宜晚于9点，尽量在9点半之前睡熟。只有保证了充足的睡眠，才能使宝宝按时醒来配合穿衣洗漱。

很多宝宝在闹铃响了以后还处在睡意朦胧的状态，好一些的只是机械地配合妈妈给穿衣服，比较难对付的还有打挺哭闹不愿意起床的情况。

妈妈平时要多给宝宝灌输时间概念，在什么时间应该起床，什么时间应该出门。即便平时宝宝表示懂了，但在正经需要实施的时候又会不管不顾，这是宝宝的特点，他毕竟还是个孩子，还没有足够的自控力。

服饰整洁

宝宝自己玩耍时不懂得爱护服装，折腾得一身泥土、饭渍，但却会要求穿戴整齐上学去。他感觉衣服不干净就会拒绝穿。夏季宝宝的服装几乎每天都需要清洗，至少要备足三套以供替换着穿。

其他季节的衣服也要两天一洗才够用。冬季的羽绒服至少要准备两件，两天一换，每换一次都需要用湿毛巾擦一次，每周要里外都擦一次。为了不损害到羽绒服的保暖性，最好一季清洗一次。

入园一段时间以后，宝宝开始挑剔我给他准备的服装了。一周总会有几天因为我准备的服装不是他喜欢的而拒绝穿，眼看就要到园内的早餐时间了，他还在磨蹭不愿出门。

并不是每个宝宝都会这样，妈妈最好先了解宝宝的特点，针对其特点想出应对措施。可以在前一天就征求宝宝的意见，让他根据次日的天气状况选择一套衣服，这样宝宝就会爽快出门了，这个难题就会妥善解决。

有条理地生活

做事有条理是保证效率的前提。但现实生活中，很多大人做事也存在东一下西一下、乱七八糟没有头绪的问题，想要改变也不易。对于还不懂事的宝宝，怎样才能让他成为一个有条理的人呢?

作息要合理

之前有很多章节都提到过规律作息的培养方法及其重要性，目前这个阶段，要将一贯以来的作息时间调整为入园后的作息时间。妈妈要根据宝宝的年龄特点和家庭条件，将每天起床、睡觉、做游戏、看动画片、学习及家务劳动的时间都重新进行调整并固定下来。

在实际生活中，按作息表来进行日常生活并不容易。影响到作息的因素太多了。比如，妈妈要招待客人；换台换到了一个更好的动画片；爸爸回来晚了宝宝见不到爸爸就不睡觉等。妈妈不能轻易放弃，要鼓励宝宝坚持。

以身作则，条理化

父母做事，首先要表现出一种强烈的责任感，以自身认真负责的态度影响宝宝，这同时也是对自身的一项挑战。

做家务时要手脚勤快、有条理，比如起床后顺手收拾好床铺；清扫地面的同时就把沙发、电视柜、门口的鞋架顺手收拾利落了；脏衣服不乱放，换下来直接放到洗衣机中并定期清洗；上班前要保证家里的清洁与整齐。切忌每一项清理都只做一半后就出门了，留着返回后再接着做。

宝宝正在将生活习惯逐渐刻入自己的秩序系统中。妈妈稍有松懈就可能培养出一个东西乱放、生活习惯凌乱的宝宝。未来宝宝成天追着妈妈问自己的玩具放在哪里了，那时妈妈才真要抓狂了。

宝宝的生活有很强的随意性，自我控制能力很差，常常会一件事没做完又想着做另一件事，杂乱无章、缺乏条理。我经常需要帮他善后。

最好在宝宝的秩序敏感期培养条理性，也就是在0～4岁。宝宝在适应的过程中，情绪上需要一个相对稳定的环境，在有规律的生活节奏下，宝宝才能更好地感知和积累经验。

安度入园焦虑期

宝宝入园后因焦虑而产生强烈的抵触及哭闹行为都是正常的，对于不同的宝宝而言，这个焦虑期有长有短。

适应能力强的宝宝只需一个月，适应得差些的宝宝甚至需要半年；适应力好的宝宝喜欢上幼儿园，适应力差的宝宝即便度过了最初的一周，未来很长一段时间还会反复出现清早送园难的问题。

对此，爸爸妈妈要足够耐心，帮助宝宝更好地适应幼儿园生活。

入园前，减少依恋

充分的心理准备。让宝宝对上幼儿园提前有个心理准备是非常必要的。可以在入园前多带宝宝去幼儿园熟悉环境。

给独处时间。可以在家里利用橱柜或桌椅隔出一个独立的空间，让宝宝体验没有成人注视的感觉，在那里游戏、看图书等，培养宝宝的独立能力，减轻宝宝对成人的依恋感。

积极的暗示。爸爸妈妈首先要以积极的心态面对宝宝入园这件事，生活中对宝宝影响最大的莫过于父母，当宝宝察觉到爸妈的动摇心态时，会强化他不愿上幼儿园的想法。

入园后，加强沟通

鼓励积极表达。幼儿园内多是三四位老师带着二十多个宝宝，不善于表达的宝宝很容易被老师忽视，所以要告诉宝宝有什么需求去跟老师说，相信老师就像妈妈一样能够帮助自己，爱自己；爸妈也要告诉宝宝正确对待老师的批评，并与老师及时沟通，尽快消除宝宝由此产生的负面情绪。虽然现在宝宝不见得能理解妈妈的真正意图，提及的次数多了就会起作用。

回家后，多方打听。当宝宝从幼儿园回到家，爸妈可以问他在幼儿园里都学了些什么，今天最高兴的事情是什么等，了解宝宝的心理感受，及时帮助宝宝消除一些情绪问题。

行为习惯

迫切需要朋友

原来外出时很少关注其他小朋友的宝宝，现在要求找小朋友玩。每次出去玩，他都流连忘返，甚至主动叫哥哥、姐姐、弟弟、妹妹，主动和人打招呼。但是，限于技巧不佳，这种交往的开始有点扭扭捏捏，效果不理想。

妈妈不要着急。要知道，社交技能需要逐渐培养。

社交能力忌盲目定性

妈妈可能觉得自己的宝宝胆小害羞，不敢交朋友；或者听其他宝宝的家长说到自己宝宝不喜欢和其他宝宝玩儿等。妈妈看待宝宝的观点现在不应该被定性，因为宝宝还有很大的可塑性。爸爸妈妈首先要相信宝宝，相信他能够与小伙伴们和睦相处。

害羞宝宝，要鼓励

妈妈可以试着让害羞的宝宝和比他更小些的小宝宝多玩一玩，这样有助于宝宝获得足够的人际交往自信。在这个过程中积累起来的技能逐渐可以用在与同龄宝宝的交往过程中，能使宝宝逐渐开朗并勇敢起来。

在宝宝和其他孩子们玩的过程中出现争执时，爸爸妈妈不宜当着很多的人面责备宝宝。宝宝虽小，自尊心却很强，被如此对待后，会越来越惧怕与他人交往。

想要让宝宝交到朋友，没有捷径可走，唯有加强实践这一条路。

陷入攀比困局

对于宝宝来说，爱攀比不一定是坏事，关键在于妈妈要正确引导。引导得当，会使攀比行为成为激励宝宝向上的动力；引导不当则容易使宝宝陷入自怨自艾的消极状态中。妈妈关键要掌握好方法。

反攀比

宝宝们在攀比的时候，最典型的理论就是“别人都有，我也应该有”。对待这样的念头，比较快速有效的办法是实行反攀比。比如：其他宝宝家虽然买了车，可以经常出去旅游，可是你能坐火车啊。坐火车要比坐汽车舒服多了。

只要妈妈用心挖掘能够说服宝宝的理由，相信宝宝一定能理解。

改变攀比点

宝宝的攀比心理说明宝宝内心有竞争的意识，有超越别人的愿望。妈妈可以抓住宝宝这种上进心理，改变他攀比吃穿、消费的倾向，引导宝宝在学习、才能、毅力、良好习惯方面与他人进行比较。比如：当宝宝要求妈妈买和邻家宝宝一样的衣服时，妈妈可以引导宝宝关注邻家宝宝举止优雅，懂礼貌，让宝宝向他学习。

把攀比变成动力

当宝宝在攀比时，妈妈可以告诉宝宝要通过自己的努力去实现愿望，从而巧妙地将攀比变成动力。如：孩子跟别人攀比遥控车的数量和档次，父母就可以鼓励孩子积攒零花钱自己购买遥控车，或者进一步引导孩子查找资料、购买遥控车零件进行组装，从而形成节约的意识，养成动手动脑、发明创造的良好行为习惯。

纵向攀比

不妨多鼓励宝宝自己和自己比。例如，让宝宝今天和昨天比，这个月和上个月比，现在的画与以前的画比。在自身不同阶段的比较中，宝宝会经常看到自己的进步，原来不懂的道理渐渐地懂了。

我家宝宝表现出了一定的攀比心理，不管是玩游戏还是做家务，我以比赛为目的引导宝宝积极参与，宝宝就要求自己总处在第一位，他不愿意接受我或者小伙伴超过自己的事实。

妈妈要想办法改变宝宝的这种心态，接受别人的强项，以欣赏的眼光来看待别人出色的地方。父母在家里不宜当着宝宝夸奖别的宝宝，更不应该拿宝宝与其他宝宝相比。

爱啃指甲怎么办

妈妈一般会定期给宝宝剪指甲，有一段时间却会发现宝宝的指甲不长了。经仔细观察，发现指甲边缘显得参差不齐，此时妈妈才会发现宝宝自己把指甲咬下去了，还会选择妈妈不注意的时候悄悄咬。

啃指甲有因

三种情况可能会导致啃指甲：缺乏微量元素、精神紧张或单纯是一种坏习惯。

1. 到医院进行微量元素检测，之后再进行有目的的补充。

2. 精神紧张也可能使宝宝发生啃指甲的行为。

3. 宝宝对指甲产生了好奇，仅仅是某一次啃了一下指甲，突然对啃指甲发生了兴趣，或因为指甲过长，没有及时修剪而感觉不舒服就开始啃咬，逐渐就使宝宝养成了这样一个坏习惯。

应对技巧

及时剪指甲。这样可以有效防止因为指甲太长不舒服刺激这种行为，只要这种行为还没有发展到病态的地步，及时修剪指甲会使宝宝在想啃的时候没有可啃的，逐渐就会对这种行为失去兴趣。

看淡这种行为。宝宝啃指甲更多的是一种无意识行为，妈妈的呵斥恰恰是在提醒、强化他对这种行为的关注，而过分关注只会加重这种行为，并依赖这种行为来排解自己内心的压力。

消除紧张。搬家、父母离异、新入幼儿园、被父母忽略、在幼儿园被老师训斥、被小朋友们冷落等，都可能导致宝贝产生心理压力。父母要多一点时间与精力关注他，通过观察或者询问他周围的人去了解宝宝可能经历了哪些对他构成压力的事情，然后想办法帮助他摆脱这些压力。

一想到宝宝在咬掉指甲的时候，要把指甲缝里的脏东西都吃进肚子，我就担心，怕宝宝患寄生虫病或其他疾病。

有啃指甲癖好的宝宝，妈妈要给宝宝做一个寄生虫检查。可以从医院拿一个取便盒，在宝宝便后取样本，在2小时之内送到医院检查。

入园初期的不适应表现

入园初期，每个宝宝都会经历一段不适应的过程。每个宝宝的表现也有不同，但多数会在半个月内逐渐接受幼儿园生活。妈妈无须特别担忧。

变得爱哭闹

1. 宝宝基本是以哭闹不去幼儿园为主要表达方式，早晨不起床，不穿衣服，不洗脸，不出门。

2. 哭红眼睛、哭哑嗓子、睡梦中惊醒哭闹甚至生病等。

3. 有的宝宝会持续几天大哭大闹，几天后明显好转。

4. 有的宝宝哭闹不厉害，但时间较长，甚至会延续数月。

这种哭闹一般会持续一周到一个月，如果家庭配合适当，一般情况下一个月后基本都能逐渐适应。妈妈应该充分理解宝宝的心情，让宝宝时时感受到父母的关爱，这能使宝宝更快适应环境。

经常生病

宝宝进入幼儿园后接触各种病毒、细菌的机会增加，交叉感染的机会也随之增多，而宝宝的免疫系统直到6岁左右才能基本发育完全。因此，在这个阶段更易受到外界病菌的侵害。

妈妈要保证宝宝的作息规律，多带宝宝出去晒太阳，进行户外运动，增加肺活量和血液循环，以增强宝宝自身的抵抗力。除此之外，注重营养均衡，对提高抵抗力也很重要。

其他的不适应

全新的小集体生活对宝宝的语言、学习和社交能力也是一大挑战，入园后，上述能力会循序渐进得到提升。妈妈平时应多带宝宝参与游戏。在饮食上也可多摄入鱼类、核桃等坚果和奶制品，以补充DHA等营养素，帮助宝宝的智力发育。

我们很认真地与老师在家园联系册上详细沟通，将宝宝在家里的表现一一记录，也得到了老师很中肯的建议。同时不忘将宝宝可能会出现的问题及时通知给老师，比如宝宝有点上火，请老师关照宝宝喝水；在家进食少，就请老师费心关照宝宝进食，以免营养不良甚至生病。

家长与老师沟通详细有助于老师把握宝宝在家里的情况，可以减少宝宝出现不适症状的概率，以更快适应幼儿园生活。

早期教育

单脚跳跃

宝宝单脚跳跃是在能够熟练做“金鸡独立”动作的前提下进行的运动项目。金鸡独立需要身体有良好的平衡能力，能调整重心落在单脚上，单脚跳需要在这个基础上身体的协调能力更进一步。掌握了这项运动能大大扩展宝宝的娱乐项目。

一起来跳房子

单脚跳已经很熟练的宝宝，一家三口可以进行如下游戏了：

1. 爸爸在户外水泥地上用粉笔画出一些连在一起的格子，里面写上数字。

2. 先让宝宝指认这些数字，接着根据妈妈的指令向有相应数字的格子里跳。

3. 擦掉房子里面的字，让宝宝凭记忆按照爸爸的指令跳。

4. 妈妈和宝宝比赛（单脚、双脚跳），看谁跳得对，跳得快。

逐渐增加难度

宝宝单脚跳的能力有限，可以将单脚跳和双脚跳结合起来，让宝宝达到目标就可以了；也可以在这个游戏中由妈妈给宝宝提供支撑，让宝宝扶着妈妈单脚跳。

随着宝宝能力的增强，可以准备一个沙包，让宝宝先用手准确地投掷“第一间房子”，然后用单脚蹦入，再用单脚把瓦块或沙包按顺序在房内一间一间地踢，转一圈后再从入口退出，接着再进入其他“房子”。

也可锻炼平衡与运动能力

跳房子时，需要把握好扔沙包的力度，才能跳中既定的“房子”，在这样的游戏中，宝宝的空间感、肌肉控制力都将得到训练，宝宝在单脚跳和双脚跳时，可以有效地锻炼宝宝的平衡能力与运动能力。在游戏过程中，需要遵循一定的秩序，但是中间又有变化，并且这些秩序与变化遵循一定的规律，有助于宝宝了解各种逻辑关系。

使用安全剪刀

多数父母对宝宝使用剪刀持反对意见，原因显而易见：太危险了，戳到眼睛里、手上可不得了。让宝宝使用剪刀很有意义，不仅可以促进宝宝手部小肌肉灵活性的发展，更能训练其良好的手眼协调性。同时还能够让宝宝认识形状，增加方位感，对于兴趣爱好、自信心等的培养都有一定的帮助。

绝对安全的剪刀

市场上有专为幼儿准备的安全剪刀，这样的剪刀有两种：一种是纯塑料制品，两部分刀片也是塑料，以刀片贴得很紧来达到切断纸片的目的，这样的剪刀需要宝宝手上的力度大一些才好用；另一种是将金属刀片夹在塑料中，只露出一细条金属刀锋，以达到切断纸片的目的。上述两种剪刀的头都有一定的弧度，宝宝使用这样的剪刀是绝对安全的。

循序渐进练剪刀

在使用剪刀的过程中，妈妈要示范，并告诉宝宝用力的方法。

胡乱剪。宝宝刚开始使用剪刀的时候，妈妈要把重心放在教宝宝正确使用剪刀上。可以给宝宝一张纸让他胡乱剪，剪成什么样子并不重要，重点在于让宝宝熟悉剪刀。

剪直线。宝宝的手不够灵活，拿剪刀的时候手指力度小，剪刀剪开的口子较小，所以就应该让宝宝剪直线。可以让宝宝剪出猫咪的胡须、太阳公公的光芒等。

剪几何图形。学会了剪直线以后，宝宝就有了一定的基本功，可以试着让宝宝剪一些正方形、长方形或自己绘制图形的外轮廓。

宝宝迷上了剪刀以后，对画画剪剪会非常专注，这对于锻炼宝宝的专注力与耐心有重要意义。

在让宝宝使用剪刀的问题上，我与家人有分歧，爷爷、爸爸基于安全考虑坚决反对宝宝用剪刀，即便是我认为绝对安全的安全剪刀也是不允许的。

由于潜在的危险而放弃使用剪刀是得不偿失的，妈妈可以通过让家人与宝宝同玩安全剪刀的方式，免去他们的顾虑。家用剪刀应禁止宝宝碰触，要收到绝对安全的地方。

闻气味辨食物

气味会影响到宝宝的食欲。宝宝对食物已经有了很多了解，这些认知多数是在不知不觉中获得的，妈妈要创造机会让宝宝接触多种味道。

熟悉的食物，新鲜的味道

1. 妈妈把几盘食物，如蛋糕、柠檬片、苹果等，放在桌子上。

2. 先让宝宝好好看一遍，接着用一条手绢或围巾蒙上他的眼睛，把放置蛋糕的盘子拿到他的面前，让他深吸一口气，先闻一闻，再猜一猜这个是什么。

3. 猜完让他再摸一摸、尝一尝，使他能够更好地将气味和食物联系起来。

4. 宝宝猜出来后，妈妈要表扬。再接着让他把其余的几样猜出来。

5. 最后是一顿食物大餐，上述几样食物都可以吃。

6. 妈妈也可以把宝宝带到室外，试一试他对花、松子、泥土和草的嗅觉记忆。

这是一个让宝宝进一步探索世界的游戏，使他注意周围各种各样不同的气味。教给他不同气味和物品的名称，扩大他的词汇量。

更多的气味

妈妈也可以选择醋、香油、酒精、肥皂、茶叶等这些有明显气味的小道具来完成这个游戏，但是妈妈首先要想一想，宝宝平日里有没有闻过这些气味的经历，如果没有，就必须先补上这一课。游戏中尽量不选择刺激性很强的气味。

更灵敏的嗅觉

在日常生活中，注意让宝宝闻香味、臭味及刺鼻的味道。比如：吃饭时，让宝宝先享受食物的香味；常带宝宝到植物园去接触不同花草树木的气味，均有助于刺激宝宝的嗅觉发展。

现在市场上还有许多香味书，而且配有与香味相关的图卡，方便父母带领宝宝一起认识新物品及其味道，这是宝宝良好的嗅觉教具。

此外，训练宝宝学会用鼻子呼吸，少用嘴巴呼吸，也可以培养宝宝灵敏的嗅觉。

说到做到

妈妈们经常抱怨宝宝不听话，实际情况却是因为妈妈们自己说话不算数才导致的这一结果。这种现象其实到处可见，比如让宝宝收玩具，如果宝宝不听，妈妈也许发发牢骚后就自己收好了。再比如明明说好在小朋友家只玩半个小时，到时宝宝一闹，妈妈多半又会妥协，再多玩半个小时。这样许许多多事情在“为了宝宝好”的前提下都说得到却做不到，妈妈缺失的诚信在宝宝身上也会表现出来。

诚信并非与生俱来，而是后天培养的。在宝宝刚刚懂事起就应帮助他们在心中树立起“以诚信为本”的观念。遗憾的是，屡屡“说得到做不到”的妈妈，为宝宝提供的恰恰是反面教材，起的负面影响可想而知。

在吃饭问题上，这一点表现得尤为突出，因为妈妈总是怕饿着宝宝。像“再不来就不给你吃”这样的话通常只为吓唬宝宝。既然什么时候想吃都有的吃，既然妈妈从来都是“说到做不到”，宝宝当然会对妈妈的话充耳不闻。

妈妈一定要让宝宝明白，吃饭是自己的事，如果不按规则来就要自己承担后果。每日三餐要定点定量，如果宝宝一顿不吃，就必须等到下一顿，这不仅能让宝宝体会一下“饥饿感”，更重要的是让宝宝明白，如果不吃，就真的会饿肚子。

“说到做到”不仅能树立妈妈在宝宝心中的权威，也教育了宝宝：尊重自己的选择，并接受这样做所带来的后果。

在育儿过程中，我常常对宝宝的某些赖皮行为感觉无奈，比如早晨起来不愿意穿衣服；故意把剪纸后的碎屑丢在地上；外出回家以后不主动去洗手等。

宝宝或许是故意在和妈妈对着干。现在，妈妈更应该注意与宝宝沟通的技巧，直来直去的命令只会引起反抗。

收拾自己的物品

开始幼儿园生活后，属于宝宝的物品开始多起来，书包、书籍、文具、光盘、家园联系册、服装，逢过节还有额外的礼品。要让宝宝学会有序整理自己的物品，这是未来求学过程中必须具备的一项技能。

买一个小书桌

有宝宝的家庭，迟早需要给宝宝配备一个书桌。普通的书桌包括学习的台面、书架、抽屉等，妈妈可以去专门制作家具的商家寻找合适的柜子。

妈妈应要求宝宝把课本、练习本、玩具分类摆放，还要协助宝宝挂置一些布娃娃或张贴一些儿童画，以吸引宝宝喜爱和珍惜自己的这一片小天地。

书桌最初的物品摆放会影响到宝宝日后使用书桌的习惯，妈妈一定要与宝宝充分沟通。

现在的商家为客户考虑得很周到，妈妈在选择的过程中会发现很多自己没有考虑到的功能都被设计进去了，比如可以预读写距离、背部塑形、台面升降（这项功能可以延长家具的使用寿命）。

因为宝宝长得快，目前选择书桌要充分考虑到家具使用的可延续性。

做好榜样

父母要规范自己的行为，因为其在潜移默化中对宝宝有着举足轻重的影响。妈妈在要求宝宝把鞋子摆放整齐时，首先自己的鞋子不要脱了乱扔；要求宝宝把柜子和抽屉里的东西放好，首先自己要把物品摆放得整整齐齐；要求宝宝把用过的东西及时归位，首先自己要做出表率。

做事丢三落四、物品摆放乱七八糟是很多宝宝在生活中的常态。

这不仅只是生活中的小问题，未来会给宝宝生活、学习甚至将来的工作带来不少的麻烦。因为生活上的杂乱无章将会造成以后学习、工作中的无头无绪和低效率。

下雪啦，堆雪人去

大雪过后，整个世界变成了一片纯白。遇到这样的日子，一定要带着宝宝走进自然，享受这难得的美景。身在城市中的宝宝每年见不到几次大雪，而且雪景也停留不了几天，所以更要珍惜每一个下雪天。

雪后玩耍好处多多

雪后空气清新，最适合进行耐寒训练，通过游戏可以减少宝宝感染疾病的机会，提高宝宝的免疫力，增强体质。与大自然亲密接触可以开发宝宝的想象力并提高动手能力，使宝宝身体和心理潜能都得到较好的开发，培养其乐观积极的品格。大自然是最好的老师，宝宝可以学到很多知识。

雪正下时也要带着宝宝在雪中玩耍，一家三口打雪仗或在雪地里自由奔跑都是一家人的快乐时光。妈妈要记着用手接几片雪花，引导宝宝仔细观察雪花的形状，之后再对着雪花呵一口气，观察雪花在手心变成小水滴的过程。

堆个雪人吧

1. 妈妈与宝宝一起准备玩沙玩具、石头、胡萝卜和一些松树枝。

2. 妈妈和宝宝一起滚雪球，妈妈滚一个大雪球，宝宝滚一个小雪球，滚好后，妈妈把两个雪球摆在一起，对宝宝说：“我们堆个雪人吧，告诉妈妈怎么堆呢？”

3. 妈妈把大雪球当雪人的身子，小雪球当雪人的头，装好后，让宝宝把雪人的五官安上，宝宝会想到用石头做雪人的眼睛，胡萝卜做雪人的鼻子，松树枝做雪人的头发。

4. 宝宝也可能会把石头当雪人的嘴巴；还可能把眼睛装斜了；甚至没有鼻子；不管宝宝给雪人安装的五官有多么奇怪，妈妈都要表示欣赏。妈妈要让宝宝自由想象，妈妈只要适当帮助宝宝即可。

雪天必要装备

在雪地里玩一定要注意给宝宝保暖，基本原则是保证宝宝背暖、肚暖、足暖。一定要穿上雪地靴、手套、羽绒服。

帮妈妈取放物品

妈妈每日忙里忙外的，免不了会出现需要人帮忙拿取东西的时候。现在，宝宝可以胜任小助手角色了。要做好妈妈的小助手，首先是认识妈妈所要的物品，其次是对其放置在什么地方了如指掌，最后就是方位感要强。这种锻炼有助于训练宝宝的方位知识与语言理解能力。

做好小助手

1. 宝宝平时在家可以帮妈妈找东西，简单的指令，如“厨房地上”“卧室床上”等宝宝不难找到。

2. 相对复杂的指令如“在妈妈房间的梳妆台最上面的抽屉里”“在大衣柜放爸爸内衣的格子里”“在爸爸书桌中间的抽屉里”等，宝宝有了一定的方位知识，才能听得懂妈妈要找东西的位置，才能找得到。

3. 妈妈要经常训练宝宝做一些家务，上下、左右、前后、里外等方位知识很快就能掌握了。

4. 每次找到东西，妈妈都要称赞他。

5. 妈妈可以给宝宝腾出一块专用空间，里面有宝宝的柜子，任由宝宝放置自己的东西，妈妈协助宝宝把书、玩具、衣物、鞋、文具、心爱的小玩意等归整利落了，平时督促宝宝哪里拿的放回哪里去。

生活要有条理

能够让宝宝更好协助妈妈做事的前提条件是家里物品的摆放位置相对固定，并且井然有序。妈妈要把宝宝要找的东西放在很显眼的位置，宝宝很容易就能找到，这次能找到下次才有热情。使用完后，还要让宝宝帮忙再放回原处。

宝宝对很多物品都感兴趣，都想拿来研究研究，只要没有安全隐患，妈妈可以允许他拿着玩，但玩过之后一定要再放回原处，这条规矩一定要对宝宝反复强调。

方位感是很重要的感知觉，对宝宝将来认字、看图、驾驶、做设计工作等都很重要。

认识乐器行

一个懂得欣赏音乐的宝宝是有内涵的，因为内心丰富，所以他们不会感觉孤单。想要宝宝有音乐细胞，首先就要给他一个音乐环绕的氛围，乐器就是这个氛围中重要的组成部分。

乐器行之游

生活中不乏音乐围绕的环境，让宝宝看到这些音乐是怎么演奏出来的很有意义，妈妈可以带着宝宝去一趟乐器行。

乐器行的店员会很重视宝宝的到来，因为宝宝是他们的直接客户。妈妈可以请店员在宝宝面前展示乐器，尽量让宝宝按一按钢琴键，拨一拨扬琴弦，尽情体会各种乐器所发音质的不同。

无须当场决定给宝宝购买什么乐器，宝宝有可能都想要。

这样的场所多去几次，在这个过程中宝宝逐渐会培养出对乐器的爱好来。

还不到报乐器班的时候

有很多妈妈为了满足自己的欲望，强迫宝宝学习乐器，这种方式会影响到宝宝学习乐器的热情，最好是宝宝感兴趣时再报班。选择指导老师时，要重视其对理解宝宝心理状况能力的考察。

学习乐器是相对枯燥的，而且对宝宝的毅力要求比较高，目前还不宜给宝宝报这样的学习班。

辅助乐感发育

宝宝能认真聆听音乐，也能哼唱出一些旋律了。在游戏中，宝宝能很轻易哼唱出完整的歌。妈妈可以经常创造机会让宝宝伴着音乐跳舞，要选择有节奏感的音乐，在这种氛围中，宝宝逐渐就能找到自己最喜欢的音乐类型。

好的音乐节目也是非常好的音乐教育素材。目前还不适合带着宝宝参加音乐会，因为现场的气势会把宝宝吓坏的。电视播放的音乐节目是不错的选择。

疾病与异常情况处理

入园适应期疾病

据调查，在我国，八成宝宝在入园初期会出现各种不适应症状，超过一半的宝宝入园后生病概率明显增加，其中近一半的宝宝在第一学期生病次数会超过3次。

妈妈要把这种不适应看作是正常的，细心观察异常状况并及时与老师沟通，耐心帮助宝宝度过这一特殊时期。

一上幼儿园就生病

自主神经功能紊乱。宝宝在家里好好的，可一上幼儿园就爱生病。这当然与宝宝长期以来就体弱的生理因素有关，此外还与宝宝的神经发育不成熟有关系。宝宝正处于自主神经系统不稳定时期，容易受环境的影响而导致自主神经功能紊乱。表现出来的症状就是情绪波动大及身体不适，如出现头痛、呕吐、腹痛、腹泻、发热、睡眠惊吓等。

交叉感染。新入园的宝宝容易生病的另一个原因来自集体生活中的交叉感染，对于低龄宝宝来说，被感染的概率更大。妈妈应看到这种现象好的一面，研究指出，适度让宝宝感染疾病对免疫系统有强化巩固作用。从长远的发展来看，这将会帮助宝宝增强抵抗力，体质也将逐渐得到改善。

注重提高机体免疫力

多喝水。宝宝饮水量不足容易产生内热，稍不注意就可能生病。当发现宝宝的尿液不是清亮透明时，要提醒宝宝喝水。在幼儿园内的饮水量一般都能得到保证，妈妈要把好宝宝回家以后的饮水关。

病好后，及时送园。宝宝生病以后要接回家积极治疗，痊愈后就要及时送回幼儿园。但要加强与老师的沟通。

生活护理。避免使用含抗菌成分的清洁用品；养成良好的卫生习惯；睡眠充足；少吃糖分过高的食物，以免干扰身体免疫功能；多吃蔬菜水果，以免因偏食使体内抗体减少，影响身体防御功能；经常带宝宝做些能消耗体能的运动；保持积极的情绪，这样有助于增强机体抵御病毒侵害的能力。

腹痛，可能与紧张有关

宝宝可能会被腹痛缠上，排除腹泻、肠胃受寒等原因，精神紧张也会导致腹痛，这样的腹痛被称作再发性腹痛。这种腹痛的发作常与以下几种因素有关：宝宝饮食不节、暴饮暴食；喝过冷的饮料太多；儿童胃肠道神经系统的发育不完善。

发病症状及细节

儿童再发性腹痛是指3岁或3岁以上的儿童反复发作的腹痛。多数是在晨起、早饭前、吃饭时发作，也有夜间入睡后痛醒的情况。痛感部位在脐部周围，也有在其他部位的，痛感呈痉挛性或绞痛性。发作频率有高有低，高的可每天、每周数次，低的有每月、数月一次。每次发作经1～3小时可自行缓解。

发作时伴有功能性及自主神经症状，如呕吐、心悸、头痛、出汗等，还可能伴有食欲不振、腹泻、便秘及呕吐。

发病原因

宝宝身心两方面的因素都可导致胃肠功能紊乱。心理因素包括精神紧张及压抑、家庭不和睦、惧怕上学、厌恶某种食物，躯体因素如自主神经功能不稳定等。

部分宝宝痛觉阈值较正常人低，对疼痛刺激会更加敏感。

治疗

妈妈要想办法了解宝宝的心理负担是什么，并尽量解除，以使宝宝摆脱紧张、焦虑、忧愁及抑郁的困扰。妈妈要关心体贴宝宝，减少责怪。特别是对早晨喊肚子痛的宝宝，不要轻率认为他是为了逃避早餐而假装的，要注意询问和观察，积极帮助宝宝减轻腹痛。热水袋捂或轻轻地按摩腹部会比较有效。

此外，还要关注以下方面。

1. 保持良好的生活习惯，按时进餐，不吃或少吃零食；不挑食、不偏食；增加体育锻炼，多做户外活动。

2. 养成良好的排便习惯，保持大便通畅。

3. 鼓励宝宝多参加户外活动，在活动中改善精神与神经状态，促进病情好转。

宝宝有时候肚子痛，但过一阵就没事了。

由于宝宝自己还不知道吃东西要讲卫生，在家长不注意的时候容易吃进不干净的食物，再加上宝宝正处于比较敏感的时期，抵抗力较差，稍微有一点不注意，就会生病。如果宝宝经常腹痛，最好带宝宝到医院检查，明确诊断后针对病因治疗，有时候宝宝受凉也会出现肠痉挛而腹痛，这种情况一般经过休息、给予解痉药物后很快会好转。

缠人的口腔溃疡

口腔溃疡多由上火引发，其痛感很强。即便是成人患上口腔溃疡，都会因为疼痛而影响到进食，宝宝患了口腔溃疡，厌食的症状会更明显。而且，口腔溃疡还可引发如发热、口腔破溃、食欲差、烦躁、睡眠不安等症状。

此外，口腔溃疡还有反复发作的特点。

家庭食疗治溃疡

宝宝患了口腔溃疡以后，可以多吃易消化、清淡的食物。

排骨藕汤辅助治疗口腔溃疡比较有效。藕要选择孔多、皮白的老藕，入锅前先用淡盐水浸泡10分钟，待排骨煮到5成熟时，将切成块的老藕倒进汤锅，旺火煮沸后用文火煨，直到排骨、老藕炖得酥烂，加适量盐和味精。每日服一次，连续服一周即可。

口腔溃疡的家庭护理

口腔溃疡要一两周才能痊愈，没有特效疗法，护理得当可以使宝宝疼痛减轻。妈妈要多关心宝宝，转移宝宝的注意力。以下家庭护理小偏方能促进宝宝溃疡愈合。

1. 维生素C 1～2片压碎，撒于溃疡面上，让宝宝闭口片刻，每日2次。这个方法虽然很有效，但是会引起一定的疼痛，年龄稍小的宝宝可能会不太配合。

2. 用全脂奶粉，每次1汤匙并加少许白糖，用开水冲服，每天2～3次，临睡前冲服效果最佳。通常服用2天后溃疡即可消失。

3. 西瓜瓤挤取西瓜汁后含于口中，约2～3分钟后咽下，再含服西瓜汁，反复数次，每天2～3次。

4. 把番茄汁含在口中，每次含数分钟，一日多次。

5. 可服用维生素B_{12}或维生素B_2（核黄素），但一定要遵医嘱。

宝宝的口腔溃疡经常会反复发作，我发现，只要宝宝的舌苔变得黄腻，不久之后溃疡就会发作。

预防永远比治疗更重要。平日照料宝宝要在以下几方面多加注意：保持口腔、皮肤卫生，坚持刷牙、漱口、洗澡；少吃烧烤、油炸食物，避免口腔黏膜损伤；多吃蔬菜，补充足量的维生素；加强户外运动，提高身体免疫力；保证充足的睡眠时间，注意劳逸结合避免过度疲劳；避免精神烦躁，保持心态平衡，乐观开朗。

流鼻血

鼻腔是人的呼吸器官，鼻黏膜内有丰富的血管和很多的黏液腺，可以分泌黏液。鼻黏膜的血管表浅，管壁薄，由于某些原因很容易造成鼻黏膜血管充血、肿胀、破裂出血。

流鼻血的原因种种

1. 当鼻腔黏膜干燥、毛细血管扩张、有鼻腔炎症或受到刺激时就容易出现流鼻血，如各种鼻炎、鼻窦炎、鼻结核、鼻梅毒、鼻外伤、鼻中隔偏曲、鼻异物或鼻肿瘤等。

2. 气候条件差，如空气干燥、炎热、气压低、寒冷、室温过高等都可以引起流鼻血。

3. 宝宝有抠鼻孔的不良习惯，鼻黏膜干燥时很容易将鼻子抠出血。

4. 有挑食、偏食、不吃青菜等不良习惯，也可以因维生素缺乏而致流鼻血。

5. 某些全身性疾病如高血压、白血病、血小板减少性紫癜、再生障碍性贫血等，也可以引起流鼻血。

流鼻血的处理方法

宝宝流鼻血后首先要及时止血，在止血的过程中要尽量避免宝宝哭闹。以下是几种止血方法。

1. 及时抬起鼻出血对侧的胳膊，建立侧肢循环，这样可以止血。

2. 将出血的鼻孔塞上经消毒的棉花球或用拇指和食指捏住双侧鼻翼。

3. 用食指压迫患侧鼻翼5～10分钟，进行压迫止血。

4. 将冷毛巾敷在鼻子上。

5. 晚睡前在宝宝鼻腔内涂抹金霉素眼膏滋润鼻黏膜，也可以减少鼻出血。

如果出血量较大，有面色苍白、出汗、心率快、精神差等出血性休克先兆症状时应采取半卧位，同时尽快送到医院进行治疗。

流鼻血的表现

当流鼻血严重时，较多的血被咽下，刺激胃部，除可引起腹痛、面色苍白、出汗外，还可呕吐出咖啡样物，即胃酸与血液发生反应，致使血液变成咖啡色。鼻血咽下经胃肠道排出还可出现黑便。

对症治疗

治疗要从病因着手，如果是各种鼻炎引起的流鼻血要先治疗鼻炎；外伤或鼻异物引起的流鼻血就要处理外伤，取出异物；如果是全身性疾病引起流鼻血，如猩红热、上呼吸道感染以及血液病（白血病、血小板减少性紫癜等）则要针对这些疾病治疗。

3岁发育监测

生长

你的宝宝	男宝宝参考值	女宝宝参考值
3周岁时体重	11.3～18.3千克	10.8～18.1千克
3周岁时身高	88.7～103.5厘米	87.4～102.7厘米
3周岁时头围	(49.4±1.2) 厘米	(48.4±1.1) 厘米

发育监测

监测项目	发育状况
大动作发育	会拍球、抓球和滚球，并能够接住2米远抛来的球。经常玩秋千、跷跷板和滑梯可以提高宝宝对自己身体的信心
精细动作发育	空间感提高很快，能成功地把水和米从一个杯中倒入另一个杯中，而且很少洒出来。宝宝可以用积木搭成复杂的结构。会给娃娃穿脱衣服，喜欢玩过家家的游戏
感知觉发育	会背诵儿歌、唐诗、广告词及简单故事。能数数到几十甚至100，会做数字汉字的配对。拼上4～8块的拼图。有的宝宝可以完整地画出人的身体结构 宝宝的记忆力很好，会引述过去发生的事
语言与交流	情景性的语言为主，只有结合此时此刻的情景，并辅以手势、表情，甚至是带有表演性的动作，才能够表达出比较完整的意思。开始转向连续性语言发展